火山岩型铀铍矿床
——以新疆白杨河大型铀铍矿床为例

李晓峰 王 果 朱艺婷 张 龙等 著

科学出版社

北 京

内 容 简 介

火山岩型铀铍矿床是战略性关键金属铀和铍的重要矿床类型。新疆白杨河铀铍矿床是亚洲最大、我国唯一的大型火山岩型铀铍矿床，具有独特的 U-Be-Nb-Mo-F 成矿元素组合，这在全球也很少见。本书以白杨河铀铍矿床为例，在详细野外地质考察的基础上，开展了岩石学、岩石地球化学、流体地球化学、同位素地球化学和矿物学的综合研究。采用新的定年技术，厘定了白杨河铀铍矿床的成岩成矿时代，建立了地质年代学格架；利用矿物结构和矿物化学对造岩矿物和副矿物进行了精细矿物学研究，示踪了铀铍等成矿物质的来源及其运移方式，揭示了成矿流体的来源和组成；最终探讨岩浆分异演化过程与铀铍富集的关系，以及铀铍富集沉淀的关键控制因素，建立了白杨河铀铍矿床的成因模型和找矿勘查模型；并与国外典型火山岩型铀铍矿床进行了对比，指出了火山岩型铀铍矿床未来的研究方向和需要关注的科学问题。

本书可作为矿床学和地球化学等专业的科研人员，以及高等院校相关专业师生和矿产地质勘查技术人员的参考用书。

图书在版编目(CIP)数据

火山岩型铀铍矿床：以新疆白杨河大型铀铍矿床为例 / 李晓峰等著. — 北京：科学出版社，2022.2
ISBN 978-7-03-070337-8

Ⅰ. ①火… Ⅱ. ①李… Ⅲ. ①火山岩–铀矿床–研究–新疆②火山岩–铍矿床–研究–新疆 Ⅳ. ①P619.14②P618.72

中国版本图书馆 CIP 数据核字（2021）第 225938 号

责任编辑：王 运 陈姣姣 / 责任校对：何艳萍
责任印制：吴兆东 / 封面设计：北京图阅盛世

科 学 出 版 社 出版
北京东黄城根北街 16 号
邮政编码：100717
http://www.sciencep.com

北京建宏印刷有限公司 印刷
科学出版社发行 各地新华书店经销

*

2022 年 2 月第 一 版 开本：787×1092 1/16
2022 年 2 月第一次印刷 印张：16 1/2
字数：400 000
定价：228.00 元
（如有印装质量问题，我社负责调换）

序 一

火山岩型铀铍矿床是战略性关键金属铀和铍的重要成矿类型。20世纪美国Spor Mountain矿床凝灰岩中羟硅铍石的发现，改变了世界铍资源的分布格局和供应态势，该类型矿床已成为金属铍重要的原材料来源。火山岩型铀铍矿床提供了全球每年80%以上铍的供应量。然而，全球火山岩型铀铍矿床的实例还比较少，对火山岩型铀铍矿床的成因机制和成矿过程还不是十分清楚，制约了该类型矿床的找矿勘查。

新疆白杨河铀铍矿床是亚洲最大、我国唯一的大型火山岩型羟硅铍石型铀铍矿床，具有独特的U-Be-Nb-Mo-F成矿元素组合，这在全球也很少见。《火山岩型铀铍矿床——以新疆白杨河大型铀铍矿床为例》一书作者在详细野外地质考察的基础上，开展了构造地质学、岩石学、岩石地球化学、流体地球化学和同位素地球化学综合研究；采用新的定年技术，厘定了白杨河铀铍矿床的成岩成矿时代，建立了地质年代学格架；利用矿物结构和矿物化学对造岩矿物和岩浆副矿物进行了精细矿物学研究，示踪铀铍等成矿物质的来源及其运移方式，揭示了成矿流体的来源和组成；探讨岩浆分异演化过程与铀铍富集的关系，以及铀铍沉淀的关键控制因素，建立了白杨河铀铍矿床的成因模型和找矿勘查模型；并与国外典型火山岩型铀铍矿床进行了对比，指出了火山岩型铀铍矿床未来的研究方向和需要关注的科学问题。

该书的创新点是认为岩浆极端分异演化，以及不同期次流体作用的叠加是形成白杨河大型铀铍矿床的关键。该认识不仅在理论上具有重要的价值，而且在实践中也具有重要的指导意义。相信随着对白杨河铀铍矿床成因认识的不断深入，可以有效指导地质勘查工作的部署，推动该地区和其他相似地区的区域找矿工作。

关键金属矿床对新材料、新能源和信息技术等产业十分重要，是现代工业、国防和尖端科技领域不可缺少的重要支撑，对国民经济、国家安全和科技发展具有不可缺少的和独特的重要战略意义。低丰度元素超常富集的成矿机理和成矿背景研究的重要性已经是各国普遍关注的科学问题。相信白杨河铀铍矿床成因的研究具有示范作用，其意义超出具体成矿类型和区域成矿的范围，能够带动我国更多和更深入的关键金属成矿的理论研究。

中国科学院院士

2021年7月8日

序 二

铀和铍均为与国防和新兴产业发展密切相关的战略性矿产资源，因此，铀、铍矿的找矿勘查和研究具有十分重要的意义。铀和铍各自往往形成独立矿床，两者共生的矿床比较少见。20 世纪 60 年代在美国西部发现了火山岩型铀铍矿床，从而改变了世界铍资源的分布和供应格局；这也在一定程度上得益于矿床地质工作者长期研究获得的认识，即铀和铍都与高度分异演化的长英质火成岩密切相关。尽管如此，除了美国 Spor Mountain 矿床之外，其他火山岩型铀铍矿床规模小，经济意义不大，从而使人们很少关注该类矿床，对于其成因机制、元素超常富集条件及共生–分离等科学问题缺乏深入研究，以致影响进一步找矿勘查和资源的合理利用。

新疆白杨河铀铍矿床是我国目前唯一探明的大型火山岩型铀铍矿床。《火山岩型铀铍矿床——以新疆白杨河大型铀铍矿床为例》一书作者对该矿床的地质特征及成矿背景进行了较为系统的介绍和研究，并针对性地开展了大量矿物学和地球化学研究工作。该书的主要特色在于利用矿物结构和矿物地球化学来示踪铀、铍的来源，以及成矿流体的性质、组成和演化，从而为探讨铀等成矿物质来源提供了直接证据。该书提出了白杨河铀铍矿床是在岩浆强烈分异的基础上，由多期次热液流体叠加而形成的新认识。该书还结合国内外其他矿床的研究成果，总结了火山岩型铀铍矿床的基本特征和形成背景，建立了火山岩型铀铍矿床的成因模型。

该书关于白杨河铀铍矿床和火山岩型铀铍矿床成矿特征及富集机制研究的成果，可以为该类型矿床的找矿勘查和综合利用提供借鉴，因此不仅有重要的理论价值，而且对指导找矿也具有现实意义。该书的出版将有助于提升我国矿床学界对火山岩型铀铍矿床成因的认识，也将为进一步推动战略性矿产资源成矿作用的研究做出贡献。

中国工程院院士

2021 年 7 月 15 日

前　言

火山岩型铀铍矿床是全球铀铍资源的主要来源，是我国战略性新兴产业所需的关键金属来源。由于缺少典型范例矿床，人们对火山岩型铀铍矿床成矿模型的研究和找矿评价工作进展缓慢。美国犹他州 Spor Mountain 矿床是世界上独一无二的、具有重要经济价值的火山岩型铀铍矿床，它每年提供了世界所需的 80% 金属铍。未来全超导托卡马克核聚变实验装置（EAST）（人造太阳）能够实现商业化运行的话，则需要 10 万余吨的金属铍，这将对世界铍产业的发展产生巨大的变革。西方发达国家相继提出了关键矿产资源发展战略，确保利用本国国内矿产资源来满足高科技产业发展的原材料需求，这对我国铀铍矿产资源的保障程度和安全可靠供应提出了严峻的挑战。因此，我国火山岩型铀铍矿床的找矿突破是实现我国铀铍资源安全可靠供给的关键。新疆白杨河是新近发现的亚洲最大的火山岩型铀铍矿床，在成矿地质要素等方面与美国 Spor Mountain 矿床类似。我们在前期对白杨河火山岩型铀铍矿床的成矿机制和成矿模型研究的基础上，通过国际对比，力图揭示火山岩型铀铍矿床独特的地质、地球化学和矿物学特征，为火山岩型铀铍矿床的成因机制研究和矿床模型的建立，以及找矿勘查提供重要的研究范例。

全书撰写分工如下：前言和绪论由李晓峰和王果撰写；第一章和第二章由王果和王谋撰写；第三章由肖荣、胡方泱和朱艺婷撰写；第四章由李晓峰、张龙、朱艺婷和肖荣撰写；第五章由李光来和陈光旭撰写；第六章由朱艺婷撰写；第七章由张龙撰写；第八章由张龙和李晓峰撰写；第九章和第十章由李晓峰和朱艺婷撰写。全书最后由李晓峰和王果统编定稿。中国科学院地球化学研究所胡瑞忠院士、南京大学华仁民教授、成都理工大学张成江教授、江西省地质局韦星林教授级高级工程师审阅了初稿，并提出了宝贵的修改意见。余勇、张烨敏、李祖福、邓宣驰等同志协助完成了大量的文字校对和图件清绘工作。

本书主要依托国家自然科学基金项目"新疆白杨河 U-Be-Mo 矿床源区成矿作用研究"、中国核工业集团项目"白杨河杨庄岩体及外围铀多金属成矿规律与成矿潜力研究"、中国科学院地质与地球物理研究所重点部署项目"关键矿产资源锂铍理论创新与实践探索"、国际原子能机构（IAEA）资助项目"新疆白杨河铀铍多金属矿床控矿规律研究及区域资源潜力评价"的研究成果综合而成。在项目执行过程中，得到了中国科学院地质与地球物理研究所翟明国院士、吴福元院士、杨进辉研究员、赵亮研究员、范宏瑞研究员、秦克章研究员，中国科学院地球化学研究所胡瑞忠院士、毕献武研究员、张辉研究员，中国核工业地质局张金带教授级高级工程师、郭庆银教授级高级工程师，核工业二一六大队王保群教授级高级工程师、陈奋雄教授级高级工程师、周剑高级工程师、师志龙高级工程师、李彦龙高级工程师、任满船高级工程师、张雷工程师、杨文龙工程师、文战久高级工程师、鲁克改高级工程师，南京大学王汝成教授、车旭东副教授，吉林大学葛文春教授，浙江大学饶灿教授，桂林理工大学白艳萍高级实验师、杨锋高级实验师等领导和同事同行的大力支持和帮助。中国地质科学院矿产资源研究所陈振宇研究员、陈伟十高级工程师，中国地质科学院地质研究所陈文研究员、张彦高级工程师，中国地质调查局国家地质实验测试中心胡明月高级工程师，中国科学院地球化学研究所周国富研究员、唐燕文高级工程师，中国科学院地质与地球物理研究所张迪工程师，南京大学张文兰教授、胡欢副教授等对有关样品进行了分析测试工作。在此，谨对上述单位和个人表示衷心的感谢，并致以崇高的敬意！

　　由于作者水平有限，本书难免存在不足之处，恳请专家和读者给予批评指正！

目　　录

绪　论

铀和铍是战略性新兴产业重要的金属原材料，在原子能反应堆的燃料和防护材料、中子源制备、航空宇航制动装置制作、火箭和喷气式飞机的高能燃料添加剂等核工业和空间技术领域都具有重要的作用。2017 年美国总统特朗普签署的《确保关键矿产安全和可靠供应的联邦战略》（13817 号）行政命令对世界关键矿产资源供求格局提出了挑战，也对我国如何确保包括铀铍在内的战略性矿产资源的安全可靠供应敲响了警钟。如何充分利用我国国内铀铍等金属原材料满足战略性新兴产业可持续高速发展已成为矿产资源研究的首要任务。因此，加速铀铍矿床的科学研究和找矿勘查工作，发现新的矿床类型和新的找矿靶区，建立铀铍资源战略储备基地，确保国家铀铍资源的安全可靠供应已迫在眉睫。

第一节　火山岩型铀铍矿床研究现状

火山岩型铀铍矿床一般是指与高硅流纹岩、凝灰岩和浅成花岗斑岩有关的低温交代和脉状矿床。由于铀铍共生的矿床数目较少，国际上目前还没有统一的分类方案。已有的方案大多是按照铀矿或者铍矿的分类划分的。自 20 世纪 50 年代以来，不同的学者根据矿床的主要地质特征或者成因提出了众多的铀矿分类方案（Roubault and Price，1958；Dahlkamp，1978；Boitsov，1996；Petrov et al.，2000）。Dahlkamp（1978）根据赋矿围岩时代及其与成矿的关系，系统地把铀矿分为 19 个矿床类型；Dahlkamp（1993）根据围岩的属性以及矿床的地球化学特征，把矿床类型修订为 16 种类型、40 个亚类，该方案被国际原子能机构 2012 年的铀矿分类采用。2009 年，Dahlkamp 进一步把铀矿床类型修订为 20 个大类、40 个亚类（Dahlkamp，2009）；2014 年国际原子能机构在发布的铀矿地质分类中采用了这个新方案。Cuney（2009）根据铀在地质循环过程中的产出条件和成因类型，把铀矿分为：①与表生过程有关的铀矿；②同沉积铀矿；③与热液过程有关的铀矿；④与部分熔融有关的铀矿；⑤与结晶分异有关的铀矿。其中与热液过程有关的铀矿又分为基底型、板状、卷状、构造-岩性型、溶解坍塌角砾岩型、不整合型、同变质型、蚀变交代型、夕卡岩型和脉状等。

金属铍早期主要来源于绿柱石矿物的冶炼，而绿柱石主要产于花岗质伟晶岩中，因此，1970 年以前金属铍主要来自手工挑选伟晶岩型绿柱石矿物，且通常是小型劳动密集型作业。从 20 世纪 40 年代到 60 年代初中期，由于铍在核工业和其他高科技产业中具有重要的应用前景，激发人们对铍和其他稀有金属资源开展了广泛的地质勘探活动。经过大量的地质勘探工作，在苏联（俄罗斯）、美国和加拿大等地陆续发现了许多重要的非伟晶型铍矿床（Barton and Young，2002）。这些勘探工作的成功得益于人们认识到铍与化学成分高度演化的长英质火成岩具有密切的关联性。这些岩石均为富氟岩石，而且随着中子源伽马能谱仪等仪器的发展，岩石中铍含量快速半定量分析成为可能（Meeves，1966），从而提高了铍矿的找矿效率。因此，目前国际上通常将铍矿床划分为伟晶岩型矿床和非伟晶岩型矿床。火山岩型铀铍矿床归属于非伟晶岩型，是世界上铍资源的重要来源（图0-1）。

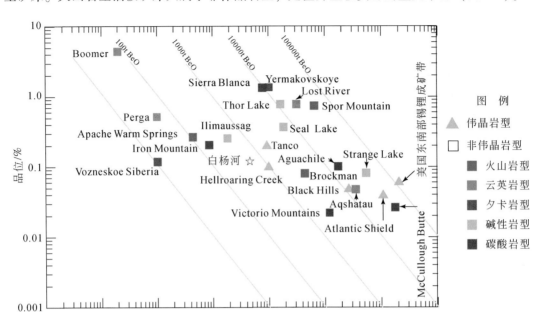

图 0-1　全球主要铍矿床吨位–品位示意图（据 Foley et al.，2017，有修改）

非伟晶岩型铍矿床是具有重要矿物学和岩石学意义的地质资源。这些矿床和矿点提供了世界上绝大多数铍矿资源。世界上已知的铍矿物（大约 100 种）大多产于热液矿床或非伟晶岩型火成岩中，这些矿物的分布随着成矿环境和成因类型的变化而变化。最为人熟知的是，铍的成矿主要与长英质岩浆作用有关的岩浆–热液系统有明显的成因联系；有时，它们也出现在明显缺乏火成岩组合的各种地质环境中，如从地表环境到地壳深部，寄主岩岩石成分可以从长英质到碳酸岩到超镁铁质。但与之成因上相关的火成岩则主要为长英质，且具有钙含量低、氟含量高的显著特点。与铍相关的火成岩化学成分范围从强过铝质到过碱性均可能出现，甚至还出现二氧化硅不饱和的情况。铍矿床（点）也可以出现在变质环境和沉积盆地环境中，并通过表生过程发生迁移，并重新分布富集（Barton and Young，2002）。

在非伟晶岩型铍矿床中，火山岩型铀铍矿床作为一种重要的矿床类型，在成因上、时间上和空间上均与火山岩密切相关。空间上它常位于火山岩和火山碎屑沉积物充填的火山口及其附近。在 Barton 和 Young（2002）的分类中，火山岩型铀铍矿床是具有经济意义铍矿床的端元成员，它们主要形成于富集亲石元素的火山–侵入杂岩体的中心，是热液流体与碳酸盐岩地层相互作用的结果（图0-2）。

代表性火山岩型铀铍矿床主要有美国的 Spor Mountain 矿床、Sierra Blanca 矿床、Black Hills 矿床，澳大利亚的 Brockman 矿床，墨西哥的 Aguachile 矿床以及中国的白杨河铀铍矿床等。火山岩型铀铍矿床常伴生其他关键金属元素，使之成为多元素组合的矿床，如美国 Spor Mountain 矿床成矿元素组合为 U-Be-F、秘鲁 Macusani 矿床成矿元素组合为 U-Sn-Ag-Be、澳大利亚 Brockman 矿床成矿元素组合为 Nb-Be-REE 等。在这些矿床中铍资源量往往

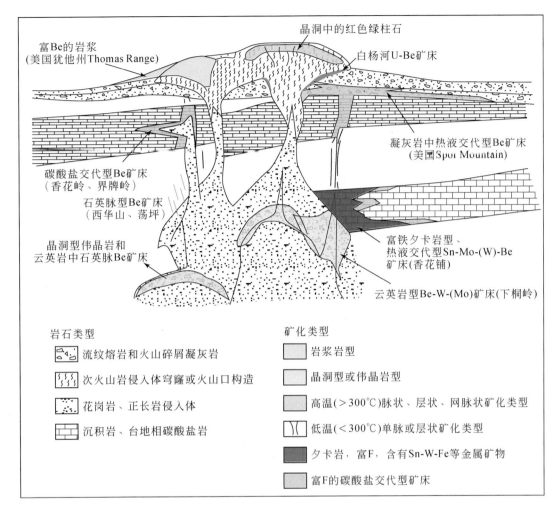

图 0-2　不同类型铍矿床成矿模式图及其代表性矿床（据 Barton and Young，2002，有修改）

较大（如美国 Spor Mountain 矿床和我国白杨河铀铍矿床中的铍资源量均达到了超大型），
因此，这种类型的铍矿床往往是人们优先勘查和开采的对象。火山岩型铀铍矿床已经成为
全球铀和铍资源的主要来源（Lederer et al.，2016）。

　　目前，关于火山岩型铀铍矿床成因机制的研究还相对薄弱。20 世纪 50~80 年代苏联
学者开展了经典性的、综合性的研究工作（Beus，1966；Vlasov，1968；Zabolotnaya，
1977），但在西方文献中很少有系统的总结和报道。更为遗憾的是，这些研究工作只撰写
了专著和报告，很少有论文发表，具体研究资料也很难获得。幸运的是几十年来，与之相
关的、涉及稀有金属成矿相关的论文文献已经大量出版，特别是与美国 Spor Mountain 铀铍
矿床相关论文的出版（Lindsey，1977，1979a，1979b，1982，1998，2001；Ludwing et al.，
1980；Wabster et al.，1989；Pollard，1995；Kremenetsky et al.，2000；Barton and Young，
2002；Müller et al.，2018；Dailey et al.，2018；Ayaso et al.，2018，2020；Foley and Ayaso，
2018），使人们能够全面了解前人在这些方面所进行的主要研究工作，并形成对火山岩型
铀铍矿床的成矿基本地质特征及成矿背景的初步认识。然而，到目前为止，国内外对于火

山岩型铀铍矿床成因机理、元素超常富集机制、共生–分离的关键控制因素等关键科学问题还有待于深入研究。

金属矿床成矿作用研究中，尤其是铀铍矿床的研究，寻找成矿物质来源的直接证据往往比较困难，大多是采用间接（如矿物学、同位素地球化学和成矿年代学等方面）的证据，有些即使是间接证据，其争论也往往比较大。但是成矿物质源区的正确确定可以有助于确定该矿床的成因类型，发现最有潜力的成矿地段，从而为找矿工作部署提供重要的科学依据。因此，源区成矿作用研究已成为当前矿床学和经济地质研究的热点和前沿领域（Muntean et al.，2011；Lee and Koh，2012；Tomkins，2013；Tomkins and Evans，2015）。

火山岩型铀铍矿床中铀和铍的来源一直是大家关注的科学问题。铍通常赋存于长石和云母等造岩矿物中，而铀一般赋存于火山玻璃或副矿物中。因此，源岩的蚀变作用和富铀矿物的脱玻化作用是铀铍等成矿物质能否释放的关键。与火山岩型铀铍矿床有关的岩石多为碱性、准铝质至弱过铝质，往往表现出 A 型花岗岩特征。富铀铍的过碱性流纹岩和亚碱性花岗岩往往是大型铀铍矿床的主要源岩（Chabiron et al.，2003），如美国犹他州火山岩型铀铍矿床（包括 Spor Mountain、Honeycomb Hills 等矿床）的源岩是流纹岩，岩石具有富铀、偏碱的特征。有关火山岩型铀铍矿床铀源和铍源的研究大部分是靠间接的手段来证实、推测或者推断的，而缺乏直接证据。因此，建立的成矿模型和找矿勘查模型在找矿勘查中往往缺乏普适性（Cuney and Kyser，2015）。

现代测试分析技术的发展，特别是原位分析技术的应用，为解决火山岩型铀铍矿床源区成矿作用研究提供了重要的契机，建立具有普适性的火山岩型铀铍矿床成矿模型的时机逐步成熟。研究表明，岩浆的源区及其演化控制着铀铍的初始富集，如纳米比亚 Rössing 铀矿是深部花岗岩极端分异的结果或者是富铀的变质沉积岩或者变质火山岩低程度部分熔融的产物；加拿大魁北克 Grenville 成矿带成矿伟晶岩是深部花岗岩极端分异的产物（Lentz，1996）等。

虽然铀铍的富集成矿与一定的岩石类型有关，但是这些岩石中所含铀和铍的矿物可能并不能够完全提供成矿所需的全部金属铀或者铍。McGloin 等（2016）对澳大利亚 Mount Isa 地区造山型铀矿的研究表明，该地区铀源主要来自邻近的高钾钙碱性花岗岩或者 A2 型花岗岩。花岗岩中锆石高放射性导致其蜕晶化，从而使锆石中的铀易于活化迁移。铀在富 Na、富 CO_2、高盐度流体的作用下发生迁移并沉淀，因此，锆石是主要的铀源。但是，Cuney（2016）认为除了锆石之外，晶质铀矿和褐帘石也是该矿床铀的主要来源。Zr 的富集是由于 Zr 在与钠质蚀变有关的高碱性流体中溶解度增加。如果认为蜕晶化锆石中 U 的释放是铀的来源的话，那么至少它不是铀的主要来源。因此，富铀铍火山岩有可能提供了部分成矿物质，在成矿作用过程中成矿流体可能也携带了其他来源的铀和铍参与了成矿。

Ayuso 等（2018）、Foley 和 Ayuso（2018）利用锆石和蛋白石 U-Pb 年代学和微区元素地球化学对美国 Spor Mountain 铀铍矿床进行研究，发现该矿床具有较长的岩浆热液演化历史，与成矿有关的岩浆主要来源于大陆岩石圈。富铍凝灰岩中铍的含量为 $1\times10^{-6} \sim 300\times 10^{-6}$，较长时期的淋滤作用是造成美国 Spor Mountain 矿床铍和铀巨量堆积的关键。岩浆副矿物微区 LA-ICP-MS 微量元素、电气石 B-Li-Mg 同位素技术，以及微颗粒沥青铀矿 U-Th-Pb 定年技术的飞速发展使其在示踪成矿流体来源及其组成方面的研究发挥了重要的作用，为进一步揭示铀铍等金属物质的来源提供了可能性（Smith and Yardley，1996；Xavier et al.，2008；Pal et al.，2010；Mercadier et al.，2012；Finger et al.，2017）。因此，在深入研究岩石成因类型和矿石结构构造的基础上，对火山岩中铀铍载体矿物和成矿流体组成进行研究，有可能真正揭示铀铍富集成矿过程中铀和铍的主要来源，正确理解火山岩型铀铍矿床的成因机制和成矿过程。

第二节　白杨河大型铀铍矿床勘查史

新疆白杨河铀铍矿床是我国唯一的大型火山岩型铀铍矿床，其独特的 U-Be-Mo-F 成矿元素组合，全球罕见。白杨河铀铍矿床赋矿围岩杨庄花岗斑岩岩石成因类型独特，与区域上同时代花岗岩的物质组成明显不同，其含矿岩石与美国 Spor Mountain 火山岩型铀铍矿床相关的黄玉流纹岩类似（王中刚，1995）。白杨河铀铍矿床已探明铍资源量 5 万余吨，达到超大型规模、居亚洲第一，铀和钼资源量也已达到中型规模（陈奋雄和张雷，2008）。

新疆白杨河铀铍矿床发现于 20 世纪 50~60 年代，当时称为 520 矿田，主要是勘查铀矿。该矿田由数个矿床和矿点组成，矿床主要包括中心工地（也称一号工地）、二号工地（即新西工地）、三号工地（也称老西工地）等；矿点包括四号工地（也称东工地）、五号工地、六号工地、七号工地、八号工地、九号工地、十号工地和十一号工地等。铀矿体主要产于杨庄岩体与凝灰岩接触带附近。当时认为每个工地相当于一个矿床或一个矿点，并提交了中心工地和新西工地铀矿资源储量报告。在铀矿的勘查过程中，通过光谱分析确定了该矿区铍、钼等元素达到了综合利用指标，且镓的含量也偏高，但当时均未圈定矿体和估算资源量。

20 世纪 80 年代后期，核工业二一六大队在该地区开展了矿床和矿点清理登记工作，把这些矿床和矿点统称为白杨河铀铍矿床。与此同时，核工业二一六大队对白杨河铀铍矿床所处的雪米斯坦火山岩带开展了铀金综合区域地质调查工作，并对白杨河铀铍矿床铍的矿物学特征和工业利用价值进行了初步研究。

2006 年，核工业二一六大队对中心工地前人开展的主要地表探矿工程进行了清理和取样，专门针对铍矿进行了矿体圈定，估算了铍资源量（BeO），由此拉开了白杨河地区新一轮的铀铍矿床综合勘查工作序幕。2006 年核工业二一六大队在白杨河地区开展了"新疆和布克赛尔县合什哈西哈力干地区铍矿详查"，详查报告于 2007 年 7 月经新疆维吾尔自治区矿产资源储量评审中心评审通过。

2007 年，在中国核工业地质局的部署下，核工业二一六大队对该矿区开展铀铍综合勘查工作。2008 年，为尽快查明该区铍资源量，为矿山建设提供依据，核工业二一六大队对白杨河矿区二号工地进行了铍矿详查，投入钻探工作量 10090.24m。报告于 2008 年经新疆维吾尔自治区矿产资源储量评审中心评审通过。2009 年野外地质调查人员发现露天摆放的 ZK3612 号钻孔岩心被雨水淋浸过后，从岩心岩石裂隙中渗出类似于蓝墨水的物质，初步判断这岩石中可能含有钼。经系统取样分析，首次在该钻孔中发现了厚达 6.50m 钼矿化地段（0.0826% Mo）。2010 年，核工业二一六大队根据热液蚀变矿物组合对钻孔岩心进行了系统的铍、钼采样分析，同时，为避免遗漏其他有用元素，2010 年在两个勘探线剖面（57 线和 79 线）进行了全孔井中化探连续采样光谱分析（16 种元素），基本查明了各元素在矿石及围岩中的分布规律，但未发现新的元素异常。目前矿区主体部分已经完成整体详查，大部分工作达到了勘探程度，但深部勘查和研究还在探索之中。

总的来说，白杨河铀铍矿床的矿产地质勘查可以分为三个阶段：

第一阶段为铀矿地质勘查阶段，始于 1955 年，至 1964 年勘查队伍撤离。该矿床是当时我国发现的第一个火山岩型铀矿床，前后开展了大量的地质工作。新疆 519 大队 24 分队在该区开展了 1 : 10000 铀矿综合地质测量，在部分远景地段断续开展了 1 : 5000 和 1 : 2000 铀矿地质测量及伽马放射性详查及勘探，在发现并完成二号工地和中心工地铀矿勘探之后，又对陆续发现的 9 个异常矿点进行了工程揭露。该阶段累计投入槽探 8300m³，井探 207m，硐探 5365m，提交了白杨河铀矿地质勘探报告，落实一处小型铀矿床，发现铍、铅元素异常。1959 ~ 1966 年在白杨河矿床二号工地进行了初步的勘探工作，1966 年提交储量报告，累计投入钻探 10415m，硐探 1730m（其中一个斜井，两层水平坑道）。

第二阶段为矿山小规模开发和基础地质工作基本停滞阶段。1966 ~ 1979 年，新疆生产建设兵团对白杨河矿床进行开采（原称为 730 矿，为铀矿开采与水冶联合矿山），具体资料不详。之后该矿床的地质勘查和研究工作一直处于停滞状态。1989 年核工业西北地质勘查局二一六大队在包括本区在内的雪米斯坦一带开展了 1 : 200000 铀矿综合区域地质调查工作，并对白杨河矿区中铍的存在形式、铀与铍的关系及其工业意义进行了概略性专题研究，认为铍矿具有较好的找矿远景。20 世纪 90 年代末，一些学者在对新疆稀有金属矿床成矿规律研究过程中，对该区花岗岩体及其铀铍矿化开展了零星的研究工作（李久庚，1991；王中刚，1995；胡霭琴等，1997）。

第三阶段为以铀为主的多金属综合找矿勘查和深入研究阶段。该阶段始于 2006 年。2006 年核工业二一六大队在白杨河地区中心工地前人勘查工作的基础上，进行了较系统的铍矿取样和分析测试工作，提交了该区第一份局部地段铍矿详查报告，由此拉开了该区乃至西准噶尔火山岩型铀铍矿床勘查研究工作的新序幕。随后核工业二一六大队在白杨河矿区开展了铀铍多金属综合勘查工作。2012 年核工业二一六大队提交了白杨河铀铍矿床地质勘探详查报告，同时对该地区开展了详细的地面物探测量工作，对控矿杨庄岩体的岩浆上升通道进行了探测。

第三节　白杨河大型铀铍矿床研究史

在白杨河铀铍矿床长达 60 余年的地质勘查工作期间，众多地质科学家和科技工作者对该矿床开展了诸多方面的科学研究工作。核工业二一六大队、核工业北京地质研究院、中国科学院地球化学研究所、成都理工大学、中国科学院地质与地球物理研究所、东华理工大学、中国地质大学（武汉）、加拿大 Manitoba 大学等国内外大专院校和科研院所在岩石类型、岩石成因、热液蚀变与铀铍矿化、矿床成因机制和成矿规律、深部铀铍成矿预测等方面开展了大量研究工作，尤其是在地质特征、岩石地球化学、矿石物质组分、蚀变矿物分带、成岩成矿阶段、成岩成矿年代学、控矿构造、中基性脉岩成因与成矿等方面取得了许多重要的成果（修晓茜等，2011；王谋等，2012，2013；毛伟等，2013；张成江等，2012，2013；童旭辉等，2012；张鑫和张辉，2013；Li et al.，2015；衣龙升等，2016；陈奋雄等，2017）。在矿物综合利用方面，南华大学等从铀铍分离工艺角度进行了工艺矿物学研究，提出了较为合理的选冶工艺流程（艾永亮等，2015）。

1989 年，核工业二一六大队在包括本区在内的雪米斯坦火山岩带开展了 1∶200000 铀矿综合区域地质调查工作，同期对白杨河铀铍矿床铍的存在形式、铀与铍的关系及其工业意义进行了概略性专题研究，认为铍矿具有较好的找矿前景。

2008～2010 年，核工业二一六大队开展了"新疆和布克赛尔县白杨河地区 1∶5 万铀矿区域地质调查"，投入的工作主要有 1∶5 万岩屑测量和地质路线调查、剖面测量及钻探查证等，预测出一、二、三级成矿远景区各 1 个，将研究区列为一级成矿远景区。同期，为配合白杨河铀铍矿床及其外围的综合找矿工作，核工业航测遥感中心开展了"新疆和布克赛尔县杨庄地区音频大地电磁测量"，推定了花岗斑岩的展布特征，推测了花岗斑岩上侵通道的大致位置，这些工作对后期钻探工程布置具有重要的指导意义。

2008～2010 年，核工业北京地质研究院在雪米斯坦火山岩带开展了"新疆雪米斯坦地区铀资源潜力评价研究"，为白杨河铀铍矿床成矿机理及微观研究提供了丰富的资料。

2010 年，核工业航测遥感中心在雪米斯坦火山岩带开展"新疆雪米斯坦地区航测遥感综合铀矿地质调查"，为雪米斯坦火山岩带进一步找矿工作提供了遥感方面的基础资料。

2010～2012 年，核工业二一六大队在白杨河铀铍矿床开展了新疆维吾尔自治区产业发展专项"新疆和丰县白杨河铀铍钼多金属矿矿区遥感技术应用研究及找矿远景评价"，建立了矿区遥感影像地层单元、遥感影像岩体单元及构造的解译标志。通过遥感蚀变信息提取，获取了工作区内矿物蚀变异常信息，认为矿区的蚀变异常主要表现为铁染异常，而与泥化异常相关性不明显；利用遥感技术手段开展了成矿预测，圈定远景靶区五处。

2010～2014 年，在中国核工业集团公司优先发展技术项目支持下，核工业北京地质研究院通过高分辨遥感和高光谱技术对雪米斯坦地区进行了成矿构造识别和区域热液活动规律研究。

2011～2013 年，核工业二一六大队在白杨河地区开展了 IEAE-CPR2010 "新疆白杨河矿床控矿因素及找矿方向研究"、国家外专局引智项目"白杨河矿床矿石物质组分研究"，开展了岩石地球化学、矿石物质组分、蚀变矿物分带特征，以及铀、铍矿化机制等方面的研究，认为第二期萤石化及硅化是铀成矿最主要的近矿围岩蚀变，通过对比研究初步建立了矿床的成矿模式。在这一时期，中国科学院地球化学研究所张辉研究员、北京大学朱永峰教授等对西准噶尔地区的火山岩形成环境与内生金属成矿关系进行了研究。

2011～2013 年，核工业二一六大队开展了"新疆和布克赛尔县白杨河矿区 17～136 线铀-多金属矿普查"。普查找矿与科研课题同步开展，相互验证支撑，进一步提高了白杨河铀铍矿床的地质研究程度，扩大了铀多金属矿床找矿成果。

2011～2013 年，中国科学院地球化学研究所李晓峰研究员与核工业二一六大队合作开展了"新疆雪米斯坦地区白杨河铀铍多金属矿床成因机制研究"，初步探讨了白杨河铀铍矿床的成因机制，建立了成矿模型。

2012 年，核工业二一六大队提交了"新疆和布克赛尔白杨河矿区铍铀钼矿详查报告"，报告详细阐述了矿床铀铍钼矿体特征及成矿规律。

2013～2016 年，成都理工大学张成江教授依托国家自然科学基金项目"新疆白杨河矿床铀-铍-钼共生分异机制研究"在白杨河地区开展了铀铍钼元素的共生分异机制研究。

2014～2016年，核工业二一六大队开展了"新疆和布克赛尔县白杨河矿区22～66线铀多金属矿详查"和"新疆和布克赛尔县白杨河矿区9～41线铀多金属矿普查"，分地段开展了铀多金属成矿基本地质特征研究。

2016～2019年，东华理工大学李光来副教授依托中国核工业地质局项目"西北地区晚古生代铀成矿作用"，开展了白杨河铀铍矿床成矿机制的研究。

2017～2020年，核工业北京地质研究院承担了中国核工业集团公司"龙腾2020"科技创新计划科研项目"雪米斯坦成矿带杨庄岩体及其外围铀多金属资源扩大及三维探测技术研究"，对白杨河地区开展了较为系统的地质调查工作。

2017～2021年，中国科学院地质与地球物理研究所李晓峰研究员同核工业二一六大队合作，依托国家自然科学基金项目"新疆白杨河大型U-Be矿床源区成矿作用研究"和中国科学院地质与地球物理研究所重点部署项目"关键矿产资源铀铍富集分布规律与勘查技术方法"对白杨河矿床开展了铀-铍-钼成矿元素的来源及其富集规律研究。

第四节　关键科学问题

多年来，前人对白杨河铀铍矿床有关花岗斑岩的岩石成因、岩石化学特征、成矿物质来源、成矿流体性质及矿质沉淀机制、成岩成矿年代学以及矿床成因等方面开展了较为系统的研究，取得了一系列重要成果（王中刚，1995；赵振华等，2001；Fayek and Shabaga，2011；马汉峰等，2010；王谋等，2012，2013；Shabaga et al.，2013；张鑫和张辉，2013；Zhang and Zhang，2014；Mao et al.，2014；Li et al.，2015；衣龙升等，2016）。例如，王中刚（1995）认为铀铍矿化是成岩后的热液阶段发生的。白杨河杨庄花岗斑岩与A型花岗岩相似，具有高 SiO_2、富碱（K_2O+Na_2O）和富F、贫 H_2O 的特点。铀矿物主要是沥青铀矿、硅钙铀矿和钙铀云母；铍矿物主要为羟硅铍石。2013年，Fayek和Marlatt认为白杨河铀铍矿床存在弱过铝质、准铝质和过碱性三种类型的流纹斑岩，但这三种类型流纹斑岩的REE配分模式是一样的。铀和铍均来自流纹斑岩；流纹斑岩是富Nb、含黄玉和电气石的火山岩，具有弱过铝质到过碱性特点，是岩浆极端分异的产物。这些成果在一定程度上为认识白杨河铀铍矿床的成因提供了重要的科学依据。目前，一般认为白杨河铀铍矿床在成因上属于中低温火山热液型矿床（李久庚等，1991；陶奎元，1994；王中刚，1995；胡霭琴等，1997；赵振华等，2001；陈奋雄和张雷，2008；Li et al.，2013，2015），可归属于火山岩型铀铍矿床的分类中。

虽然前人对白杨河铀铍矿床的成因机制进行了研究，但是已有的成矿模式已不适应该地区下一步找矿工作的需要，许多悬而未决的问题制约了本区进一步找矿突破，尤其是成矿物质（如铀、铍和钼）和成矿流体的来源还存在不同的认识。特别是近年来，在白杨河铀铍矿床外围及深部勘查和研究过程中，不断发现一些新的地质现象，提出了一些新的科学问题，对这些问题的重新思考有助于进一步理解诸如白杨河铀铍矿床在内的火山岩型铀铍矿床的成因问题。

1. 岩石成因

杨庄花岗斑岩的 SiO_2 含量为 75.15%～77.17%，Na_2O+K_2O 含量为 7.83%～9.03%，

$Na_2O>K_2O$，表现出高碱的特点。CaO 含量为 0.35% ~ 1.00%，钙含量低。Al_2O_3 含量为 12.34% ~ 13.08%，具有准铝质到弱过铝质的特征，具有富 Mn、Nb 的特点。杨庄花岗斑岩岩石化学组成明显区别于区域上同时代的花岗岩的组成（Zhang and Zhang，2014；Mao et al.，2014），具有独特的岩石学和岩石化学特征。Sr-Nd-Pb-Hf 同位素特征表明杨庄岩体的形成与新生下地壳有关（Zhang and Zhang，2014；Mao et al.，2014），然而杨庄花岗斑岩是属于 A 型花岗岩还是高分异的 S 型花岗岩，不同的学者有不同的见解。

2. 成矿流体

目前，对白杨河铀铍矿床成矿流体的来源存在不同的认识。马汉峰等（2010）对两个钻孔的岩心进行的 C-O-S 同位素研究表明成矿流体来源于地层中的变质水或有一定深度的热液流体。张鑫和张辉（2013）通过萤石包裹体和 Sr-Nd 同位素研究发现成矿流体是来源于杨庄岩体岩浆分异的岩浆水和大气降水的混合。毛伟等（2013）和 Li 等（2015）通过流体包裹体和热液白云母 O-H 同位素研究发现大气降水和岩浆水均参与了热液蚀变和铀铍成矿。白杨河铀铍矿床萤石包裹体均一温度为 100 ~ 150℃（毛伟等，2013；杨文龙等，2014；Li et al.，2015），流体盐度变化范围为 4.69% ~ 19.72%，为低温、中低盐度。然而张鑫和张辉（2013）获得主成矿期流体包裹体均一温度为 237 ~ 372℃，为中高温。岩浆流体在铀铍的成矿作用中的贡献已普遍引起了大家的关注。

3. 成岩成矿时代

Zhang 和 Zhang（2014）获得杨庄花岗斑岩型锆石 U-Pb 年龄为 313.4±2.3Ma。杨庄花岗斑岩中的锆石蜕晶化较为普遍，即使是相对新鲜的手标本样品中，锆石也发生了不同程度的蜕晶化/蚀变，因此，无论是锆石的 SHRIMP U-Pb 年龄还是锆石的 LA-ICP-MS 年龄，数据点在谐和曲线上较为分散，部分样品甚至无法构成 U-Pb 谐和曲线。锆石的 U-Pb 年龄不能完全代表杨庄花岗斑岩的结晶年龄。马汉峰等（2010）测试沥青铀矿的 U-Pb 年龄，并获得了 224 ~ 237Ma、198Ma、98Ma 和 30Ma 四个成矿年龄，并由此把 U 成矿分为四个阶段。马汉峰等（2010）获得紫色、浅紫色、绿色和无色萤石的 Sm-Nd 等时线年龄分别为 298±18Ma、264±12Ma、255±13Ma 和 249±16Ma，但这些萤石 Sm-Nd 年龄误差相对较大。Li 等（2015）获得与紫黑色萤石和羟硅铍石共生的白云母 Ar-Ar 年龄为 303±1.6Ma，代表一期铀铍矿化事件。Bonnetti 等（2021）测得白杨河沥青铀矿原位 SIMS U-Pb 年龄为 240±7Ma。总的来说，已有的年龄相对比较分散，需要认真梳理白杨河铀铍矿床的成岩成矿年龄，建立白杨河铀铍矿床合理的成岩成矿年代学格架，正确认识白杨河铀铍矿床的形成与区域上重大地质事件的关系。

4. 成矿物质来源

成矿物质来源的研究是研究矿床成因的前提。由于缺乏有效的手段，前人对白杨河铀铍矿床的成矿物质研究多是通过杨庄花岗斑岩的 U、Be、Mo 含量，以及花岗斑岩与矿石的稀土配分模式、与成矿关系密切的萤石稀土微量元素等特征，推测花岗斑岩可能是 U、Be、Mo 的源岩（肖艳东，2011；毛伟等，2013；Li et al.，2015），但是缺少铀铍等成矿物质来源的直接证据。

综上所述,当前白杨河铀铍矿床的研究中有几个关键科学问题值得进一步深入探讨:

(1) 与铀铍矿床有关的火山岩是岩浆极端分异的结果还是特殊的岩浆源区部分熔融的产物?因为高分异花岗岩与铝质 A 型花岗岩往往较难区分(吴福元等,2017)。研究表明白杨河花岗斑岩在成因上与新生的地壳有关,明显不同于华南地区大多数与铀矿有关的岩浆源区与古老的地壳物质熔融有关。那么地壳的组成,即岩浆的源区与铀铍的富集成矿有何关系?杨庄花岗斑岩在物质组成上迥异于区域同时期花岗岩的原因何在?

(2) 火山岩中铀铍的载体矿物是不是成矿过程中铀和铍的主要物质来源?若是,它们是在什么样的流体作用下活化迁移的?流体是否来自花岗斑岩的分异作用?若不是,那么成矿流体是深部来源的流体还是大气降水?其组成是什么?流体是否携带了来自花岗斑岩以外的成矿物质?

(3) 虽然铀、铍在热液流体中都以氟络合物的形式迁移,但是二者的沉淀机制可能完全不同。除了温度降低和 pH 升高之外,羟硅铍石的沉淀还需要富钙环境,这个富钙环境是什么?是富碳酸盐岩石还是镁铁质–超镁铁质岩石?还是火山岩中的钙质碎屑?导致铀沉淀的还原剂是什么?白杨河铀铍矿床大量发育的基性岩脉对铀铍成矿有何贡献?控制铀和铍富集成矿的关键因素是什么?

新疆白杨河火山岩型铀铍矿床独特的岩石成因类型和罕见的成矿元素组合(U-Be-Mo-F),是研究火山岩型铀铍矿床成因机制和成矿过程的天然实验室,对其开展源区物源、流体源成矿作用的研究,具有科学前沿性和重要的科学研究价值。这不仅能丰富和完善火山岩型铀铍矿床的成矿理论,而且可以为该区下一步找矿勘查服务,实现扩大铀铍的资源量,满足我国战略性新兴产业的迅猛发展对铀铍资源的战略需求。

在前人成果研究的基础上,本书作者对白杨河铀铍矿床开展了详细的野外地质考察工作,对白杨河铀铍矿床的成岩成矿时代、赋矿围岩火山岩–次火山岩的岩石学、岩石地球化学进行了研究;对花岗斑岩中晶洞构造、造岩(副)矿物(云母、长石、铌锰矿、晶质铀矿)、蚀变矿物(云母、萤石、电气石)开展了精细的矿物结构和矿物化学研究;利用全岩和副矿物微区 Sr-Nd-Pb 同位素揭示岩浆源区及其分异演化与铀铍富集的关系;利用不同类型萤石微区微量元素、电气石矿物结构、化学成分和硼同位素,示踪成矿流体的来源及其组成变化,探讨了铀铍富集沉淀的关键控制因素,初步建立了成矿模型。

取得的主要成果如下:

(1) 白杨河铀铍矿床杨庄花岗斑岩与区域上同类的花岗斑岩在物质组成上具有明显的差异,杨庄花岗斑岩是特殊条件下岩浆极端分异的产物,具有富 F、Nb、Mn、Sn 和 Zn 的特点。

(2) 杨庄花岗斑岩主要侵位于晚石炭世,白杨河铀铍矿床的形成是多期多阶段成矿事件叠加的结果,初步建立了白杨河铀铍矿床的成岩成矿年代学格架。

(3) 白杨河铀铍矿床铀矿石矿物主要为硅钙铀矿、脂铅铀矿、沥青铀矿、铀石、方铅矿、黄铁矿等;铍矿石矿物主要为羟硅铍石。精细矿物学研究表明,该矿床的成矿物质主要来源于杨庄花岗斑岩副矿物(如锆石、铌铁矿、钍石)和造岩矿物(如长石、云母)等矿物热液蚀变,以及成矿流体携带的成矿物质。

(4) 白杨河成矿流体具有多阶段、多来源的特点,不同成矿类型的流体来源明显不同,一部分流体来自花岗斑岩的分异作用,另一部分流体可能来自下伏的深部岩浆房出溶的岩浆流体和大气降水。不同期次流体的叠加是造成白杨河铀铍矿床铀-铍-钼等元素共生分离的主要原因。

（5）建立了白杨河铀铍矿床的成因模型，开展了国内外火山岩型铀铍矿床的对比，阐述了火山岩型铀铍矿床研究应关注的科学问题和未来研究方向。

第一章 区域地质

新疆白杨河铀铍矿床位于准噶尔盆地的西北缘，雪米斯坦火山岩带的西段。雪米斯坦火山岩带主要发育一套中酸性火山岩和侵入岩，是新疆规模最大的铀-稀有金属成矿带之一（Vladimirov，2008；Chen et al.，2010；陈家富等，2010；孟磊等，2010；Shen et al.，2012）。

第一节 大地构造背景

在大地构造位置上，白杨河铀铍矿床位于中亚造山带西南部、准噶尔板块北缘古生代陆缘活动带晚古生代成熟岛弧之上。该陆缘活动带是在加里东造山带基础上发展起来的准噶尔-兴安海西期造山带的一部分（董连慧等，2010；王谋等，2012）。

雪米斯坦火山岩带所在的西准噶尔火山岩带的大地构造特征及其构造属性等一直是地质学界关注的热点，该火山岩带向西可与哈萨克斯坦境内火山岩带进行对比和衔接（何国琦和朱永峰，2006；李锦轶等，2006；赵磊等，2013；徐学义等，2014；吴楚等，2016）。近年来关于雪米斯坦火山岩带的研究成果也不断涌现，其中古生代火山岩及侵入岩的时空分布及其地球化学演化的研究成果为厘定和理解研究区大地构造格架和地质背景提供了重要的证据（黄建华等，1995；陈家富等，2010，2014；尹继元等，2013；杨钢等，2013，2015；高睿等，2013；易善鑫等，2014；翁凯等，2017）。

新疆西准噶尔地区出露早古生代和晚古生代多条蛇绿岩，但分布较为杂乱（董连慧等，2010）。黄建华等（1999）测定雪米斯坦东部洪古勒楞蛇绿岩带年龄为626Ma（Sm-Nd等时线年龄），是西准噶尔蛇绿岩最老的年龄。赵磊等（2013）认为雪米斯坦山南坡的蛇绿岩属于靠近海沟的MORB（洋中脊玄武岩）型蛇绿岩，形成于早中寒武世，说明贯穿东哈萨克斯坦-西准噶尔的早古生代大洋在早中寒武世时就已经发育。因此，西准噶尔存在寒武纪、奥陶纪、志留纪、泥盆纪等不同地质时代的蛇绿岩及不同时代地层之间的不整合，这些表明在不同地质历史时期的蛇绿岩是不同时期洋盆的洋壳残片，西准噶尔地区在古生代可能存在多个小洋盆。高睿等（2013）对西准噶尔晚古生代岩浆活动和构造背景进行了研究，发现雪米斯坦中部依尼萨拉一带（杨庄岩体以东约10km处）发育早奥陶世的蛇绿混杂岩。韩宝福等（1997）认为，西、东准噶尔地区发育大量碱性花岗岩，表明在显生宙中亚造山带曾经发生了大规模的地壳生长，很可能是由于深部幔源物质经过高度分异演化后再加入到陆壳中的。西准噶尔地区大量分布的碱性花岗岩普遍具有正的 $\varepsilon_{Nd}(t)$ 值（+0.60～+6.40），表明其岩浆来源于比 CHUR（球粒陨石均一储源）的 Sm/Nd 值高的亏损地幔源区（朱笑青等，2006）。西准噶尔地区大量分布的碱性花岗岩带与蛇绿岩带耦合、同期陆相火山岩以及热侵位的基性-超基性岩伴生，为深断裂带中的三位一体的后造山过程的产物。

徐学义等（2014）认为西准噶尔南部为准噶尔古陆，早古生代发生陆缘增生拼合作用；北部为早古生代至泥盆纪的增生体。整个西准噶尔地区至少自早石炭世开始已进入陆内伸展裂谷环境，晚石炭世裂谷作用收缩到结束。早二叠世转入陆相，后期又局部转为裂谷拉伸，发育双峰式陆相火山作用。因此，西准噶尔大火山岩省具有多阶段多期次的演化特点。

西准噶尔地区自北向南依次发育萨吾尔晚古生代岛弧、塔尔巴哈台早古生代岛弧、雪米斯坦泥盆纪陆缘火山岩带和达拉布特石炭纪残余洋盆（图1-1）。包括西准噶尔地区在内的中亚造山带在晚石炭世—早二叠世其构造环境已从碰撞后环境转变为板内伸展环境，也就是说雪米斯坦一带在晚古生代末期已完全转为板内环境（高睿等，2013）。

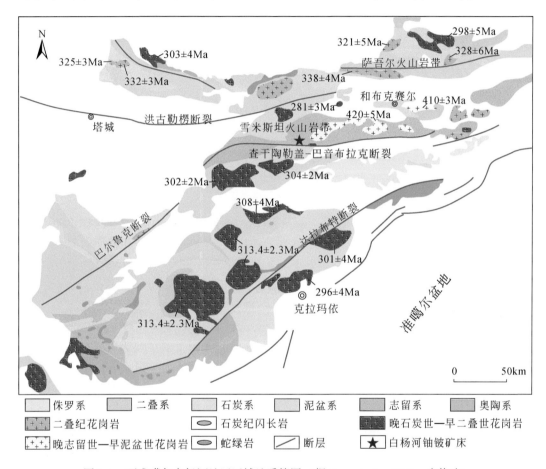

图1-1　西准噶尔白杨河地区区域地质简图（据Shen et al.，2011，有修改）

雪米斯坦陆缘火山岩带与哈萨克斯坦Boshchekul-Chingiz火山岩带衔接，它们均是晚志留世至早泥盆世准噶尔洋壳由北向南俯冲的产物，同时发育少量晚石炭世—中二叠世花岗岩、花岗斑岩及闪长岩（Vladimirov et al.，2008；Chen et al.，2010；陈家富等，2010；孟磊等，2010；Shen et al.，2012；尹继元等，2013）。雪米斯坦地区古生代早期地壳相对稳定，而晚期地壳相对活跃，经过了中生代、新生代的多期构造岩浆活动的影响和改造，地壳成熟度逐渐增高。特别是在晚石炭世碰撞造山后伸展过程中发育大量的火山机构，以及中酸性火山岩的喷发和次火山岩的侵入。这些火山岩和次火山岩是铀铍钼等多金属矿体的有利赋矿围岩。

第二节　区　域　地　层

由于西准噶尔地区古生代地层划分及演化仍存在较大争议，尤其是近年来新的认识和成果不断涌现（李永军等，2008；赵文平等，2012；李荣社等，2012），本书仍以1∶20万区域地质资料为基础进行阐述，以避免造成一些地层在区域上无法衔接。

区域上出露最老的地层为志留系，分布最广的是泥盆系。志留系仅在研究区东北角出露。雪米斯坦山主体由泥盆系组成，其西部主要发育下泥盆统，而中部和东部则发育中泥盆统，上泥盆统仅有少量发育。雪米斯坦山南坡主要出露下石炭统海相沉积碎屑岩，以及中基性、中酸性火山岩及火山碎屑岩和上石炭统至下二叠统的陆相中酸–酸性火山岩及火山碎屑岩（图1-2）。

雪米斯坦火山岩带地层（表1-1）划分属于西准噶尔分区沙布尔提山小区。不同时代地层分布范围及其岩性特征如下。

1. 志留系

志留系主要出露在雪米斯坦山东部和丰洼地的隆起带，以及雪米斯坦山西部隆起区，岩性主要为凝灰质粉砂岩和泥质粉砂岩。

2. 泥盆系

泥盆系可以划分为上、中、下三统。下泥盆统马拉苏组（D_1ml）和孟布拉克组（D_1mb）属滨、浅海相火山碎屑岩建造，下部有中基性火山岩，主要分布在雪米斯坦山西段，厚度达5519m以上。中泥盆统呼吉尔斯特组（D_2h）是以陆相为主的中酸性火山岩及火山碎屑岩建造为主，厚438～1851m。在雪米斯坦山西部出露的该地层层位相当于萨吾尔山小区的萨吾尔山组，为海相中性火山岩及火山碎屑岩建造。上泥盆统朱鲁木特组（D_3z）为陆相–海陆交互相中酸性火山岩及火山碎屑岩建造，在白杨河一带该地层厚度为613～1165m。

3. 石炭系

区域上石炭系主要出露下石炭统。据1∶20万区域地质资料，下石炭统可划分为3个岩组，即和布克河组（C_1hb）和黑山头组（C_1h）、南明水组（C_1^2）和巴塔玛依内山组（C_1^3），后两者均出露于区域上的西部地区。

和布克河组分布在七一工区至白杨河铀铍矿床之间，呈狭长带状分布，主要岩性为海相沉积碎屑岩夹安山玢岩；黑山头组主要分布在白杨河西部与和什托洛盖附近，主要岩性为浅海相–海陆交互相中基性火山岩、中酸性火山岩、火山碎屑岩及含生物化石灰岩建造，厚445～3110m。

南明水组为一套灰色、深灰色至黑色条带状细火山碎屑沉积岩及沉凝灰岩。在其上部凝灰质砂岩和凝灰质生物碎屑灰岩中见有较丰富的滨–浅海相动物化石。巴塔玛依内山组主要为一套中基–中酸性的陆相火山建造，局部夹高灰质煤线和板岩。巴塔玛依内山组下亚组以灰绿色、深灰色中基性火山岩及火山碎屑岩为主；上亚组则以酸性火山岩、中性火山岩为主。

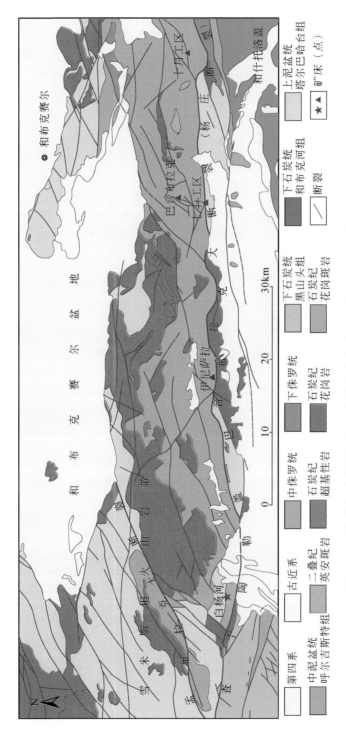

图1-2 西准噶尔雪米斯坦火山岩带区域地质简图(据1∶20万区域地质图等改编)

表 1-1 西准噶尔地区区域地层表

系	统	代号		萨吾尔山小区	沙布尔提山小区	玛依勒小区
侏罗系	中下统	J_{1-2}			西山窑组、八道湾组	
三叠系		T				未命名（T_1）
二叠系	上统	P_2		未命名		未命名
	下统	P_1	P_1^2	卡拉岗组	卡拉岗组	卡拉岗组
			P_1^1	哈尔加乌组	哈尔加乌组	哈尔加乌组
石炭系	上统	C_3				未命名
	中统	C_2		恰其海组	石钱滩组	石钱滩组
	下统	C_1^3		萨尔布拉克组	巴塔玛依内山组	萨尔布拉克组
		C_1^2		南明水组	南明水组	南明山组
		C_1^1		黑山头组	黑山头组	黑山头组
				和布克河组	和布克河组	
泥盆系	上统	D_3		塔尔巴哈台组	朱鲁木特组	铁列克提组
	中统	D_2		萨吾尔山组	呼吉尔斯特组	巴尔雷克组
						库鲁木迪组
	下统	D_1		下伏层	孟布拉克组	和布克赛尔群
					马拉苏组	
志留系					上志留统	中、上志留统（S_2+S_3）

4. 二叠系

区域上主要出露下二叠统。下二叠统主要划分为两个组，分别是卡拉岗组（P_1k）和哈尔加乌组（P_1h），二者均属于陆相火山碎屑岩及中酸性火山岩，在雪米斯坦地区西部最厚可以达 2153m。

5. 侏罗系

区域上主要出露中下侏罗统。中下侏罗统主要由西山窑组和八道湾组组成，分布在莫古尔台洼地。主要岩性为粉砂岩、砾岩、泥岩、砂岩及煤层，已发现煤岩型铀矿化。

6. 古近系

古近系主要分布于山间盆地，岩性为黄红色砂质黏土层。

7. 第四系

第四系主要为松散的冲积、坡积砂砾石、黏土及戈壁砾石。

第三节 区域构造

研究区区域构造以断裂构造为主，主构造线呈近东西向。雪米斯坦火山岩带南北均发育中、新生代构造盆地，其中南面和什托洛盖构造盆地的褶皱构造比较发育。

该地区褶皱构造主要表现为复式背斜和复式向斜，其中以线型褶皱为主。这些复式背斜和复式向斜常被大断裂破坏，在各个断块中形成互不联系的单斜和挠曲构造。比较完整的褶皱主要发育于和什托洛盖构造盆地。

雪米斯坦火山岩带断裂构造以东西向、北东东向及北东向 3 组断裂最发育，主要形成于海西期。现今的构造痕迹可能反映了喜马拉雅期和燕山期以来伴随地壳升降运动，使中生代地层发生了明显的褶皱，同时早期的断裂构造发生了活化而形成了本区区域上较为复杂的构造样式。

东西向断裂是雪米斯坦火山岩带内的主干断裂，一般规模较大，发育时间较早，多期活动，早期为压性，后期火山岩强烈活动时局部显示张性，具体表现在：有的地段为逆断层，有的地段又为正断层，古近纪以来显示右行压扭性，总体上以压性特征为主。东西向断裂控制了本区主要地层和火山岩带的分布，沿断裂带常有岩浆侵入，对区内矿产资源分布也有重要的控制作用。典型代表是铁列克德断裂和查干陶勒盖–巴音布拉克大断裂（其西段研究区范围内称为杨庄断裂），它们分别位于北东东向的孟布拉克大断裂的两侧，它们走向基本一致，性质和特点都很类似，可能是被左行错开的同一条断裂。

查干陶勒盖–巴音布拉克大断裂位于雪米斯坦山南麓，西起孟布拉克之北，东至和什托洛盖以东，全长达 150km。断裂走向近东西，顺走向呈波状弯曲，走向变化在 60°～120°，主要向北倾，倾角一般在 75°左右，局部较缓，最低 40°，西端南倾，倾角在 80°左右。断裂带岩石破碎强烈，破碎带宽达 100～200m。断裂为压性结构的逆冲性质，深切泥盆系基底，是晚古生代特别是二叠纪火山喷发和次火山岩侵入的通道，控制着晚古生代一系列裂隙式和中心式火山机构及酸性–偏碱性的侵入体的分布。查干陶勒盖–巴音布拉克大断裂在白杨河铀铍矿床南侧穿过。沿该断裂分布有雪米斯坦工区、七一工区、十月工区、阿尔肯特等多个铀矿化点。多数研究者认为它是杨庄岩体和白杨河铀铍矿床控岩控矿断裂（王谋等，2011，2012，2013；童旭辉等，2012；张成江等，2012；项波和崔志浩，2016；陈奋雄等，2017），但不同的学者对该断裂的空间展布及性质认识不同，对其控岩控矿的作用也有不同的观点（巩志超和李行，1987；赵磊等，2013；高睿等，2013）。

区内北东和北东东向断裂也十分发育，规模较大，具左行压扭性质，控制并切割了海西晚期花岗岩体。石炭纪末和二叠纪时为其主要活动时期，该组断裂还控制了山地与平原的边界，说明新近纪以来仍有一定的活动性。其中规模最大的孟布拉克大断裂呈舒缓波状延伸，延长超过 80km，北东端延入第四系。断层走向 NEE65°～70°，主要向南东倾斜，部分向北西倾斜，倾角为 60°～75°。它切割了泥盆纪、石炭纪的所有地层，也切割了海西晚期钾质花岗岩体；其走向与地层和褶皱的延伸方向近于一致。断裂附近岩石破碎，东部发育断层糜棱岩。孟布拉克大断裂具有左行压扭性质，把杨庄断裂和铁列克德断裂错断 6km 以上。它形成于东西向断裂之后，主要活动时期应为石炭纪末期，从它切割海西晚期花岗岩来看，二叠纪以后仍有强烈活动。

虽然北东向断裂在雪米斯坦火山岩带西部较为发育，但规模一般较小，而且主要发育于花岗岩体内部，形成时间较晚，多为三级断裂，具有左行压扭性质。

第四节　区域岩浆岩

雪米斯坦火山岩带属西准噶尔岩浆岩区中的雪米斯坦-沙尔布提岩浆岩带,该带侵入岩十分发育。区内侵入岩主要为晚古生代碱性花岗岩。岩浆岩在空间上受构造控制,岩体展布方向与区域构造基本一致,呈北东东-南西西向展布(图1-2),主要岩石类型如下。

1. 石炭纪基性-超基性岩

该期岩体为雪米斯坦火山岩带出露时代较老的侵入岩,岩体规模较小,呈岩枝状、透镜状及脉状。岩体分布受断裂控制,其典型代表是查干陶勒盖岩体,该岩体主要由6个小岩体组成,呈串珠状沿断裂分布。赵磊等(2013)认为该岩体具有蛇绿混杂岩的特点,岩石组合包括变质橄榄岩、变质辉长岩、变基性火山岩、细碧岩及伴生的硅质岩、同源火山碎屑岩等,被命名为查干陶勒盖蛇绿岩带,形成于早中寒武世,反映了哈萨克斯坦-西准噶尔的早古生代大洋在西准噶尔北部的存在。

超基性岩岩体剥蚀程度不深,局部可见地层残留顶盖。岩体自变质作用强烈,多为蛇纹石化、滑石化和纤闪石化。围岩蚀变较弱,主要有碳酸盐化、绿泥石化及硅化,蚀变带规模较小,一般不到1m。

2. 石炭纪闪长岩

该期岩体在区域上分布较少,主要侵入于中泥盆统呼吉尔斯特组(D_2h)中。岩体剥蚀浅,捕虏体和残留顶盖发育,主要代表岩体为查干阿特力闪长岩体(δ_4^{2b}),该岩体主要由两个小岩株组成,并被后期花岗岩侵入。

3. 石炭纪碱长花岗岩

该期岩浆作用是雪米斯坦地区最强烈的岩浆活动。研究区大部分花岗岩体均形成于石炭纪。该期岩浆岩出露面积大,岩体数目多,其典型代表是雪米斯坦岩体、库鲁木苏岩体和赛力克岩体。该期花岗岩多呈岩基产出,呈北东东向展布,受构造控制明显。

雪米斯坦花岗岩体岩相分相较弱。中心相为浅肉红色中粒含角闪石花岗岩,过渡相为中细粒黑云母花岗岩,边缘相为细粒角闪石花岗岩。岩体的外接触带凝灰岩中可见几十厘米至数米宽的混杂岩蚀变带;库鲁木苏岩体内普遍发育石炭纪角闪石花岗岩捕虏体,在岩体北侧的外接触带普遍发育堇青石角岩化,岩体内断裂构造发育;赛力克岩体外接触带发育角岩化和混合岩化,岩体内也存在石炭纪角闪石花岗岩残留体。

4. 石炭纪花岗斑岩

本次侵入岩分布较广,但出露面积不大,侵入地层较多,一般呈岩枝或脉状产出。在花岗岩体中,该期花岗斑岩大量发育,与花岗岩穿插关系明显。从已有成果及本次研究成果来看,此斑岩类别上与前两期次的花岗岩应该属于同源产物。花岗斑岩在赛力克岩体北外接触带和以东分布相对比较集中,岩体个数多,密集成群,主要以岩滴状和脉状产出。岩石类型较单一,以肉红色花岗斑岩为主,其次为浅肉红色碱长花岗斑岩。

5. 晚石炭世浅成侵入岩——次火山岩

该期岩体主要沿东西向深大断裂（查干陶勒盖–巴音布拉克大断裂）侵入，其典型代表是杨庄花岗斑岩，该岩体出露面积约11km²。杨庄花岗斑岩岩体以西和西南有小岩株沿东西向断裂呈脉状、串珠状产出。该岩体侵位较浅，同时具有碱度较大、酸度较高，暗色矿物和副矿物少、稀土元素少，铀、铍含量高的特点，是白杨河铀铍矿床的主要赋矿岩石，关于它的岩石学和地球化学性质将在第三章详细阐述。

6. 霏细斑岩及辉绿岩等中基性脉岩

霏细斑岩和辉绿岩均为区内主要浅成侵入脉体，规模较小，形成时代较晚。霏细斑岩中铀和其他亲石元素含量较高；辉绿岩中 Cr、Ni、Cu、Mn、Ga 含量较高，副矿物则以磷灰石、锆石的普遍出现为特征。本区辉绿岩可能和铀、铍矿化有一定关系。

第五节 区域矿产

西准噶尔地区矿产资源丰富，发育大量的大型、超大型矿床（刘德权等，2001；何国琦和朱永峰，2006；朱永峰等，2007；朱永峰，2009）。雪米斯坦火山岩带西延的哈萨克斯坦境内已发现有铀、铜、铅、锌等多种矿产资源。但是在我国境内的萨吾尔火山岩带和南部的扎伊尔火山岩带仅发现了金、铜、铬等多种矿产资源，而在中部雪米斯坦火山岩带发育具有规模的金属矿床仅有白杨河铀铍矿床1处，但是有大量的铀矿（化）点及异常区。在白杨河七一工区铀矿点附近的钻孔中发现独立钼矿体。目前，白杨河铀铍矿床已成为亚洲最大的羟硅铍石型矿床，也是我国首次发现的羟硅铍石型稀有金属铍矿床，且伴生铀和钼，具有极大的经济意义和重要的科学研究价值。

区域上还发育金、铜、钼等其他金属矿产资源，但规模均不大（申萍等，2010；孟磊等，2010；王居里等，2013；张若飞等，2015），主要有乌什嘎加依提金矿床（小型）、哈尔曼金矿床（小型）、雪米斯坦铜矿床（小型）、清得特金矿点等。

第二章 矿床地质

白杨河铀铍矿床位于沙尔布尔提–巴尔雷克褶皱带内、吾尔喀什尔山复背斜–雪米斯坦背斜与白杨河复向斜–巴哈力单斜之间的白杨河复向斜南翼。近东西向的杨庄大断裂贯穿全区（图2-1）。

第一节 地质概述

一、地层

白杨河矿区内地层相对较为简单。由老至新依次为泥盆系、石炭系、新近系和第四系（图2-1）。泥盆系主要出露于矿区北部和东部；石炭系主要出露于矿区南部和西部，与杨庄花岗斑岩多呈断层接触；新近系呈不整合覆盖于泥盆系和石炭系之上。

1. 泥盆系

该地层主要呈近东西向展布，岩石地层单元较早被称为"和什托洛盖–白杨河火山岩系"（王之义，1987）；归属于下二叠统莫老坝组；新疆305项目1:20万和布克赛尔幅将其划为晚泥盆世，归塔尔巴哈台组；1:20万乌尔禾幅将其划分为中泥盆世，归呼吉尔斯特组，亦有人认为应为晚泥盆世；1:25万铁厂沟幅（L45C002001）将其划为早志留世，归雪米斯坦组（S_1x）。虽然这套地层名称较多，但是为了便于读者认识和统一，本书把它归属于上泥盆统塔尔巴哈台组。

矿区出露泥盆系主要为上统塔尔巴哈台组（D_3t），是一套陆相火山碎屑岩及中酸性火山岩建造，并见夹有正常层序的碎屑岩类。该地层总体产状为倾向160°~190°、倾角40°~60°。该组地层在矿区仅出露第三、第四岩性段，二者间呈整合接触。由下往上呈现出从中酸性向中性、基性的岩浆演化特征，以喷发相和溢流相为主（图2-2）。

1) 上泥盆统塔尔巴哈台组第三岩性段（D_3t^c）

该岩性段以中性–中酸性火山岩、火山碎屑岩为主，岩石类型主要为霏细斑岩、安山岩、安山质角砾熔岩，夹粗玄岩、英安岩、玄武岩、熔结凝灰岩及玻屑晶屑凝灰岩等。根据发育具假流纹构造的熔结凝灰岩，以及灰紫色碳质泥岩这一岩石特征分析，这些火山岩应属于陆相喷溢环境的产物。

2) 上泥盆统塔尔巴哈台组第四岩性段（D_3t^d）

该岩性段以陆相中酸性火山岩及火山碎屑岩夹火山碎屑沉积岩为主。根据岩石组合特征，该岩性组进一步划分为4个岩性段：第一（D_3t^{d1}）、第二（D_3t^{d2}）岩性段南邻杨庄岩体呈近东西向条带状展布，第三（D_3t^{d3}）、第四（D_3t^{d4}）岩性段分布于杨庄岩体东侧呈30°左右延伸，其东部为第四系覆盖。本组地层为白杨河矿区内主要含矿地层，各岩性段间呈整

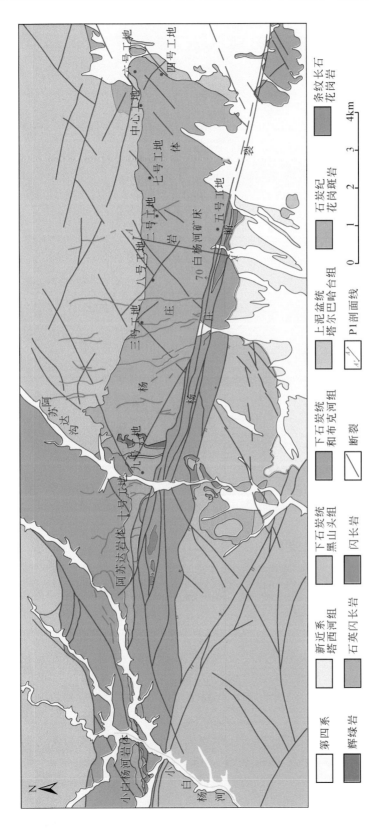

图2-1 白杨河铀铍矿床地质简图

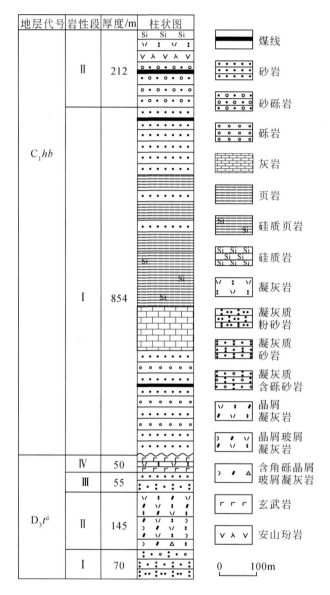

图2-2 白杨河矿区含矿岩性段柱状图（王谋等，2012）

合接触，与岩体主要呈侵入接触关系。通过野外观察和研究，该岩性段由下至上依次为：

塔尔巴哈台第四岩性段第一分层（D_3t^{d1}）：该层岩性主要为紫色、灰色的凝灰质岩类，多见发育有较为明显的微层理。粒级变化表现为下粗上细夹有碳质泥岩。该层岩性较为稳定，最大厚度大于70m。

塔尔巴哈台第四岩性段第二分层（D_3t^{d2}）：该层岩性主要表现为流纹质晶屑凝灰岩与凝灰岩互层特征。岩层倾向南，倾角30°，为铀铍矿体的主要赋矿围岩。自下而上依次分为凝灰岩、流纹质晶屑凝灰岩、凝灰岩、流纹质晶屑凝灰岩、凝灰岩及流纹质晶屑凝灰岩。流纹质晶屑凝灰岩局部夹团块状玉髓。产于流纹质晶屑凝灰岩中的铀矿化以第四岩性段为主，在岩石类型上属火山碎屑岩类与火山熔岩类的过渡类型，产于凝灰岩段中的铀矿化以第三岩性段为主，在岩石类型上为正常沉积岩类。

塔尔巴哈台组第四岩性段第三分层（D_3t^{d3}）：该层岩性主要岩性为灰褐色、浅绿色凝灰质砂岩、凝灰岩、沉凝灰岩，局部地层中夹有部分沉积岩。沉积岩常具碎屑结构，主要矿物成分为长石和石英，石英表面具网格状裂纹，且以沉积火山碎屑岩为主。长石多已绢云母化、绿泥石化，含量占5%左右。其他见少许的赤铁矿等，局部含有鲮木化石。

塔尔巴哈台组第四岩性段第四分层（D_3t^{d4}）：该层岩性主要为玄武岩，其中分布不均匀杏仁体。该层岩性中夹灰绿色凝灰岩，中–细粒凝灰岩薄层含角砾凝灰细砂岩可与玄武岩区别。

2. 石炭系

矿区内出露的石炭系主要为下统黑山头组（C_1h）及和布克河组（C_1hb）等，与上泥盆统塔尔巴哈台组呈断层或不整合接触。该地层主要分布于矿区南部和西部，北与杨庄岩体以杨庄大断裂为界，其东南侧局部被新近系塔西河组覆盖。

1）和布克河组（C_1hb）

该组主要表现为正常沉积的海陆交互相或浅海相，按照层序关系可细分为上、下两个亚组。

下亚组（C_1hb^a）：主要分布在杨庄岩体西北方位，依据岩性又划分为7个岩性段，其中下部四个岩性段在本矿区9、10、11号铀矿点以南均有出露。C_1hb^a岩性组合为灰岩、页岩、砂岩、粉砂岩、硅质板岩及砾岩等不同岩性，沉积岩石多为钙质胶结。此外局部可见地层的底部夹火山岩透镜体。岩性稳定，粒度下粗上细，具有海浸地层特点。地表出露宽度为420~320m。

上亚组（C_1hb^b）：地表出露宽度约150m，岩石整体为陆相喷发–正常沉积的含煤地层，位于F1断层下盘。地层倾角为30°~80°。地层的岩性较为复杂，沿走向相变较大，下部为页岩、砂岩，局部可见夹有劣煤，钙质、硅质、泥质胶结，局部相变为细砾岩和粗砂岩。根据野外观察，在地表劣煤可见8层，厚度多为0.4~2m，泥质含量较高，局部可见轻微石墨化。中部为灰绿色安山岩，延伸不稳定、地层的厚度相对变化较大，局部相变为杏仁状玄武岩及英安岩。其上部为灰色硅质岩、凝灰岩等岩性。该地层与花岗斑岩接触带部位断续发现了紫色萤石化，均呈浸染状赋存于沿裂隙充填的灰白色、白色硅质脉中，脉宽2~20mm，呈树枝状分布。主要分布在杨庄岩体南西侧。

2）黑山头组（C_1h）

该组为浅海相、海陆交互相中基性火山岩、中酸性火山岩及火山碎屑岩建造，主要分布于杨庄岩体西南、南侧，与北侧下伏地层和布克河组呈整合接触，其南侧局部为新近系覆盖。地层厚度可以达到445~3110m，倾角约50°，总体倾向南东。依据岩性特征将该组划分为3个亚组。

上亚组（C_1h^3）：该亚组延伸不稳定，相变较大。岩性以灰绿色沉凝灰岩为主，局部夹灰绿色晶屑凝灰岩、粉砂质泥岩、绿色厚层状凝灰角砾岩、褐红色流纹岩。

中亚组（C_1h^2）：岩石层理构造明显，整体粒级变化下粗上细，沿走向延伸较稳定。岩性为绿色、灰绿色凝灰角砾岩与凝灰质砂岩互层。

下亚组（C_1h^1）：岩性以褐黄色、灰绿色安山岩、含角砾熔结凝灰岩为主，其上部可见数层 1～5m 厚的浅黄色凝灰熔岩，中部见有局部夹浅褐色流纹岩。

3. 新近系

在白杨河矿区及研究区内所出露地层主要是新近系塔西河组（N_1t），分布于矿区南部及东北角，岩性为黄色砂质黏土，不整合于所有老地层之上。

4. 第四系

第四系（Q）出露于阿苏达沟，为冲积、洪积、堆积物。底部为薄层戈壁砾岩。

二、侵入岩

矿区内古生代岩浆活动频繁，侵入岩分布较广，主要呈串珠状沿杨庄深大断裂展布。岩石类别从基性岩、中性岩、酸性岩到碱性岩均有，岩体形态、规模、大小不一（表2-1）。

表 2-1　白杨河矿区侵入岩特征一览表

岩石名称	分布形态	规模
辉绿岩	岩脉、岩墙	长 10～1000m，宽 0.4～60m
闪长玢岩		长 400～1200m，宽 1～5m
辉石闪长岩	岩瘤	长 400m，宽 650m
花岗斑岩	岩株	约 6.9km^2
条纹长石花岗岩	中深成岩墙、岩脉	长 40～1300m，宽 10～150m

1. 中深成侵入岩

早二叠世条纹长石花岗岩：主要分布于杨庄岩体以南，呈岩墙或岩脉状产出（前人定为"白岗岩"，本次研究根据镜下鉴定结果定名为"条纹长石花岗岩"）。地表露头岩石呈浅黄色、褐红色，中粒半自形粒状结构，属硅酸过饱和过碱性岩石。长石主要为条纹长石、钾长石和少量奥长石，呈他形，直径为 1.76～3.25mm，含量占 60%～65%；石英，他形，直径为 1.2～2.5mm，约占 35%。暗色矿物主要为黑云母，副矿物为锆石及磁铁矿。岩石发育绿泥石化、绢云母化、钠长石化以及碳酸盐化等热液蚀变。

2. 超浅成侵入岩

晚石炭世花岗斑岩：为超浅成侵入岩，它与围岩呈侵入关系。前人认为属于火山颈相（王中刚，1995）。花岗斑岩的空间展布严格受杨庄断裂（F1 大断裂）控制，该岩体中还可见有晚期北西向、南北向辉绿岩脉及闪长玢岩脉等不同期次脉体的侵入。

根据地表调查和钻探揭露，矿区内超浅成侵入岩主要由杨庄岩体、小白杨河岩体、阿合日达岩体、阿苏达岩体等组成（图2-3），其中杨庄岩体规模最大，也是该区主要的控矿岩体。杨庄岩体东西长约10km，南北宽度变化较大，最宽达 1.8km，最窄 0.1km，面积约$6.9km^2$，后期构造的叠加使花岗斑岩体整体破碎较强（图2-4）。杨庄岩体南缘接触带北倾，倾角为$45°\sim75°$，与F1深大断裂相重合，接触面较平直，局部出现较大变化；岩体的主侵位方向由南东向北西，侵入的几何形态在剖面上空间似镰刀形（图2-3）；杨庄岩体北缘接触带南倾，倾角约$32°$，其接触面呈凹凸不平的波状。铀铍矿体主要分布于花岗斑岩体与围岩的接触带部位。阿合日达岩体分布于矿区北东部，不连续出露约20km，南东倾向，倾角在$40°$左右，钻孔揭露显示为薄板状，厚度在3m左右。阿合日达岩体与围岩接触带具有铀铍矿化，但规模较小。阿苏达岩体和小白杨河岩体位于矿区西部，近东西向展布，地表呈岩墙产出，最新钻孔揭露和物探探测显示往深部呈膨大趋势，接触带发育铀矿化。

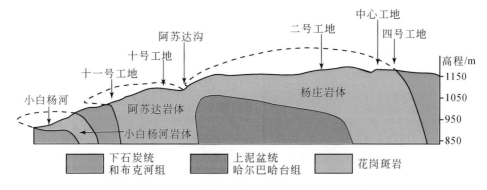

图2-3　白杨河花岗斑岩体侵位推测形态示意图（王谋等，2012）

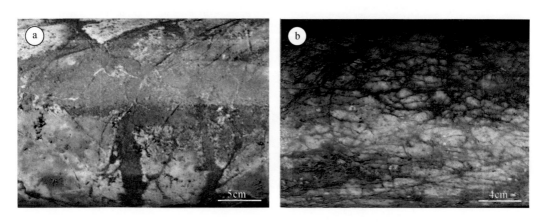

图2-4　花岗斑岩典型的角砾结构和碎裂结构
a. 花岗斑岩内接触带中的断层角砾岩；b. 花岗斑岩的碎裂花岗结构

3. 脉岩

矿区内中基性岩十分发育，一般呈岩脉、岩墙产出，地表出露10余条，规模大小不一。岩脉走向为NW$330°\sim350°$，局部呈南北向，倾向北东—北东东，倾角为$50°\sim80°$，厚$1\sim20m$，一般长数十米，个别的小到$1\sim3m$，大到数百米。岩脉主要类型有辉绿岩、闪长岩、辉长岩和闪长玢岩。规模较大的辉绿岩、闪长岩脉往北延伸到泥盆系塔尔巴哈台组中，最远延伸约800m（图2-5）。脉岩南侧被杨庄断裂错断，北部被接触带断裂错断，但断距明显小于南侧。根据钻孔揭露情况，中基性脉岩出露地表仅为少数，多数脉岩体未出露地表。杨庄岩体西部脉岩发育较多，东部则较少。在部分辉绿岩中又发育方解石脉，宽度几厘米至数十厘米，长度数米。

图2-5　白杨河矿区脉岩与花岗斑岩的接触关系

a. 辉绿岩脉侵入花岗斑岩中；b. 闪长岩脉侵入杨庄花岗斑岩中；c. 辉绿岩脉两侧交代蚀变晕

辉绿岩：在岩体内分布较广，多穿插于岩体内平行排列，走向约为340°，倾向东，长10～1000m，厚0.5～20m，部分被岩体北部的断层错断。岩石呈灰黑色，风化后为黄绿色（图2-5）。细粒辉绿结构，致密块状，主要矿物为斜长石、辉石等；副矿物为磁铁矿及少量赤铁矿、铬铁矿。脉岩与花岗斑岩接触热蚀变规模较小，肉眼可见宽度数厘米至数十厘米。

闪长玢岩：主要出露于杨庄岩体内，可见有 3 条闪长玢岩脉，宽 5～15m，长 400～1000m，走向约为 340°。岩石主要呈红色，粗斑结构。斑晶为红色中长石，直径为 2～8mm，占 10%～15%；基质为细晶，中长石占 55%，正长石占 20% 左右，石英占 5%～15%，含少量黑云母。在闪长玢岩岩墙边部可见暗紫色微晶闪长玢岩，宽 20～50cm。副矿物为磁铁矿、磷灰石，含量约占 2%。

三、构造

白杨河矿区断裂构造发育，褶皱构造在西部形迹明显，且被后期断层和侵入体破坏。

1. 褶皱构造

褶皱构造主要分布于矿区西南部和西部（图 2-6），发育于古生代火山岩地层中。褶皱南翼为平缓的单斜构造，产状 160°∠28°～40°。该褶皱夹于 F16 与 F2 断层之间，为次级断裂所切割。

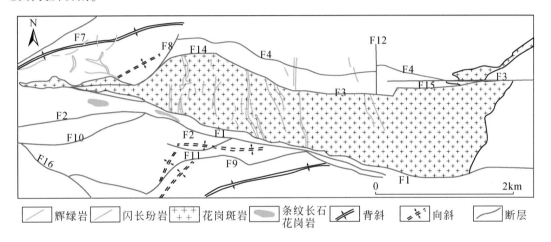

图 2-6　白杨河矿区构造纲要略图

2. 断裂构造

研究区断裂构造发育，类型复杂、规模不一（图 2-6）。以近东西向为主，北东、北西及近南北向次之。到目前为止，对白杨河地区的断裂构造仍缺乏详细系统的研究，在针对断裂性质、规模、对侵入岩以及矿化分布的控制作用等特征进行野外考察的基础上，本书根据 1∶20 万区域地质图说明书及新疆 519 大队勘探报告对控岩控矿断层构造叙述如下。

1）近东西向断裂

F1 断裂：在区域上称为查干陶勒盖大断裂，矿区内称为杨庄断裂。该断裂平面呈舒缓波状，呈近东西向延伸，为花岗斑岩体的南界，走向 100° 左右，断层面倾向北，倾角为 65°～75°，延伸 9km 以上，空间上控制花岗斑岩体呈带状分布在断层上盘。断裂带宽度几米至十余米，呈现十分明显的黑色断层泥和石墨化现象。其下盘为下石炭统和布克河组。后期有多次复活并在花岗斑岩体南缘形成碎裂岩，沿该断层走向在花岗斑岩体中断续发现有萤石化现象，均赋存于沿次级构造裂隙充填的灰色、灰白色硅质脉中。

F3 断裂：在平面上主要呈波状近东西向延伸，倾向南，倾角为 45°～60°，全长约 6km，大部分切过上泥盆统塔尔巴哈台组第四岩性段（D_3t^d）流纹质晶屑凝灰岩段，该断层在岩体北缘中段与 F14 断层合并，随之又分开，并被 F12 断层所切，向西延切割花岗斑岩。

F14 断裂：区域上全长约 9km，位于花岗斑岩的北接触带，主要呈波状近东西向延伸，倾角为 45°～55°，倾向南，断层宽 0.5～7m，向东延伸转入岩体内，向西延至小白杨河与F1 合并。岩体西部地段其下盘西移 70m，垂直断距约 180m，东部地层缺失，断距不明。岩体东端的分支构造与其斜交，在平面上向西合并，向东撒开呈"入"字形，在空间上构成 120°的交汇线，其中产有铀铍矿体。

F15 断裂：该断裂形迹不明显，局部地段则与 F14 控制断层汇合并控制矿体的分布，全长约 700m，平面呈波状，走向为东西—北东东。倾向南，倾角为 55°左右，断层宽0.5～2m，依据地层错动关系判断为平移断层，在局部沿岩体北界使岩体发生角砾岩化，属岩体后期的断裂。

2）近南北向断裂

F8 断层：平面形态平直，走向 5°～35°，倾向北东，倾角为 60°～65°，延长 2km 左右，切割 D_3t^c 和 D_3t^d 地层，水平位移 20～50m，为上盘北移的逆平移性质。

F12 断层：其上盘 D_3t^a 和 D_3t^d 地层南移，垂直断距不变，水平断距 100m，平面形态平直，走向南北，倾向西，倾角为 65°～70°，断层宽 0.5～2m，延伸大于 500m，并且切割所有东西向断层。

被辉绿岩墙、闪长岩墙所充填的断层：走向 340°～350°，多倾向东。在时间上晚于岩体早于岩墙。

第二节　矿体地质

白杨河铀铍矿床矿体主要发育于杨庄岩体中东部。已发现的铀铍矿体主要产于花岗斑岩与凝灰岩接触带附近，以及花岗斑岩中。在岩体与凝灰岩接触带下部 15～50m 的凝灰质砂岩、凝灰岩和接触带上部 15～50m 的花岗斑岩中的矿体资源量占总资源量的 90% 以上。

前人对中心工地和新西工地二号工地圈定的铀矿体主要由探槽、浅井、坑道及少量钻孔控制。钻孔工程间距为（100～200）m×（50～100）m。槽探间距为 10m，局部为 5m；浅井间距在 40m 左右；地下坑道采用水平中段，垂直间距为 20～40m。在各中段用沿脉及穿脉追索和圈定矿体，穿脉间距为 10～20m，矿体控制深度约 140m。近年来，核工业二一六大队所开展的地质勘查工作以铍为主兼顾铀矿，工程间距与前人有所不同，因此，对不同矿体的控制程度有所差别。核工业二一六大队设置的钻探工程均在岩体及周边，45～79号勘探线北部的矿体基本以 40m×40m 工程间距进行了控制，79～103 号勘探线间工程间距略大，达到 80m×80m，局部为 80m×40m，但岩体南部及西部控制程度稍低。总的来说，该区铀铍矿体工程控制程度较高，基本控制了该矿床铀铍矿体的空间展布、规模和大小等。

铀铍矿体的展布主要受花岗斑岩与凝灰岩接触带的构造破碎蚀变带控制，接触带构造及其上下 20～50m 范围内是铀铍钼矿体的主要赋存地段。从空间上可以将区内铀铍矿体分成四种类型。第一类是位于接触带的矿体，为主要矿体，一般有 2～4 个分支矿体；第二类是位于接触带之下赋存于火山凝灰质熔岩中的矿体；第三类是位于接触带之上花岗斑岩中的矿体（图2-7）；第四类是位于与接触蚀变带呈"y"字形斜交的裂隙带中，这类矿体往往位于北部接触带附近的花岗斑岩中。白杨河铀铍矿床铀铍钼矿化在空间上往往发生共生和分离现象，形成铀矿体、铍矿体或者铀铍矿体（图2-8）。

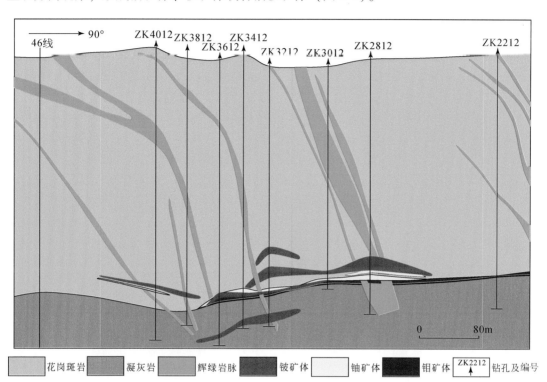

图 2-7　白杨河铀铍矿床 ZK4012-ZK2212 铀–铍–钼矿体展布剖面示意图（王谋等，2012）

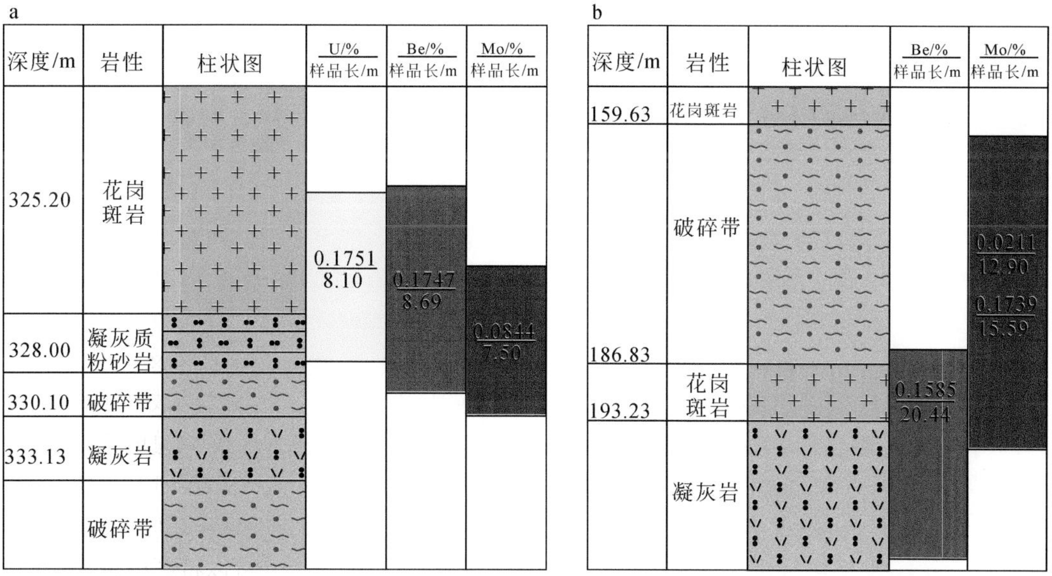

图 2-8　白杨河铀铍矿床铀铍钼共生–分离关系（新疆和布克赛尔县白杨河铍铀矿详查报告，2012）

a. 铀铍钼共生；b. 铍钼共生

从平面分布情况看，铍矿体较为连续，但分布范围较大；铀矿体次之，钼矿体仅见于个别钻孔（图2-9）。铍矿与铀矿或钼矿在空间上均存在共生-分离现象，尚未揭露到独立的钼矿体，但存在独立的铀矿体和铍矿体，这也反映了铀铍钼富集机制的差异性。

一、铍矿体

铍矿体在整个矿区均发育，由四个主要矿体组成（图2-9）。最大的矿体位于118～47号线之间，为BⅠ-1矿体。总体呈近东西展布，长达4.5km，宽度为50～1040m。在28～08号线之间，矿体分布范围较小，主要位于岩体中部，并在66号线以西矿体出现分叉，北部分支矿体呈北西向展布；第二个矿体位于39～79线之间，为BⅠ-1、BⅠ-6矿体。矿体呈22°方向展布，延伸长约970m，宽度为40～160m，位于岩体北部，矿体延续稳定，向南部未完全控制；第三个矿体位于75～103号线之间，为BⅠ-6矿体，呈22°方向展布，长约640m，最宽650m；第四个矿体位于矿区东部131～147号线之间，由隐伏的花岗斑岩板状岩枝上、下接触带控制，为BⅡ-1矿体，呈东西向展布，长约470m，南北宽960m，矿体倾角30°。

矿区内工业矿体厚度变化较大，最小厚度为0.62m，最大为28.99m，平均为5.21m，变化系数为100%。矿体品位变化相对较小，单矿段品位为0.08%～0.77%，平均品位为0.15%。

60～09号线之间BⅠ矿体在剖面上多为单层，局部出现2～3个分支；BⅡ矿体在剖面上以单层（BⅡ-1）为主，局部存在1～2个分支矿体。并且在28～60号线中部地段发育铍-铀-钼工业矿体（图2-8）。

11～35号线之间BⅠ矿体在剖面上存在三个分支矿体；BⅡ矿体在剖面上存在两个分支。铀-铍工业矿体在接触带附近呈现共生现象。43～63号线之间BⅠ矿体在剖面上多为单层，局部出现2～3个分支；ⅡBe矿体在剖面上存在2～3个分支矿体，ⅢBe矿体在剖面上除ZK5100～ZK5500之间呈面状分布外，其余均为零星出现（图2-10）。

71～83号线之间BⅠ矿体在剖面上存在4个分支矿体（图2-11），由于该地段岩体与地层穿插现象比较普遍，因此，铍在该地段矿化程度高，矿体厚度大，层数多。

下面重点以BⅠ-1矿体为例，对白杨河铀铍矿床铍矿体的基本地质特征进行阐述，其他铍矿体不再赘述。

BⅠ-1矿体主要位于矿区118～79号线之间，矿体整体连续性较好，在岩体中呈带状展布，局部地段由于无矿钻孔的影响，在矿体内部出现天窗。在118～11号线之间矿体呈近东西向展布，由ZK11800、ZK0916等88个钻孔控制，矿体连续长达3.2km，平均宽300m，最大宽度为530m。在11～79号线之间，矿体呈北西向展布，由ZK1100、ZK1500等96个钻孔控制，矿体断续延伸长达1.8km，平均宽140m，最大宽度为650m（图2-11），矿体产状与岩体-围岩接触带控制的破碎蚀变带展布有关，总体倾向南。在118～11号线之间倾角为30°，局部受次级构造影响略有变化。在11～31号线之间倾角为28°～35°，各部位倾角略有变化，平均倾角为32°，向南部矿体倾角略有加大。在43～63号线北部倾角为50°，其余地段矿体倾角均为30°，向南部矿体倾角略有减小，向北部特别是离北接触带越近矿体倾角越大。矿体的埋深为19.90～415.17m，向南逐渐加深。矿体标高820.74～

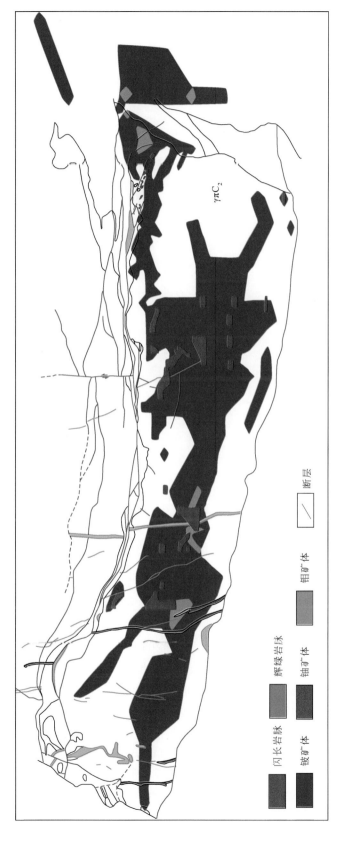

$\gamma\pi C_2$

闪长岩脉　　辉绿岩脉

铀矿体

铍矿体　　钼矿体

断层

图2-9　白杨河矿区铍、铀、钼矿体平面展布示意图

资料来源：核工业二一六大队. 2012. 新疆和布克赛尔白杨河铀铍钼矿床详查报告

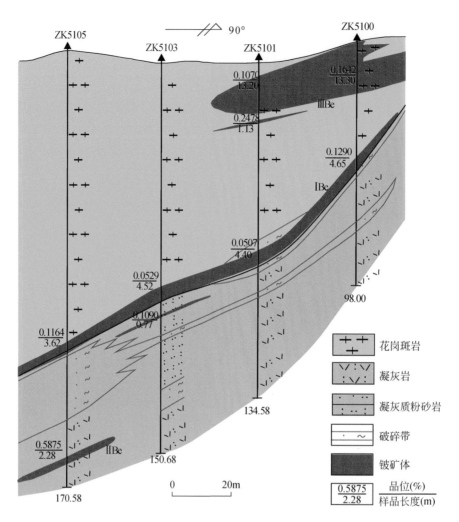

图 2-10　51 号勘探线剖面示意图

资料来源：核工业二一六大队. 2012. 新疆和布克赛尔白杨河铀铍钼矿床详查报告

1281.24m，向南标高逐渐减小。矿体形态较为单一，矿体在剖面上以板状矿体为主，局部呈透镜状，矿体规模属大型。该矿体总体倾向南，仅在 49～79 号线之间倾向为南偏西（约202°），基本与杨庄岩体下接触带一致。

　　BⅠ-1 主要矿体厚度为 0.62～28.89m，平均为 4.25m，变化系数为 110.79%，由西往东总体呈"薄—厚—薄—厚"的特点，即在 118～09 号线，矿体厚度整体变化较小，平均厚度为 2.62m，局部变化较大（ZK8012 孔厚度达 12.35m）；在 21～41 号线矿体较厚，平均厚度在 5m 以上（ZK3104 孔厚度达 18.38m）；在 43～51 号线矿体变薄，平均厚度为 2.87m；在 53～79 号线矿体平均厚度在 7m 以上（ZK7502 孔厚度达 28.89m）。

　　BⅠ-1 主要矿体品位为 0.0418%～1.1520%，平均为 0.1404%。在 118～09 号线平均品位为 0.1124%。19、21、23、25 号线的品位均高于矿区东段铍矿体的平均值，均大于0.25%。29、35、37 号线的品位略低于矿区东段铍矿体的平均值。35 号线的品位低于矿区东段铍矿体的平均品位，为 0.1068%。在 39～79 号线表现为"中间高、两边低"的特

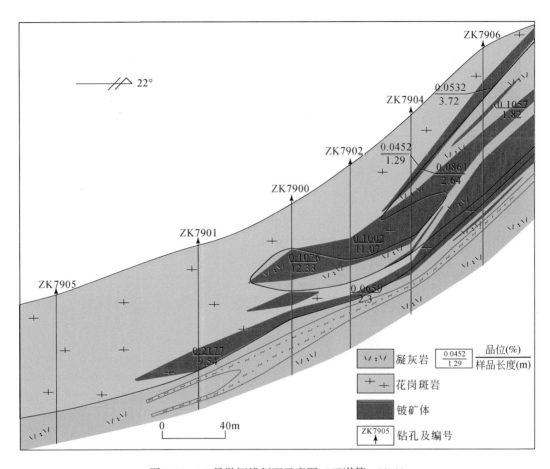

图2-11 79号勘探线剖面示意图（王谋等，2012）

点，即39~51号线平均品位为0.0851%；中间55号线铍矿体的平均品位为0.2944%；57、59、77号线接近最低工业品位。

二、铀矿体

铀矿体主要分布于中心工地、二号工地及三~八号工地，其他地段零星分布。铀矿体总体规模较小，一般长50~130m，最长410m；矿体呈似层状或透镜状，受接触破碎蚀变带控制，其走向为近东西向，倾向南，倾角为28°~35°。平均厚度为2.67m，矿段品位为0.050%~1.212%，平均为0.185%。

铀矿体多呈独立矿体产出，沿矿体走向连续性较差，少部分与铍矿体共生产出，矿体产状与接触破碎蚀变带一致，矿体长度和宽度均较小。38~34号线铀矿体连续，宽度为25~65m，往南部尚没有钻孔工程控制，矿体厚度为1.90~8.60m，变化不大；品位一般为0.127%~0.228%，最高达1.212%；矿体长约140m。32~28号线铀矿体位于岩体中部，矿体较连续，宽40~210m，长约220m。矿体厚度为0.68~6.76m，变化较大；品位一般为0.054%~0.096%，最高为0.293%。主矿体（UⅠ-1）为接触带矿体。09~37号线工业铀矿体较集中，宽度为 70～105m，长约 410m。铀矿体规模均较小，一般均为单孔见矿（图 2-12）。

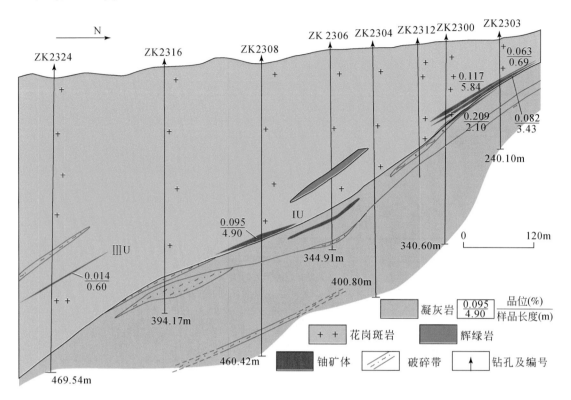

图 2-12　23 号勘探线剖面示意图

资料来源：核工业二一六大队. 2012. 新疆和布克赛尔白杨河铀铍钼矿床详查报告

三、钼矿体

钼矿体主要分布于矿区中西部 22～66 号线及北东部 91～103 号线，大致呈北西-南东向展布形态，矿体形态较简单（图 2-7，图 2-9），矿体以层状、似层状为主，多数以单工程和独立矿体产出，与铀矿体关系更为密切。矿区钼矿体平均厚度为 3.64m，平均品位为 0.1089%，品位变化系数为 66.94%，说明矿体整体品位较均匀，局部变化较大。矿体最大厚度达 20.83m（ZK9920 孔），品位为 0.0496%～0.4224%。矿体厚度为 0.97～6.82m，平均为 3.31m；品位为 0.0520%～0.2358%，平均为 0.1129%。

第三节　矿石矿物学

白杨河铀铍矿床成矿类型为热液蚀变型铀铍矿。按最新的铀铍矿床分类属于火山岩型铀铍矿床（Foley et al.，2012，2017）。

一、矿石类型及其结构

白杨河铀铍矿床矿石类型主要由花岗斑岩型和晶屑凝灰岩型两种类型所组成。矿石结构主要为自形粒状、微细状结构；主要构造为细脉状构造、浸染状构造等，部分呈现明显的碎裂构造。

花岗斑岩型矿石呈典型斑状结构。斑晶由长石和石英组成，呈半自形至自形，斑晶大小为 0.2 ~ 3mm，长石斑晶表面较脏，常高岭土化，且被褐铁矿浸染；基质为隐晶质结构，由粒状石英和条状长石等矿物组成，呈他形至半自形，颗粒大小变化较大，为 0.01 ~ 0.6mm，蚀变较为明显。矿石裂隙中可见充填有绿泥石细脉和萤石细脉。绿泥石细脉一般宽 40μm。萤石细脉宽度为几十微米至数毫米；在萤石脉中或萤石填充的空洞内壁可见柱状羟硅铍石晶体（图 2-13），呈自形至半自形，晶体大小为 10μm×40μm ~ 15μm×60μm。

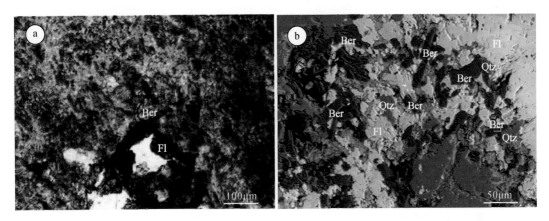

图 2-13　花岗斑岩型矿石中羟硅铍石和萤石的共生关系

a. 萤石结晶空洞及其边缘发育的羟硅铍石晶体，单偏光；b. 扫描电镜下可见柱状羟硅铍石晶体分布于萤石脉中。

Ber. 羟硅铍石；Qtz. 石英；Fl. 萤石

矿石褐铁矿化发育比较明显，可见褐铁矿充填于岩石裂隙之中，局部呈浸染状分布于花岗斑岩中。它应为热液蚀变矿物赤铁矿等表生条件下被改造所致。矿石中可见少量星点状方铅矿，主要呈半自形至自形，大小一般为 40 ~ 200μm，大者可见 1mm。在方铅矿中可见包裹有少量的闪锌矿，闪锌矿颗粒呈自形晶，大小为 8μm 左右。

晶屑凝灰岩类矿石为典型的凝灰结构，主要由塑性玻屑、少量晶屑和少量岩屑等组成；塑性玻屑呈骨状、细条纹状、枝杈状、透镜状等形态，长度一般为 0.08 ~ 0.8mm，且具有假流动性现象，玻屑脱玻化现象较为明显。晶屑主要为长石和石英，少量的黑云母等暗色矿物，晶屑大小一般为 0.1 ~ 0.8mm；长石晶屑表面较脏，多高岭土化和褐铁矿化，长石晶屑可见有熔蚀凹坑；黑云母晶屑多褐铁矿化。岩屑主要为花岗岩、花岗斑岩以及凝灰岩等，一般小于 2mm，大者个别可见 1cm。碎裂状矿石中见大量萤石脉，脉宽 1.5 ~ 1.8cm，在萤石脉中包含有大量细小的凝灰岩碎屑，且碎屑大小不一，一般为 1mm ~ 1.8cm，碎屑长轴方向大体与萤石脉方向一致。矿石中充填的绿泥石细脉宽为 20 ~ 100μm；萤石脉和绿泥石细脉相互交织产出。

在萤石脉内可见柱状羟硅铍石晶体，呈半自形至自形，晶体大小为 $50\mu m \times 120\mu m \sim 70\mu m \times 300\mu m$。在萤石脉内还可见有少量的黄铁矿细脉存在，宽 $10\mu m$ 左右，脉内亦可见有微量的方铅矿，主要呈他形至半自形，大小为 $10 \sim 150\mu m$。

矿石的脉状构造较常见，在花岗斑岩或晶屑凝灰岩的矿石中可见萤石脉、石英脉、褐铁矿脉、沥青铀矿微细脉，以及黄铁矿脉。其中萤石脉与铍矿物最为密切，铍矿物主要分布于萤石脉之中。沥青铀矿脉多与萤石脉共生、伴生，或穿插于萤石脉中。其次为块状构造，花岗斑岩、晶屑凝灰岩等主要含矿岩石均为块状构造。

二、矿石矿物组成

铀铍矿石中矿石矿物主要为羟硅铍石、沥青铀矿、硅钙铀矿、钙铀云母和辉钼矿等，伴生金属矿物有毒砂、方铅矿、闪锌矿、黄铁矿、黄铜矿、水锰矿、软锰矿和赤铁矿等。脉石矿物主要有石英、钠长石、钾长石、萤石、电气石、方解石、绿泥石、高岭石、伊利石和蒙脱石等。石英和钾长石主要以两种形式存在：一是以斑晶形式存在于花岗斑岩中，二是以晶屑形式存在于流纹质凝灰岩之中。萤石主要呈紫黑色、浅紫色、绿色和无色等，主要以脉状形式存在。在萤石脉中可见有自形的钠长石、条纹长石、石英以及少量方铅矿等矿物包体，一般矿物颗粒大小为 $50 \sim 250\mu m$。

磁铁矿、褐铁矿为矿石中主要的含铁矿物，主要以浸染状分布于矿石之中，颗粒大小一般为 $20 \sim 70\mu m$。可见磁铁矿、褐铁矿等呈黄铁矿立方体假象出现。黄铁矿主要以半自形粒状形式存在于矿石中，偶尔以自形晶出现，颗粒大小主要为 $60\mu m$ 至数百微米，局部呈条状、扁豆状。

脉石黏土矿物在镜下多为隐晶质结构，一般呈半自形至他形，为热液蚀变产物，这些黏土矿物可吸附少量铍。

三、矿石化学成分

矿石硅酸盐全分析结果表明，矿石成分以 SiO_2 为主，平均含量达 69.31%，其中花岗斑岩矿石中 SiO_2 含量比凝灰岩型矿石中高，分别为 73.30% 和 63.97%；凝灰岩型矿石中 Al_2O_3（平均含量为 14.25%）、ΣFe（平均含量为 3.91%）、CaO（平均含量为 6.28%）比花岗斑岩型矿石中的 Al_2O_3（平均含量为 13.49%）、ΣFe（平均含量为 1.54%）、CaO（平均含量为 2.33%）要高；而花岗斑岩型矿石中的 K_2O+Na_2O（平均含量为 7.89%）比凝灰岩型矿石中 K_2O+Na_2O（平均含量为 6.15%）含量高。但是两类矿石中 TiO_2、MgO、P_2O_5 的含量均小于1%。

矿石中铅、锌含量平均值较小，但其变化系数很大，说明富集程度高，与铀、铍、钼、锌等元素相伴生。

四、矿石矿物

白杨河铀铍矿床主要的矿石矿物是羟硅铍石和沥青铀矿，其他矿物如硅钙铀矿、钙铀云母和辉钼矿等矿物含量较少。

　　沥青铀矿主要分布在萤石和绿泥石–伊利石脉中，且多发育于脉旁的微裂纹或矿物颗粒间。沥青铀矿呈毛发状、细脉状和团块状。脉宽一般为 0.005～0.02mm，团块状大小一般为 0.05～0.15mm。部分沥青铀矿已氧化成红色或黄色铀的次生矿物。铀石主要呈短柱状，与短絮状矿物含铅的硬锰矿共生（图 2-14a，图 2-15）。

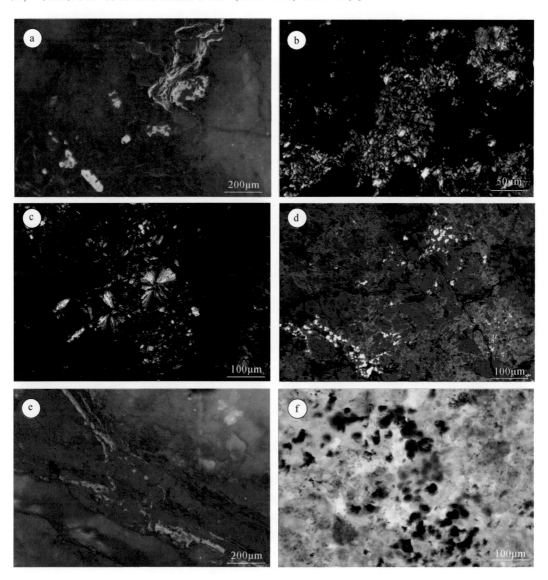

图 2-14　白杨河铀铍矿床矿石矿物赋存形态特征

a. 叶片状、板状铀石，样品 BH009，500×；b. 铍矿物，样品 BH022，单偏光 100×；c. 放射状铍矿物，样品 BH022，200×；d. 沥青铀矿与方铅矿共生产出，样品 BH022，光片 200×；e. 白云母裂隙中产出的沥青铀矿，样品 BH019，500×；f. 颗粒状沥青铀矿，已被氧化，样品 BH004，单偏光 200×

　　羟硅铍石主要呈长柱状，横切面为菱形或四边形，集合体呈扇形或放射状（图 2-14b、c）。在沥青铀矿中有散浸染状方铅矿。方铅矿呈粒状，大小多为 0.005～0.05mm，少数大

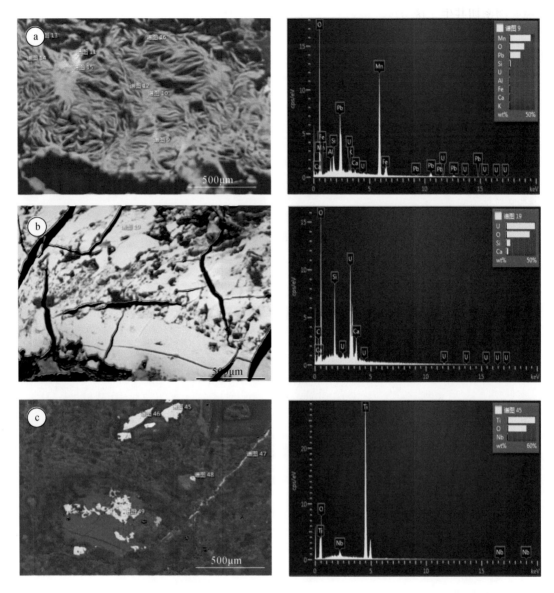

图 2-15　白杨河铀铍矿床主要次生矿物 BSE（背散射电子成像）图像及能谱分析曲线

a. 含铅硬锰矿（呈浅灰色絮状）和次生铀矿物（较亮色斑状）紧密共生（花岗斑岩质构造角砾岩）；b. 次生铀矿物——硅钙铀矿呈亮灰色假皮壳状产出（花岗斑岩质构造角砾岩，角砾间充填暗紫色萤石脉及绿泥石–水云母脉）；

c. 矿石中铌钛矿与方铅矿共生（隐爆流纹质角砾岩，角砾多为流纹质熔结凝灰岩）

的可达 0.1～0.15mm（图 2-14d）。在热液蚀变强烈地段，伊利石白云母化。白云母长 0.05～0.10mm，宽 0.01～0.02mm。沥青铀矿在白云母脉中呈发丝状细脉分布（图 2-14e）。部分沥青铀矿呈颗粒状，颗粒大小为 0.01～0.03mm，已被氧化（图 2-14f）。白杨河铀铍矿床中的沥青铀矿几乎完全氧化。在一些裂隙中可见沥青铀矿和硬锰矿充填其中（图 2-15a），在氧化的沥青铀矿脉中有棕色、黄色的次生铀矿物，次生铀矿物主要为硅钙铀矿（图 2-15b）。本研究发现也存在铌钛矿与方铅矿共生的现象（图 2-15c）。

除黄铁矿之外，白杨河铀铍矿床还发现有大量的辉钼矿、方铅矿等金属硫化物，与沥青铀矿物密切共生，这与过去认为的该矿床缺乏硫化物的认识是存在较大差别的。

五、元素铀铍赋存状态

1. 铀的赋存状态

白杨河铀铍矿床中的铀主要以铀矿物、次生铀矿物、副矿物中的铀以及分散吸附铀四种状态存在。沥青铀矿主要呈微脉浸染状充填于紫色萤石脉内及其附近的微裂隙中，其次充填于长英质微裂隙和不同矿物晶粒间隙中。其化学成分含杂质 Ca、Si 较多，具体成分详见本书第五章。

次生铀矿物在矿床中大量存在，在矿石裂隙面上呈稻草黄色、柠檬黄色以显微鳞片状、脉状集合体产出（图 2-16）。表明该矿床形成之后经过抬升剥蚀，加之花岗斑岩体本身节理极为发育，表生氧化改造作用明显。

图 2-16　白杨河铀铍矿床次生铀矿物大量发育

a，b. 辉钼矿变为胶硫钼矿和少量蓝钼矿；c. 次生铀矿物——硅钙铀矿（黄色）

吸附铀呈分散状及超显微 UO_2 质点存在于紫色萤石和红色微晶石英中。用 X 射线荧光光谱法测得纯紫色萤石和纯红色微晶石英样品中铀含量分别为 0.0053% 和 0.0064%，基本上代表了其中吸附状形态铀。

原岩中副矿物（锆石、磷灰石、铌铁矿、钍石等）中极微量的铀主要以类质同象形式存在。

2. 铍的赋存状态

李久庚（1991）较早对白杨河铀铍矿床铍的赋存状态及矿床成因开展了研究，认为铍主要来自富铀铍地层（晶屑凝灰岩）和富铀铍岩体（花岗斑岩）。铍主要赋存于单矿物中，主要有紫黑色含铀铍的萤石、含铀铍的赤铁矿和黏土矿吸附；铍的独立矿物为中低温阶段形成的粒径小于 0.2mm 的羟硅铍石。

中南大学、南华大学、核工业北京地质研究院、核工业北京化工冶金研究院及中南矿冶设计院等专家学者从矿物开发利用的角度对羟硅铍石的矿物工艺学进行了较详细研究。刘晓文等（2010）采用德国 Leica DMLA 型透反偏光显微镜、X 射线能谱仪、扫描电子显微镜和 X 射线衍射等方法，对白杨河铀铍矿床中心工地铍矿石进行了矿物学研究。表层矿石采于中心工地一号矿带浅井中，为晶屑凝灰岩型矿石；深部铍矿石采于中心工地一号矿带坑道内，既有花岗斑岩型矿石，又有晶屑凝灰岩型矿石。两者混合而成的样品重达 50kg。岩石蚀变主要为绢云母化、绿泥石化、钠长石化和褐铁矿化等。脉石矿物主要为石英、钠长石、钾长石、绿泥石、绢云母、条纹长石、锐钛矿、赤铁矿、萤石和少量褐铁矿、氟碳铈矿等矿物。铍矿物为羟硅铍石和极少量的水砷铍矿（艾永亮等，2015），铍矿物有四种存在形式：一是羟硅铍石被包裹于长石或者萤石中，与萤石颗粒常呈线状接触关系。二是羟硅铍石在岩石裂隙中，以自形、半自形晶体形式存在，常呈细小的板状和柱状晶体，一般矿物颗粒大小为 20~300μm，主要分布于萤石脉之中。其中可见羟硅铍石常与深紫色、紫色的萤石、石英、电石气等矿物共生，呈不规则状、片状、半自形或他形，粒径为 0.01~0.2mm，中度正突起，（001）解理完全。三是含铀铍镧铈矿物，铍以类质同象形式存在于镧、铈矿物之中。四是以吸附形式存在于褐铁矿、高岭土、伊利石、云母、绿泥石等黏土矿物中。

3. 钼的赋存状态

对该矿床钼的赋存状态几乎没有开展细致的工作。含钼矿物主要为辉钼矿及其氧化产物钼酸钙矿，常呈浸染状与方铅矿、闪锌矿一起产出（图 2-16）。

第四节　热液蚀变作用与铀铍钼矿化

一、成矿元素空间分布

在矿床学研究中，理清热液蚀变与成矿元素之间的关系是矿床成因研究的基础。为了能够准确理清白杨河铀铍矿床的形成与花岗斑岩、凝灰岩等不同类型岩石之间的关系，在对岩石类型划分的基础上，本书对白杨河地区地表剖面 P1 和钻孔剖面 ZK7702 进行了成矿元素和挥发分组成的研究。P1 剖面成矿元素含量数据表明（图 2-17），U 的富集主要集中

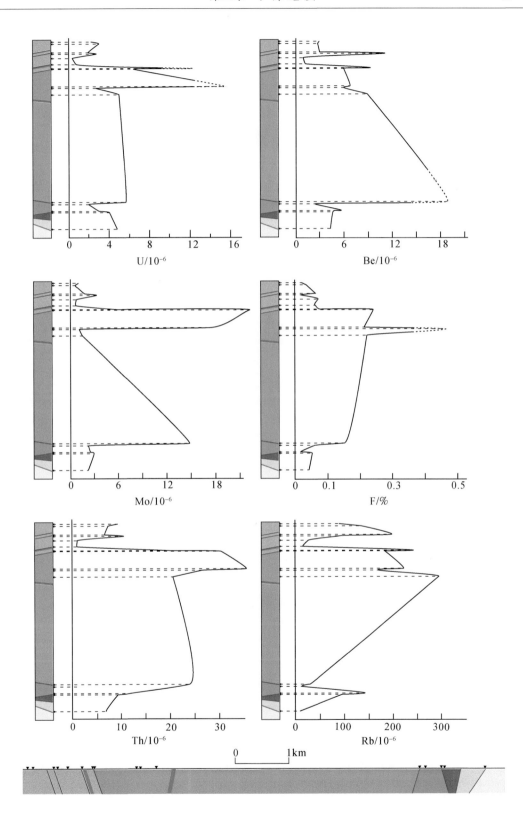

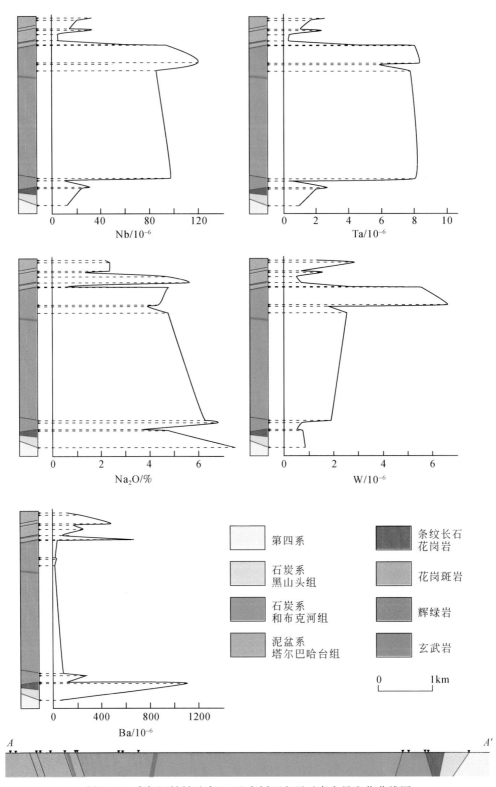

图 2-17　白杨河铀铍矿床 P1 地表剖面主要元素含量变化曲线图

于北侧花岗斑岩与围岩接触带附近的花岗斑岩中。在 BYP1-18（赤铁矿化硅化黏土化花岗斑岩）处出现 U 的强烈富集（939×10⁻⁶）。Mo 的富集与 U 的富集特点较为相似，主要集中于北侧花岗斑岩与围岩接触带附近花岗斑岩中。而 Be 的富集主要集中于南侧花岗斑岩与围岩接触带附近。在 BYP1-28（强蚀变强硅化花岗斑岩）处出现 Be 的强烈富集（137×10⁻⁶），该点花岗斑岩具强硅化，该处花岗斑岩及接触带上多见有浅绿–深紫色萤石细脉。F 的富集则主要集中于杨庄花岗斑岩北侧接触带附近花岗斑岩中。在 BY10-3（含萤石脉花岗斑岩）处出现 F 的强烈富集现象（8.2%），该点附近花岗斑岩中多为紫色–紫黑色萤石网脉。

钻孔 ZK7702 剖面成矿元素含量数据表明（图 2-18），在花岗斑岩与围岩接触带附近

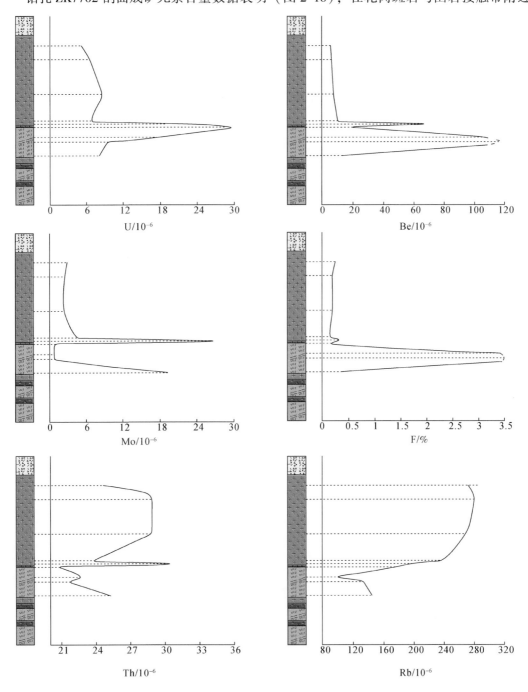

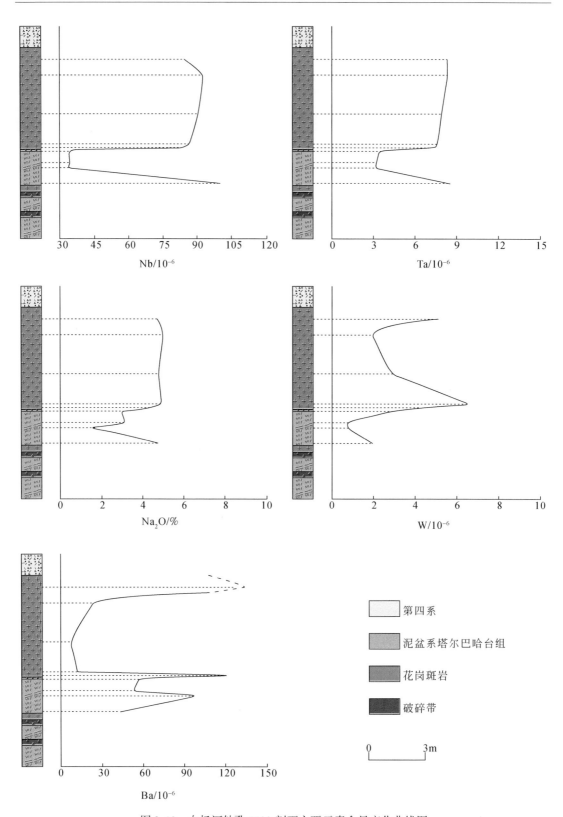

图 2-18　白杨河钻孔 7702 剖面主要元素含量变化曲线图

出现 U 的富集。Mo 的富集与 U 的富集特点较为相似，主要集中于花岗斑岩与围岩接触带附近花岗斑岩中。而 Be 和 F 的富集特点极为相似，主要集中于花岗斑岩主岩体下部凝灰岩中，该区岩石中多见有紫-紫黑色萤石细脉。花岗斑岩和凝灰岩具有富 Nb、Rb、Th、Ta 的特点，元素 F、Mo、U、Be 等具有在花岗斑岩和凝灰岩接触带富集的特点。

上述两个剖面的成矿元素分析表明，白杨河铀铍矿床主要受花岗斑岩与围岩的接触带控制，接触带是成矿流体的主要运移通道，花岗斑岩南北两侧 U 和 Be 成矿的差异说明成矿物质的富集受成矿流体的组成和赋矿围岩的性质所控制。

二、热液蚀变类型与铀铍成矿

白杨河铀铍矿床与矿化有关的热液蚀变主要有硅化（玉髓化、蛋白石化）、绢云母化、钠长石化、萤石化、赤铁矿化、绿泥石化、方解石化、铁锰氧化物等。

早期的热液蚀变主要有硅化（包括蛋白石化）、绢云母化、钠长石化和绿泥石化（图2-19a~d）等。这个阶段的蚀变产物主要包括钠长石、绿泥石、石英、无色和绿色萤石（F1）。无色和绿色萤石主要位于凝灰岩和闪长岩中，这期萤石与铀铍矿化无关。绢云母和钠长石是原生钾长石蚀变而来，钠长石化在整个花岗斑岩体中均有发育，属于全岩蚀变。热液石英与绿泥石共生，以脉状形式产于杨庄岩体中。在泥盆纪火山岩中可见方解石碎屑。方解石也遭受蚀变，被绿帘石部分交代，并且被绿泥石包围。成矿早期的热液蚀变可以使得 Be 和 U 等元素发生活化，为铀铍矿化奠定了基础。

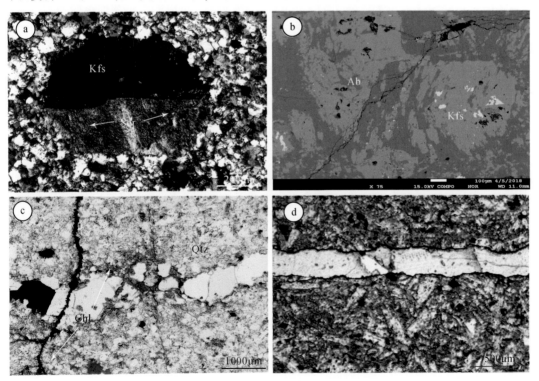

图 2-19　成矿早期热液蚀变特征

a. 钾长石斑晶发生绢云母化和高岭石化；b. 钾长石的钠长石化；c. 花岗斑岩中的石英-绿泥石脉；d. 无矿化凝灰岩中的无色萤石脉。Ab. 钠长石；Chl. 绿泥石；Kfs. 钾长石；Qtz. 石英；Ser. 绢云母

　　成矿期的热液蚀变矿物主要包括萤石、赤铁矿、石英、白云母、高岭石、绿泥石、重晶石、锰氧化物和方解石（图 2-20a ~ f，图 2-21a ~ f）。在白杨河铀铍矿床中，与铀铍矿化关系密切的绿泥石化可分为两种类型，一种是杨庄岩体中的暗色铁镁质矿物绿泥石化，该类型绿泥石为成矿早期的产物，杨庄岩体中的绿泥石主要由黑云母蚀变而来，岩体中的黑云母富 Mn，黑云母在蚀变过程中释放出 Mn，这可能也是白杨河铀铍矿床水锰矿化发育的原因之一。绿泥石化蚀变的发育，可以改造成矿物质的赋存形式，使得先前惰性的成矿元素转变为活性，有利于铀铍活化、沉淀。另一种是与矿化直接相关的绿泥石化，该类型绿泥石与羟硅铍石关系十分密切（图 2-20），是成矿期直接从热液流体中沉淀出来的。

　　硅化在白杨河铀铍矿床中不普遍发育，在花岗斑岩和矿化段均可见到硅化现象。花岗斑岩中的硅化多以脉状石英的形式赋存于造岩矿物颗粒边界或裂隙中，常与绿泥石共生。矿化样品中石英多呈自形，与浅紫色萤石共生（图 2-21），这表明成矿流体可能达到了硅饱和。这一期的石英也与水锰矿化共生（图 2-20c、d、f）。白杨河铀铍矿床的硅化相对花岗岩型铀矿床的硅化明显较弱。铀铍矿体多数以脉状充填的形式位于杨庄岩体和凝灰岩之间的破碎带。在矿区局部地段，可以看到蛋白石化，蛋白石主要呈脉状或浸染状分布于花岗斑岩中，后期热液流体的叠加使蛋白石发生重结晶现象。

　　萤石化是矿区内最为发育，也是和铀铍矿化关系最为密切的蚀变。在白杨河矿区，萤石有两种成因：一种为岩浆成因，该类型的萤石呈不规则状充填于花岗斑岩造岩矿物颗粒边界中；另一种为热液成因，该萤石通常呈无色、绿色、浅紫色至紫黑色，其中与铀铍矿化有关的萤石呈浅紫色至紫黑色（图 2-21a）。由图 2-21b 可以看出，紫黑色萤石被浅紫色萤石穿切，表明紫黑色萤石早于浅紫色萤石形成。紫黑色萤石常见环带现象（图 2-21c）。矿石矿物羟硅铍石和沥青铀矿与浅紫色–紫黑色萤石共生（图 2-21d ~ f），表明铀和铍可能主要以氟络合物的形式进行迁移。萤石呈紫色可能是铀进入萤石晶格，破坏了其晶体结构所致。可见成矿晚期的萤石呈细脉充填于沥青铀矿颗粒的裂隙（图 2-22b）。局部地段，可以看到紫色的萤石充填于细菌菌体中，在菌体的末端可见铁、钛等金属矿物的沉淀，说明细菌的还原作用可能对铀的富集具有一定的贡献。

　　锰矿化在白杨河铀铍矿床广泛发育，主要由水锰矿和硬锰矿组成，在杨庄花岗斑岩和矿石中均可见。与矿化有关的锰矿化多呈脉状（图 2-20d）和浸染状（图 2-20f）等，同时在杨庄岩体及围岩中发育表生的锰矿化，主要呈树枝状、薄膜状和星点状（图 2-22c）等。白杨河铀铍矿床热液锰矿化发育可能主要是由于杨庄岩体相对于同区域的碱性长石花岗岩（$MnO = 0.06\%$）（Chen and Arakawa，2005；Geng et al.，2009；Shen et al.，2012）具有较高的 MnO 含量，平均为 0.13%（Mao et al.，2014；Zhang and Zhang，2014），这也与杨庄岩体发育富锰黑云母和富锰铌铁矿的现象一致，这为锰矿化提供了物质保证。白杨河铀铍矿床的锰矿化有两种成因：一种为热液成因，图 2-20c 显示锰氧化物脉切穿紫黑色萤石脉，表明其形成晚于紫黑色萤石。但是水锰矿与自形的石英共生，这表明水锰矿化可能与浅紫色–紫色萤石为同一期的产物。另一种为表生成因，表生成因的锰矿化多呈树枝状和薄膜状位于岩石的表面（图 2-22c）。

　　赤铁矿化在白杨河铀铍矿床中也比较发育。地表地质以及显微镜下研究发现，铀矿化发育的地段一般就会发现赤铁矿化，其最明显的特点就是矿石发红，显示为紫红色和暗红

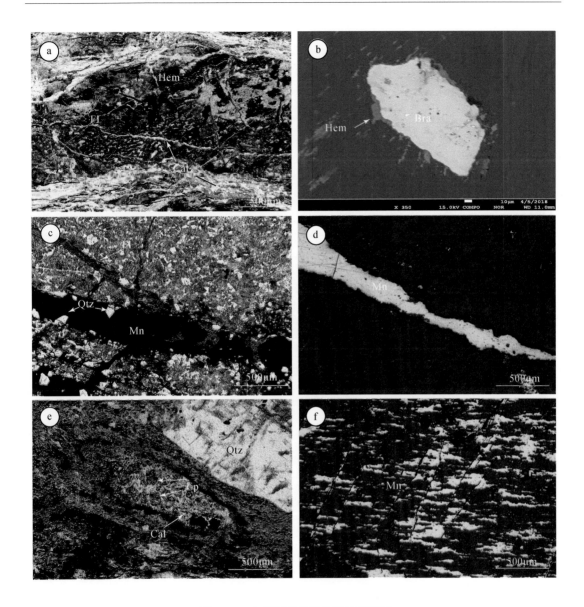

图 2-20　白杨河成矿期热液蚀变特征

a. 赤铁矿化与紫黑色萤石化共生，并被后期方解石脉穿切；b. 钛铀矿及赤铁矿晕；c. 紫黑色萤石被锰氧化物穿切，但与自形的石英共生；d. 锰氧化物脉，反射光；e. 方解石被绿帘石交代；f. 浸染状锰氧化物（浅灰色）。

Bra. 钛铀矿；Cal. 方解石；Ep. 绿帘石；Fl. 萤石；Hem. 赤铁矿；Mn. 锰氧化物；Qtz. 石英

色，赤铁矿化有时和紫黑色萤石化交织在一起。赤铁矿化可能有两种成因，一种是氧化还原作用，即二价的铁被六价的铀氧化而来（图 2-20a），另一种是 U 和 Th 放射性衰变产生的放射性射线致使铁被氧化，从而生成赤铁矿晕圈（图 2-20b）。

　　白杨河矿区的碳酸盐化可划分为三个时代：①赋存于凝灰岩中的碳酸盐碎屑，为成矿早期的产物，该阶段的方解石多呈无色；②成矿期的碳酸盐，该阶段的方解石与紫色萤石共生（图 2-21d），但是碳酸盐化并不发育，表明 Be 和 U 可能有少量是以碳酸盐络合物离子的形式进行迁移；③成矿后的碳酸盐化，该阶段的方解石呈细脉状穿切紫黑色萤石脉

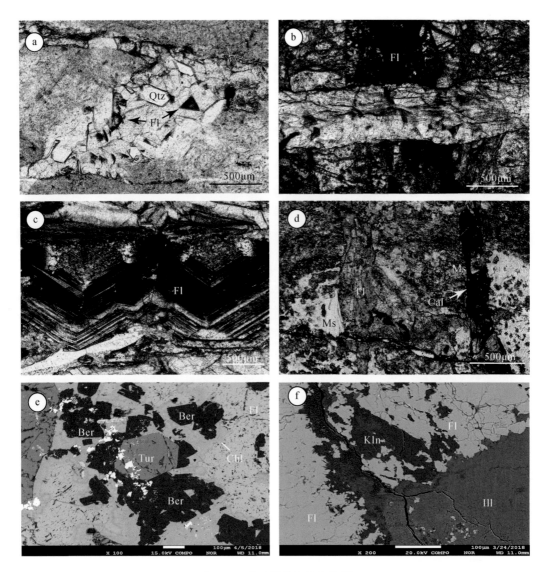

图 2-21　成矿期热液蚀变特征

a. 自形石英与紫色萤石共生；b. 紫黑色萤石脉被浅紫色萤石脉穿切；c. 韵律环带紫黑色萤石；d. 白云母、方解石与紫黑色萤石共生；e. 羟硅铍石与萤石和绿泥石共生；f. 紫黑色萤石中高岭石和伊利石。Ber. 羟硅铍石；Cal. 方解石；Chl. 绿泥石；Fl. 萤石；Ill. 伊利石；Kln. 高岭石；Ms. 白云母；Qtz. 石英；Tur. 电气石

和沥青铀矿（图 2-22a），表明其形成晚于萤石和沥青铀矿。

在白杨河矿区也可见绿帘石化的存在。该矿区的绿帘石化有两种成因：一种为热液成因（图 2-20e）；另一种为表生成因，在一些岩石露头，甚至钻孔岩心的断裂面，都可见绿帘石（图 2-22d）。

高岭石化按时间顺序可分为两个时代：一个为成矿前，主要是岩体中的钾长石斑晶和钠长石发生高岭石化（图 2-20a）；另一个为成矿期的高岭石，该时代的高岭石与紫色萤石和伊利石共生（图 2-21f）。

电气石化：白杨河铀铍矿床的电气石有三种产状，它们分别是以浸染状赋存在花岗斑

图 2-22 成矿晚期和表生低温蚀变特征

a. 紫黑色萤石脉和沥青铀矿被晚期方解石脉穿切；b. 沥青铀矿颗粒裂隙中的方解石和萤石细脉；c. 表生锰矿化；d. 表生绿帘石。Cal. 方解石；Fl. 萤石；Gn. 方铅矿；Mn. 锰氧化物；Pit. 沥青铀矿；Ep. 绿帘石

岩中的电气石、以脉状或球状集合体赋存在花岗斑岩与围岩接触带的凝灰岩和玄武岩中。它们分别代表了岩浆成因和热液成因两种类型的电气石。有关电气石的矿物学和矿物化学详见第六章。

电子探针面扫描结果显示赤铁矿化、白云母化与紫黑色萤石交织在一起，羟硅铍石部分交代白云母（图 2-23），由于羟硅铍石与萤石为同一时期产物，因此萤石化可能晚于白云母化，赤铁矿呈细脉状充填于白云母中，表明赤铁矿化也应晚于白云母。赤铁矿和萤石中相对白云母和长石含有较高的 U、Mo 含量（电子探针无法检测 Be 元素），可见赤铁矿化和萤石化与铀–铍–钼矿化关系非常密切。显微镜下图片显示浅紫色萤石穿切紫黑色萤石，实际上在手标本中这两个相互穿切的萤石分别为紫色与紫黑色，表明紫黑色萤石的形成早于紫色萤石，电子探针面扫描（图 2-24）显示浅紫色萤石脉与紫黑色萤石脉具有近乎相同的 U 含量，表明铀–铍矿化与这两期的萤石化关系都比较密切。电子探针面扫描（图 2-24）同样显示紫色萤石脉与紫黑色萤石脉中的 Mo 含量非常低，表明萤石化与钼矿化关系较小。

根据野外地质考察和室内综合研究，白杨河铀铍矿床热液蚀变矿物组合及其生成顺序见表 2-2。

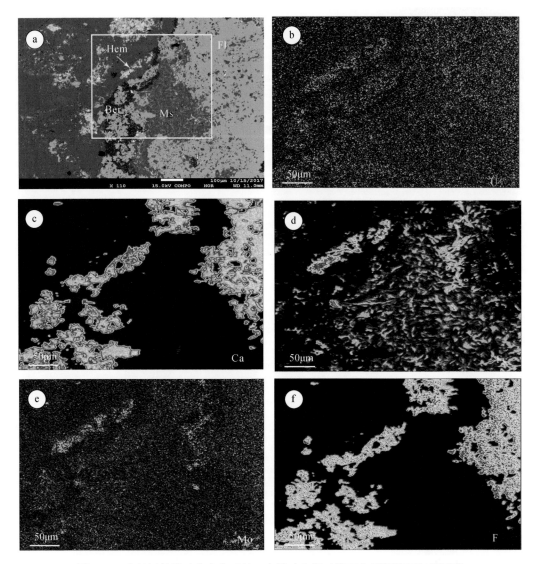

图 2-23　白杨河铀铍矿床中白云母、赤铁矿和羟硅铍石电子探针面扫描图像

Ber. 羟硅铍石；Fl. 萤石；Hem. 赤铁矿；Ms. 白云母

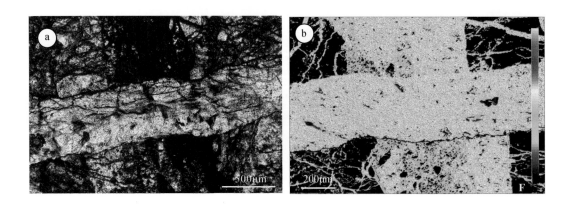

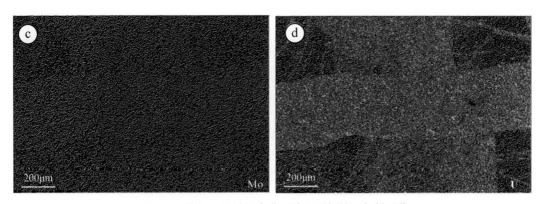

图 2-24 白杨河铀铍矿床萤石脉电子探针面扫描图像

表 2-2 白杨河铀铍矿床成矿阶段主要矿物生成顺序一览表

矿物名称	岩浆阶段	热液阶段		
		成矿早期	成矿期	成矿晚期
石英	—————————————————————————————————			
钾长石	————			
钠长石	————			
黑云母	————			
锆石	————			
铌铁矿	————			
稀土–氟碳酸盐	————————————			
Zr-Fe-Th 硅酸盐		————		
REE-Zr 硅酸盐		————		
Fe-Nb-Ti 氧化物		————		
白云母		————————		
水锰矿			————————	
绿泥石				————
赤铁矿			————	
紫黑色萤石			————	
浅紫色萤石			————	
无色–绿色萤石				————
羟硅铍石			————	
沥青铀矿			————	
方解石				————
电气石	————————————————————			
绿帘石				————
伊利石				————
高岭石				————

第三章 火成岩岩石学及地球化学

白杨河铀铍矿床发育多种类型的火成岩，包括基性的辉绿岩、中性的闪长岩、酸性的花岗斑岩和条纹长石花岗岩等侵入岩，以及玄武岩、流纹岩等火山岩和次火山岩。本次工作在对白杨河地区进行系统的露头剖面和钻孔剖面测量的基础上，对不同类型的火成岩开展了岩石学、全岩主微量地球化学以及 Sr-Nd-Pb-Hf-Li 等同位素地球化学的研究。

第一节 样品分析方法

一、岩石化学

分析所用样品均采自地表露头或钻孔岩心。全岩主微量元素分析在中国地质调查局国家地质实验测试中心完成。主量元素分析方法依据《硅酸盐岩石化学分析方法》，并根据其中《第 14 部分：氧化亚铁量测定》（GB/T 14506.14—2010）进行氧化亚铁的测定。所用仪器为 Philips PW2404 型 X 射线荧光光谱仪。其分析过程如下：取 0.7g 全岩粉末与 5.3g $Li_2B_4O_7$、0.4g LiF、0.3g NH_4NO_3 在 25mL 的瓷坩埚中混合。将此粉末转移到铂合金坩埚中，向坩埚中加入 1mL 的 LiBr 溶液，然后进行加热。接着将样品在自动火焰融化机中融化，然后利用 Philips PW2404 型 X 射线荧光光谱仪对所获得的冷却玻璃进行主量元素分析。对于浓度大于 0.5% 的元素，XRF（X 射线荧光光谱仪）分析的相对误差小于 2%；对于浓度大于 0.1% 的元素，其相对误差小于 5%。微量元素分析依据《电感耦合等离子体质谱法通则》，测试仪器为 HR-ICP-MS（Element I）。将 50mg 的全岩粉末放入 15mL 的 Savillex Teflon 坩埚中，并加入 1mL HF 和 0.5mL HNO_3，在 190℃ 下加热保持 1 天至干燥，随后加入 0.5mL HNO_3 溶解，然后再次加热蒸干。坩埚中的物质用 0.5mL HNO_3 溶解，再次蒸干，以确保其完全溶解。然后将样品溶蚀在 5mL HNO_3，并在 130℃ 下在烤箱中密封 3 小时。冷却后，将溶液放入塑料瓶，并稀释至 50mL 后进行分析。外标采用纯元素溶液，标准物质为 BHVO-1 和 SY-4。ICP-MS 分析的相对误差对于大多数含量大于 $10×10^{-6}$ 的微量元素都优于 5%，对于含量小于 $10×10^{-6}$ 的微量元素则优于 10%。

二、Nd-Sr-Pb 同位素

全岩 Nd-Sr-Pb 同位素分析均在核工业北京地质研究院分析测试研究中心完成，所用仪器为 Isoprobe-T 热电离质谱仪。对于 Nd-Sr 同位素分析，首先将新鲜的样品磨碎至小于 74μm，将样品放入 Teflon 溶样器中，经过 HF 和 HNO_3 混合溶样，随后用专用的阳离子交换柱进行同位素分离，Sr 用 0.084～0.168mm 阳离子交换树脂分离，Nd 用 0.042～0.084mm 阳离子交换树脂-α-羟基异丁酸淋洗液分离。用 $(^{146}Nd/^{144}Nd)_标 = 0.7219$ 做内标可校正 $^{143}Nd/^{144}Nd$ 值，用 $(^{88}Sr/^{86}Sr)_标 = 8.37521$ 做内标可校正 $^{87}Sr/^{86}Sr$ 值。Sr 同位素分析

全实验流程本底为 2×10^{-10} g，Nd 同位素分析全实验流程本底为 5×10^{-11} g。Sr 同位素分析精度好于 0.015%，Nd 同位素分析精度好于 0.005%。

对于 Pb 同位素分析，在将新鲜的样品磨碎至小于 74μm 后，将样品放入 Teflon 溶样器中，首先经过 HF 和 HNO_3 混合溶样，之后加入纯化的 HBr（1.2mL），用专用的 Pb 同位素离子交换树脂进行同位素分离。全实验流程本底为 1×10^{-9} g。Pb 同位素的分析精度好于 0.005%。

三、锆石 Hf 同位素

锆石原位 Lu-Hf 同位素分析在中国科学院地质与地球物理研究所岩石圈演化重点实验室用 Neptune 多接收电感耦合等离子体质谱仪（MC-ICP-MS）和 Geolas CQ 193nm 激光取样系统进行，详细分析流程见 Wu 等（2006）。分析时采用 44μm 大小的束斑直径，激光脉冲频率为 4Hz。剥蚀出的气溶胶通过载气（He 或 Ar）载入高分辨多接收电感耦合等离子体质谱仪进行同位素比值的精确测定。分析过程中需要对 ^{176}Yb 的干扰进行校正。校正时采用新的 TIMS 测定值 ^{176}Yb/^{172}Yb = 0.5887（Vervoort et al.，2004），而对每个分析点的 β_{Yb} 和 β_{Hf} 用对该点实测得出的平均值进行校正。锆石 91500 用作外部参考标样，其 ^{176}Hf/^{177}Hf 推荐值为 0.282302±8（Goolaerts et al.，2004）。^{176}Lu 的衰变常数采用 1.865×10^{-11} a^{-1}（Scherer et al.，2001）。ε_{Hf} 的计算利用 Blichert-Toft 和 Albarède（1997）推荐的球粒陨石 Hf 同位素值。Hf 模式年龄计算采用 0.28235 作为亏损地幔 ^{176}Hf/^{177}Hf 值（Griffin et al.，2000），二阶段模式年龄采用下地壳的 f_{cc} 进行计算。

四、岩石 Li 同位素

锂同位素分析的化学前处理和 MC-ICP-MS 质谱分析均在中国科学院地球化学研究所矿床地球化学国家重点实验室完成，锂同位素分析详细实验流程和质谱测试参见 Rudnick 等（2004）和 Xu 等（2020）。化学前处理的详细流程如下：首先称取 50~100mg 样品，加入 2mL 的 14.4mol/L HNO_3 和 2mL 的 24mol/L HF 放入聚四氟乙烯溶样瓶中，置于超声波中震荡后转移至加热板，在 120℃ 条件下加热至干燥后，再加入 1mL 的 16mol/L HNO_3 溶解，再次转移至加热板重复此过程，以确保去除氟化物。将蒸干后的样品加入 1mL 的 12mol/L HCl 溶解并再次加热蒸干，再加入 2mL 的 0.5mol/L HCl 备用。经上述化学前处理的样品，再用 3 根阳离子交换树脂（AG 50WX8）进行化学分离和提纯。使用多接收电感耦合等离子体质谱仪进行 Li 同位素测量。仪器的 RF 功率为 1300W，冷却气通量为 13L/min，辅助气通量为 0.58~0.7L/min，载气通量为 1.15L/min，雾化器类型为 Menhard 雾化器（50μL/min），分析器真空条件为 4×10^{-9} ~ 8×10^{-9} Pa。在分析过程中，采用标准-样品交叉法（SSB）来校正仪器的质量分馏，标准样品和样品进样溶液的浓度相对偏差控制在 10% 以内。

第二节　火山岩岩石地球化学

白杨河地区火山岩成分变化较大，包括玄武岩-安山岩-流纹岩以及凝灰岩等。本次采集了石炭系安山岩和凝灰岩，以及泥盆系玄武岩、安山岩、流纹岩、蚀变凝灰岩、熔结火山角砾岩和黏土化熔结火山角砾凝灰岩等。

一、火山岩岩相学

石炭系安山岩（BYP1-29）：斑状结构，其基质具有交织结构。斑晶由斜长石（15% ~ 20%）、正长石（1% ~2%）、暗色矿物（角闪石）假晶（2% ~3%）组成，其中斜长石具轻微绢云母化、硅化，正长石具轻微高岭石化。暗色矿物已全部绿泥石化或者碳酸盐化。少量方解石、石英沿裂隙充填，呈不规则细脉状。副矿物主要有磁铁矿、磷灰石、黄铁矿，其中黄铁矿具褐铁矿化呈假象（图 3-1a）。

石炭系蚀变凝灰岩（BYP1-36）：斑状结构，岩石具黏土化、硅化。微裂隙较发育，石英、方解石沿其充填呈不规则细脉，褐铁矿沿微裂隙浸染。岩石中还有少量（<1%）褐铁矿（黄铁矿假象）星散分布（图 3-1b）。

泥盆系硅化流纹岩（BYP1-01、BYP1-02、BYP1-05）：具有霏细结构、流纹构造。斑晶少量：石英<1%、长石<1%。基质由长英矿物微晶组成，具霏细结构，定向排列，被赤铁矿不均匀染色，显示流纹构造；少量浆屑塑性变形定向排列，主要由长石和少量石英组成，中间充填赤铁矿；岩石具轻微硅化、碳酸盐化、黏土化，少量赤铁矿沿微裂隙充填；少量石英脉、碳酸盐脉穿插岩石中（图 3-1c）。

泥盆系熔结火山角砾岩（BYP1-04）：具有熔结火山角砾结构。碎屑以岩屑（安山质、流纹质熔岩）为主，次为玻屑，少量晶屑。岩屑、玻屑呈塑性变形、定向排列。岩石具脱玻化、轻微黏土化、硅化、碳酸盐化和赤铁矿化；少量石英、绿帘石呈微细脉状穿插（图 3-1d）。

泥盆系玄武岩（BYP1-09）：显微镜下观察可见斜长石发生轻微绢云母化和碳酸盐化。暗色矿物发生绿泥石化和碳酸盐化。长石、碳酸盐矿物以及石英等沿裂隙充填，呈脉状。杏仁体不规则，被绿泥石、碳酸盐矿物和石英等充填，其中绿泥石常在边部。磁铁矿既有原生的又有次生的，但以次生为主，含量为2% ~5%（图 3-1e）。

泥盆系安山质强熔结凝灰岩（BYP1-11）：具熔结凝灰结构，假流纹构造，以玻屑为主，次为晶屑、岩屑（5% ~ 10%），火山碎屑大小为 0.05 ~ 1mm，多为 0.05 ~ 1mm，个别浆屑可达5mm。显微镜下观察可见凝灰质泥岩中间厚约2cm的强熔结凝灰岩，次生变化有硅化、轻微绢云母化、高岭石化。该样品取自杨庄花岗斑岩北侧地层与岩体接触带附近，薄片鉴定为强熔结凝灰岩，结合化学分析结果定名为安山质强熔结凝灰岩（图 3-1f）。

泥盆系碎裂熔结凝灰火山角砾岩（7702-12）：熔结凝灰火山角砾结构。火山碎屑由岩屑、晶屑、玻屑、浆屑组成。其中岩屑主要为流纹岩岩屑、熔结凝灰岩岩屑，具较明显的硅化、轻微黏土化；晶屑成分为石英、长石；玻屑及少量浆屑具塑性变形，呈定向排列，具脱玻硅化。少量石英、绿泥石沿裂隙充填（图 3-1g）。

泥盆系硅化黏土化熔结火山角砾凝灰岩（7702-17、7702-19、7702-21、7702-23）：熔结火山角砾凝灰结构，具明显的硅化、轻微黏土化。火山碎屑由玻屑、浆屑、岩屑组成。玻屑、浆屑、岩屑、部分钾长石晶屑塑性变形，定向排列；玻屑脱玻硅化，少量岩屑具轻微绿泥石化。可见萤石、少量绢云母沿裂隙充填呈不规则脉状，萤石脉宽 0.1 ~ 10mm 不等，有的脉两侧充填绢云母，脉中间充填萤石；部分岩屑内部除黏土化、硅化外，还具萤石化（图 3-1h）。

二、火山岩岩石化学

白杨河地区火山岩的全岩主微量元素分析结果见表 3-1。在岩相学观察的基础上，依

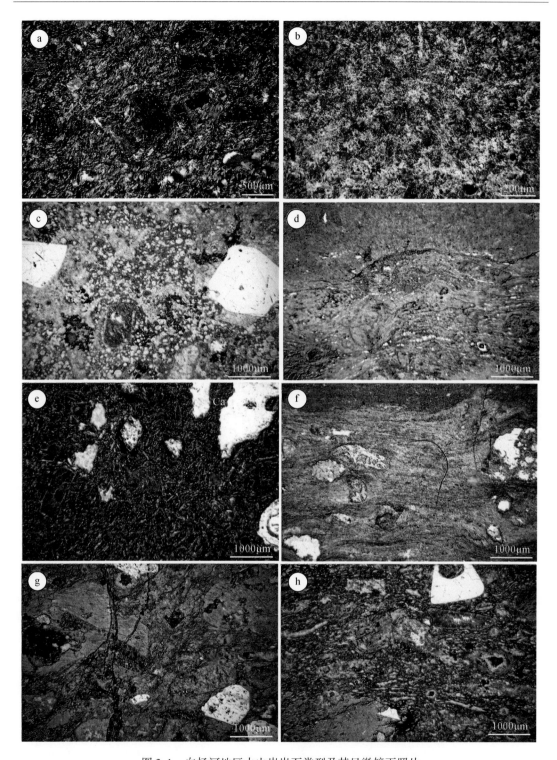

图 3-1 白杨河地区火山岩岩石类型及其显微镜下照片

a. 石炭系安山岩（BYP1-29）；b. 石炭系蚀变凝灰岩（BYP1-36）；c. 泥盆系硅化流纹岩（BYP1-01）；d. 泥盆系熔结火山角砾岩（BYP1-04）；e. 泥盆系玄武岩（BYP1-09）；f. 泥盆系安山质强熔结凝灰岩（BYP1-11）；g. 泥盆系碎裂熔结凝灰火山角砾岩（7702-12）；h. 泥盆系硅化黏土化熔结火山角砾凝灰岩（7702-17）

表 3-1 白杨河地区火山岩主微量元素特征

成分	流纹岩				火山角砾岩					蚀变凝灰岩	矿化晶屑凝灰岩		无矿化晶屑凝灰岩		安山岩		玄武岩		熔结凝灰岩
	BYP1-01	BYP1-02	BYP1-05	2119473	7702-17	7702-19	7702-21	7702-23	BYP1-04	BYP1-36	BY18-3A	BY18-3B	BY18-18A	BY18-18B	BYP1-11	BYP1-29	BY18-20	BYP1-09	7702-25
SiO_2/%	72.87	76.02	76.47	74.9	75.81	69.32	78.52	73.93	67.6	71.94	74.86	74.38	77.46	78.79	59.25	65.24	52.93	48.88	78.39
Al_2O_3/%	12.84	10.4	10.53	13.11	11.01	12.84	9.73	10.82	16.28	14.9	12.26	13.72	10.37	9.83	25.78	15.96	15.75	16.19	8.74
Fe_2O_3/%	3.87	4.31	4.37	1.45	1.65	3.11	1.23	0.94	1.98	1.95	0.67	1.31	1.96	1.72	2.42	1.51	3.1	5.09	1.15
FeO/%	0.31	0.16	0.31	1.2	1.54	0.61	0.9	2.21	0.84	0.23	2.87	0.82	0.3	0.31	0.23	2.42	4.24	6.86	1.06
CaO/%	0.26	0.29	0.28	0.32	1.28	2.35	2.1	2.7	1.36	0.98	0.361	1.31	0.966	0.752	0.45	2.54	5.1	4.25	3.3
MgO/%	0.05	0.09	0.1	0.36	0.1	0.56	0.25	0.16	1.17	0.76	0.252	0.281	0.098	0.069	0.34	1.39	5.05	3.79	0.5
K_2O/%	6.45	4.92	5.63	3.87	3.06	5.85	3.14	4.8	3.85	0.18	3.63	2.6	5.16	4.96	6.27	6.76	2.43	0.44	2.52
Na_2O/%	2.43	2.21	1.5	3	3.13	0.99	1.54	1.25	2.4	7.57	3.04	2.86	1.93	1.93	0.62	0.61	3.1	5.72	0.01
TiO_2/%	0.37	0.27	0.28	0.25	0.17	0.22	0.17	0.21	0.69	0.47	0.239	0.26	0.209	0.189	0.9	0.71	0.749	1.77	0.16
MnO/%	0.04	0.08	0.04	0.11	0.06	0.05	0.02	0.07	0.11	0.06	0.098	0.019	0.055	0.048	0.03	0.06	0.114	0.38	0.09
P_2O_5/%	0.01	0.01	<0.01	0.01	0.01	0.01	0.01	0.01	0.12	0.09	0.021	0.021	0.031	0.036	0.08	0.36	0.198	0.35	<0.01
LOI/%	0.85	0.77	1.02	1.37	1.31	2.85	1.6	3.05	3.11	1.11	1.19	2.39	0.96	0.86	4.03	2.54	7.23	5.26	4.01
F/%	0.04	0.02	0.02	0.16	3.43	5.4	5.87	0.03	0.06	0.04	0.042	0.036	0.03	0.025	0.09	0.06	0.02	0.06	0.03
La/10^{-6}	34.3	167	11	48.3	31.9	67.3	34.4	99.8	91.9	17.1	66.1	43.9	52.5	46.7	85.6	24.7	15.3	62.8	30.8
Ce/10^{-6}	60	294	26.7	82.9	71.2	150	55.4	253	295	48.6	108	101	109	101	166	48	29.3	133	58.3
Pr/10^{-6}	10	40.1	3.78	12.5	8.48	17.6	10.9	23.6	22.5	4.73	15.2	12.1	13	12.3	21.3	6.42	3.67	15.5	8.85

续表

成分	流纹岩			火山角砾岩						蚀变凝灰岩	矿化晶屑凝灰岩		无矿化晶屑凝灰岩		安山岩		玄武岩		熔结凝灰岩
	BYP1-01	BYP1-02	BYP1-05	2119473	7702-17	7702-19	7702-21	7702-23	BYP1-04	BYP1-36	BY18-3A	BY18-3B	BY18-18A	BY18-18B	BYP1-11	BYP1-29	BY18-20	BYP1-09	7702-25
$Nd/10^{-6}$	40.8	153	18.5	47.4	35	66.6	44.2	89.4	83.8	19.1	56.4	48	48.2	48.2	81.1	24.5	15.1	58.2	36.7
$Sm/10^{-6}$	9.53	30.1	4.95	11.3	7.68	14.8	9.72	18.9	18.4	4.06	11.1	9.97	10.2	10	17.8	4.52	3.18	12.7	9.3
$Eu/10^{-6}$	1.81	3.55	1.74	0.32	1.75	0.3	1.31	0.43	0.4	0.88	0.341	0.309	0.511	0.497	0.38	1.21	1.02	0.28	1.4
$Gd/10^{-6}$	10.2	26.9	5.79	12.4	7.75	15.3	9.25	18	17.6	3.54	9.76	9.51	9.48	8.92	16.9	3.77	2.94	12.5	10.6
$Tb/10^{-6}$	1.68	4.04	0.86	2.34	1.23	2.76	1.51	2.76	2.85	0.56	1.77	2.05	1.91	1.77	2.95	0.46	0.536	2.07	1.91
$Dy/10^{-6}$	11.3	25.5	5.7	16.9	7.83	18.9	9.86	17.3	17	3.29	9.89	12.4	11	10.3	20	2.41	2.92	13.5	13.3
$Ho/10^{-6}$	2.41	5.22	1.16	3.88	1.69	4.06	1.95	3.54	3.33	0.66	2.22	2.77	2.49	2.33	4.34	0.41	0.595	2.75	2.77
$Er/10^{-6}$	7.16	15.3	3.24	11.7	5.04	12.4	5.64	10.7	9.98	2.03	6.54	7.88	7.13	6.69	13.1	1.14	1.65	8.23	8.19
$Tm/10^{-6}$	1.02	2.11	0.46	1.77	0.74	1.88	0.85	1.64	1.47	0.3	1.19	1.38	1.24	1.17	1.9	0.13	0.265	1.21	1.22
$Yb/10^{-6}$	6.98	13.7	2.94	12.8	5.11	13.3	6.15	11.1	10.2	2.16	8.57	9.76	8.86	8.12	13.2	0.99	1.8	8.09	8.58
$Lu/10^{-6}$	1.07	1.91	0.42	1.93	0.77	2.06	0.97	1.68	1.48	0.35	1.26	1.43	1.28	1.21	1.91	0.14	0.268	1.24	1.32
$Y/10^{-6}$	54.2	134	27.2	93.7	39.7	99.2	42.6	84.6	76.4	16.8	58.8	74.3	67.5	63.8	96.5	10.7	16.1	71.8	69.5
$Ba/10^{-6}$	354	707	106	57.2	589	98.7	176	53.6	97.3	47.5		296			308	254		46.8	191
$Be/10^{-6}$	2.37	9.07	1.34	19.8	3.16	123	2.89	107	287	4.35	12.3		2.53	2.31	5.54	1.97	0.723	5.02	11
$Bi/10^{-6}$	0.14	0.34	<0.05	0.16	0.11	0.1	0.05	0.07	0.11	0.14	0.01	0.011	0.151	0.11	0.22	0.25	0.022	0.28	0.06
$Co/10^{-6}$	0.45	13.4	61.7	2.66	3.67	1.37	0.47	1.61	1.7	2.31	2.38	0.855	0.533	0.536	1.7	9.64	25.6	1.75	0.58
$Cr/10^{-6}$	1.86	21.9	115	10.3	10.5	4.39	1.25	6.93	16.9	2.96	4.88	4.13	1.98	9.83	11.7	12.8	60.8	7.72	7.1

续表

成分	流纹岩		火山角砾岩							蚀变凝灰岩	矿化晶屑凝灰岩		无矿化晶屑凝灰岩		安山岩		玄武岩		熔结凝灰岩
	BYP1-01	BYP1-02	BYP1-05	2119473	7702-17	7702-19	7702-21	7702-23	BYP1-04	BYP1-36	BY18-3A	BY18-3B	BY18-18A	BY18-18B	BYP1-11	BYP1-29	BY18-20	BYP1-09	7702-25
$Cs/10^{-6}$	3.76	18.4	1.12	3.96	13.3	3.97	4.04	2.98	3.31	3.38	4.17	7.07	1.71	1.4	6.36	0.53	14.7	8.71	4.49
$Cu/10^{-6}$	4.29	42.9	62.3	3.84	10.5	3.05	3.66	2.68	2.4	7.15	2.71	5.61	3.27	3.24	8.48	38	76.9	2.39	4.46
$Ga/10^{-6}$	16	34	18.4	26	17.1	28	21.6	20.8	21.1	11	26.6	30.8	11.9	10.4	18.2	16.2	16.7	16	17.3
$Hf/10^{-6}$	10.2	28.9	3.57	20.1	9.99	22.3	19.3	19.5	18.4	6.91	12.7	12.2	11.6	10.9	21.6	5.93		15.2	19.3
$Mo/10^{-6}$	0.42	9.78	0.62	0.72	2.14	1.08	0.84	0.82	0.8	2.31	1.8	21.6	0.845	1.03	9.3	1.89	0.507	0.55	3.41
$Nb/10^{-6}$	20.7	71	5.42	34.2	14	41.3	33.4	34.5	34	11.4	30.9	31.8	27.1	24.4	40.2	8.89	5.17	31.1	31.6
$Ni/10^{-6}$	0.68	16	87.1	5.56	4.64	3.47	3.22	3.78	5.54	3.05	5.12	3.19	1.34	4.57	6.52	8.37	56.4	4.82	1.75
$Pb/10^{-6}$	72.4	31.6	15	92.2	41.8	61.2	33.5	15.1	51.9	16.2	23.4	18	27.1	24.7	30.2	7.25	8.12	50.9	41.4
$Rb/10^{-6}$	135	244	13.2	177	199	234	90.6	98.9	133	6.45	107	130	96.3	89.7	168	11.5	95.1	216	89.7
$Sc/10^{-6}$	20.6	16.5	32.4	8.16	11.3	4.52	4.8	3.95	3.56	3.13					2.48	5.14		1.86	5.42
$Sr/10^{-6}$	68.9	105	173	25.9	125	75.5	25	52.1	51.8	240	24.4	46.2	96	91.3	59.2	715	263	20.1	30.3
$Ta/10^{-6}$	1.67	4.63	0.44	3.46	1.07	3.74	2.58	3.22	3.18	0.9	2.36	2.38	1.77	1.6	3.72	0.66	0.391	2.74	2.49
$Th/10^{-6}$	7.36	21.7	1.1	20.8	6.7	24.6	9.42	22.7	21.7	6.73	15.3	14.4	12.6	11.8	23.5	1.64	3.99	16.8	10.2
$Tl/10^{-6}$	0.68	1.23	0.1	0.73	0.75	0.69	0.39	0.37	0.52	0.13	0.506	0.548	0.596	0.56	0.64	0.06	0.381	0.84	0.35
$U/10^{-6}$	3.13	25.1	0.73	19.9	2.13	11	2.41	11.8	6.36	4.79	10.2	17.4	2.44	2.21	6.22	2.01	1.11	5.43	2.99
$V/10^{-6}$	8.15	71.4	212	18.6	36.6	8.46	15.5	7.52	6.66	49.9	12.7	11.2	7.16	6.56	7.16	64.9	213	3.8	10.9
$W/10^{-6}$	2.95	2.76	0.68	4.06	0.75	3.95	1.33	1.1	1.15	0.83	2.96	0.652	1.16	1.38	1.65	0.71	0.378	0.49	1.54

据火山岩（K$_2$O+Na$_2$O）-SiO$_2$（TAS）图解（图3-2）和K$_2$O-SiO$_2$图解（图3-3）对岩石类型进行划分和命名。在TAS图解上，除一个玄武岩样品投在碱性系列外，其余样品均落于亚碱性系列。在K$_2$O-SiO$_2$图解中，属于碱性系列的玄武岩样品却具有很低的K$_2$O含量，这可能是后期蚀变钠长石化导致的。然而，属于亚碱性系列的安山岩样品、部分流纹岩和火山角砾岩样品却落入钾玄岩系列，反映样品具有高K$_2$O低Na$_2$O的特征，这可能与样品发生绢云母化和黏土化蚀变有关。由图3-2和图3-3综合来看，这些岩石主要属于高钾钙碱性系列。由表3-1可知，它们的岩石地球化学具有下述特点：

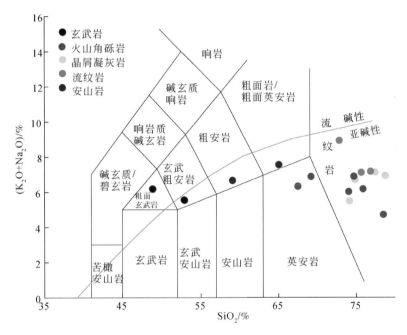

图3-2　白杨河地区火山岩的（K$_2$O+Na$_2$O）-SiO$_2$图解

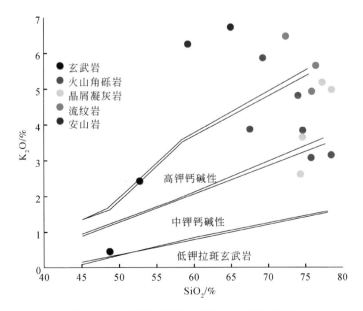

图3-3　白杨河地区火山岩的K$_2$O-SiO$_2$图解

白杨河地区火山岩岩石类型多样，其岩石化学成分变化范围较大。玄武岩 SiO_2 含量为 48.88% ~52.93%，并且具有较高的 Al_2O_3、MgO、TiO_2、Na_2O 和 FeO 含量，以及较低的 K_2O 含量；K_2O+Na_2O 含量为 5.53% ~6.16%，K_2O/Na_2O 值为 0.08~0.78。在碱度率 AR（Wright 指数）-SiO_2 关系图（图 3-4）中落在碱性和过碱性岩区，里特曼指数 σ 为 3.08~ 6.54。安山岩的 SiO_2 含量为 59.25% ~65.24%，具有较高的 K_2O、TiO_2 和 Al_2O_3 含量，以及较低的 Na_2O、MgO 含量，K_2O+Na_2O 含量为 6.89% ~7.37%，K_2O/Na_2O 值为 10.11~11.08。在碱度率 AR-SiO_2 关系图（图 3-4）中落在钙碱性区，里特曼指数 σ 为 2.44~2.92。

流纹岩的 SiO_2 含量为 72.78% ~76.47%，具有较高的 K_2O、TiO_2 含量，以及较低的 Na_2O、MgO、MnO 和 CaO 含量，K_2O+Na_2O 含量为 7.13% ~8.88%，K_2O/Na_2O 值为 2.23~3.75。在碱度率 AR-SiO_2 关系图（图 3-4）中落在钙碱性区，里特曼指数 σ 为 1.52~2.64。

晶屑凝灰岩的 SiO_2 含量较高，变化于 71.94% ~78.79%。具有较高的 K_2O、P_2O_5 含量，以及较低的 Al_2O_3 含量，K_2O+Na_2O 含量为 5.46% ~7.09%，K_2O/Na_2O 值为 0.91~2.67。里特曼指数 σ 为 0.95~1.46。火山角砾岩的 SiO_2 含量为 67.60% ~78.52%，Al_2O_3 含量变化也较大（为 9.73% ~16.28%），具有较高的 CaO、MgO 含量，以及较低的 TiO_2 含量，K_2O+Na_2O 含量为 4.68% ~6.87%，K_2O/Na_2O 值为 0.98~5.91。在碱度率 AR-SiO_2 关系图（图 3-4）中落在钙碱性区，里特曼指数 σ 为 0.62~1.78。

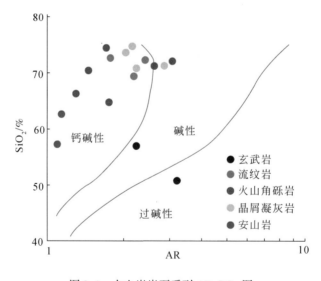

图 3-4　火山岩岩石系列 AR-SiO_2 图

三、火山岩微量元素地球化学

白杨河地区火山岩的微量元素组成见表 3-1，本区火山岩微量元素组成有以下特点：玄武岩和安山岩稀土元素含量为 78.54×10^{-6} ~446.48×10^{-6}，LREE/HREE 为 5.70~11.57，δEu 值为 0.07~1.02，$(La/Yb)_N$ 值和 $(La/Sm)_N$ 值分别为 5.57~17.90 和 3.10~3.53。

流纹岩稀土元素含量为 87.24×10^{-6} ~782.43×10^{-6}，LREE/HREE 为 3.24×10^{-6} ~7.26×10^{-6}，δEu 值为 0.38~0.99，$(La/Yb)_N$ 值和 $(La/Sm)_N$ 值分别为 2.68~8.74 和 1.43~3.58。

晶屑凝灰岩稀土元素含量为 $259.21 \times 10^{-6} \sim 298.34 \times 10^{-6}$，LREE/HREE 为 $4.56 \sim 6.24$，δEu 值为 $0.10 \sim 0.16$，$(La/Yb)_N$ 值和 $(La/Sm)_N$ 值分别为 $3.23 \sim 5.53$ 和 $2.84 \sim 3.84$。

火山角砾岩稀土元素含量变化范围较大（$186.17 \times 10^{-6} \sim 575.91 \times 10^{-6}$），LREE/HREE 为 $3.18 \sim 8.01$，δEu 值为 $0.06 \sim 0.69$，$(La/Yb)_N$ 值和 $(La/Sm)_N$ 值分别为 $2.71 \sim 6.46$ 和 $2.28 \sim 3.41$。相对来说，晶屑凝灰岩中含有较高的 Rb、Be、Mo，而火山角砾岩中含有相对高含量的 F、Nb 和 Th。在稀土元素球粒陨石标准化图解中（图 3-5），凝灰岩中的 δEu 负异常最明显，中酸性火山岩（晶屑凝灰岩、流纹岩和火山角砾岩）稀土元素配分模型为 LREE 相对富集、HREE 相对亏损的右倾型模式，而中基性火山岩的稀土配分模型则表现为右倾的平滑曲线。在原始地幔标准化微量元素蛛网图中（图 3-6），除玄武岩外，白杨河地区火山岩均表现出相对富集 Rb、K、Pb、Nd、Hf，亏损 Sr、P、Ti 的特点。

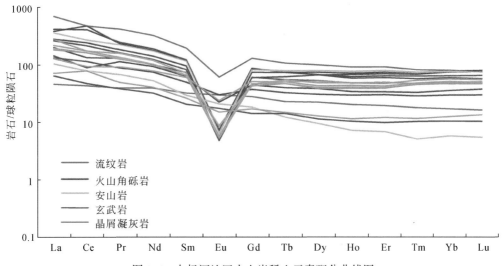

图 3-5　白杨河地区火山岩稀土元素配分曲线图

球粒陨石数据引自 Sun and McDonough，1989

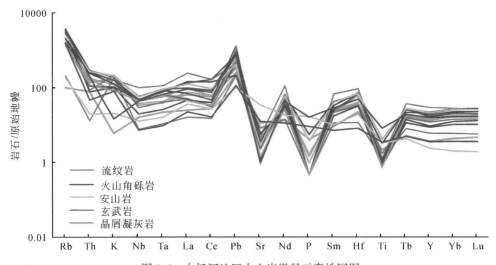

图 3-6　白杨河地区火山岩微量元素蛛网图

原始地幔数据引用 Sun and McDonough，1989

第三节　浅成侵入岩岩石地球化学

一、岩相学

矿区内浅成侵入岩主要为阿苏达花岗斑岩、小白杨河花岗斑岩，以及杨庄花岗斑岩及穿插其内的辉绿岩脉和闪长岩脉，另外，在杨庄花岗斑岩南侧，沿杨庄断裂发育有呈串珠状分布的条纹长石花岗岩。杨庄花岗斑岩与围岩呈侵入关系，其空间展布严格受杨庄大断裂控制。岩体呈近东西向串珠状展布，东西长约 10km，南北宽度变化较大，最宽达 1.8km，最窄为 0.1km，出露面积约 6.9km²。杨庄花岗斑岩岩石呈灰白色–肉红色，局部为红色，斑状结构，块状构造（图 3-7a），局部地段见流纹构造。镜下观察花岗斑岩具有斑状结构。斑晶为石英和长石，石英含量为 1% ~4%，熔蚀成圆形或港湾状，且周围聚集暗色雏晶，呈假象环边结构。长石含量为 1% ~2%，多为板状钾长石，见连斑现象且内部有更长石嵌晶，长石发生轻微高岭石化、钠长石化（图 3-7b）。基质主要为微晶石英、长石及少量黑云母。黑云母占 5% ~10%，呈羽毛状、针状、不规则微细条状雏晶。副矿物多为磁铁矿和锆石。

在杨庄岩体西部，有多条辉绿岩脉及闪长岩脉侵入花岗斑岩中（图 3-7c、d）。辉绿岩脉和闪长岩脉发育的地方，铀铍矿化较强。辉绿岩脉呈暗绿色，宽度数厘米至数米不等，走向北北西向或近南北向，倾角较大。镜下具有斑状结构，斑晶为斜长石，基质呈典型的辉绿结构，绿泥石化、伊利石化及碳酸盐化蚀变发育（图 3-7e）。闪长岩脉呈红色，宽度数厘米至数米不等，走向北北西向，倾角较大。长石主要为斜长石，角闪石全部发生绿泥石化，针状磷灰石蚀变呈褐色（图 3-7f）。条纹长石花岗岩呈灰白色，串珠状发育于杨庄花岗斑岩南侧（图 3-7g、h），受力发生碎裂，裂隙发育，碎裂呈角砾状，构造砂屑状。

二、岩石化学

表 3-2 列出了杨庄花岗斑岩、阿苏达花岗斑岩、小白杨河花岗斑岩，以及条纹长石花岗岩主微量元素分析结果及主要岩石化学参数。杨庄花岗斑岩的 SiO_2 含量为 75.15% ~77.17%，明显高于新疆北部花岗岩平均值（76.3%），表现出超酸性的特点。K_2O+Na_2O 含量为 7.13% ~9.07%，K_2O/Na_2O 值为 0.52 ~0.88，A/CNK 值为 0.94 ~1.04（图 3-8a）；条纹长石花岗岩 SiO_2 含量为 70.03% ~74.95%，Na_2O+K_2O 含量为 9.27% ~9.28%，K_2O/Na_2O 值相对较高，为 0.90 ~1.39，A/CNK 值为 1.03 ~1.1。CIPW 标准矿物计算结果表明，杨庄花岗斑岩和条纹长石花岗岩均以石英（Qtz）、钠长石（Ab）和钾长石（Or）为主，基本不含钙长石（An）和赤铁矿（Hm）。在 A/NK-A/CNK 图解中，两者均投影在准铝质和过铝质过渡的区域。在 AR-SiO_2 关系图（图 3-8b）中白杨河地区花岗斑岩均投影在碱性花岗岩区。阿苏达花岗斑岩和小白杨河花岗斑岩的 SiO_2 含量变化范围较窄，分别为 77.07% ~77.55% 和 76.22% ~76.80%。K_2O+Na_2O 含量分别为 8.31% ~8.48% 和 8.51% ~8.75%，

图 3-7　白杨河铀铍矿床浅成侵入岩岩石类型及其显微镜下照片

a. 钻孔中的花岗斑岩样品；b. 显微镜下花岗斑岩中港湾状石英斑晶，长石轻微高岭土化；c. 侵入花岗斑岩中的辉绿岩脉；d. 显微镜下辉绿岩的辉绿结构；e. 闪长岩脉野外露头；f. 显微镜下闪长岩岩石结构；g. 条纹长石花岗岩野外露头；h. 显微镜下条纹长石花岗岩斑状结构

表 3-2 白杨河地区浅成侵入岩主岩微量元素分析结果及主要岩石化学参数

成分	阿苏达花岗斑岩		小白杨河花岗斑岩		杨庄花岗斑岩											条纹长石花岗岩		辉绿岩		闪长岩
	ASD-2	ASD-3	XBYH-2	XBYH-3	BYP1-12	BYP1-20	2119139	2119198	2119320	ZKI1324-2	ZK8752-2	2119412	7702-26	BYP2-8	ZK8012	BYP1-31	BYP1-32	BY10-11	BYP1-07	BYP2-14
SiO_2/%	77.07	77.55	76.22	76.80	77.17	75.83	75.66	76.15	76.95	75.89	74.42	76.68	76.36	75.15	76.43	74.95	70.03	50.31	45.61	59.7
Al_2O_3/%	12.23	12.19	12.6	11.91	12.84	12.5	12.8	12.88	13.08	12.79	11.91	12.82	12.8	12.9	12.34	12.98	14.94	14.19	15.75	15.69
Fe_2O_3/%	0.49	0.485	0.53	0.49	0.76	0.63	0.6	0.63	0.26	0.182	0.166	0.58	0.61	0.57	0.45	1	1.41	6.75	5.7	4.69
FeO/%	0.25	0.31	0.2	0.62	0.2	0.21	0.2	0.23	0.27	0.72	0.5	0.28	0.27	0.01	0.34	0.2	0.63	4.78	5.37	1.29
CaO/%	0.353	0.438	0.679	0.43	0.54	0.45	0.63	0.41	0.35	0.317	2.6	0.38	0.78	1	0.43	0.39	0.77	7.99	6.05	3.05
MgO/%	0.13	0.094	0.142	0.113	0.05	0.01	0.04	0.09	0.01	0.071	0.136	0.12	0.02	0.1	0.08	0.16	0.41	4.35	5.89	1.61
K_2O/%	3.92	3.59	3.88	4.97	3.02	4.22	4.06	3.87	4.04	3.86	2.44	4	3.27	3.3	3.25	5.4	4.4	1.32	0.55	3.24
Na_2O/%	4.56	4.72	4.63	3.78	4.81	4.81	4.71	4.99	4.79	5.21	4.69	4.9	4.76	4.94	5.43	3.88	4.87	3.86	4.82	5.92
TiO_2/%	0.066	0.065	0.063	0.074	0.06	0.05	0.06	0.06	0.07	0.091	0.062	0.06	0.05	0.04	0.05	0.26	0.48	2.86	1.69	1.34
MnO/%	0.052	0.085	0.097	0.019	0.11	0.09	0.09	0.08	0.02	0.11	0.497	0.14	0.04	0.79	0.09	0.04	0.11	0.22	0.35	0.21
P_2O_5/%	0.006	0.009	0.007	0.006	0.01	0.01	0.01	0.01	0.01	0.009	0.006	0.01	0.01	0.01	0.01	0.02	0.08	1.19	0.36	0.54
LOI/%	0.37	0.41	0.91	0.28	0.72	0.52	0.86	0.47	0.43	0.25	2.57	0.5	0.76	1	0.54	0.35	1.14	1.72	6.64	2.4
F/%	0.021	0.03	0.041	0.022	0.24	0.22	0.25	0.2	0.2	0.032	0.026	0.16	0.37	0.5	0.03	0.02	0.05	0.14	0.07	0.12
总量/%	99.52	99.98	100	99.51						99.53	100.02									
$Be/10^{-6}$	6.61	4.97	5.28	5.26	6.18	8.97	5.78	6.47	7.59	5.63	5.44	10.2	13.2	71.7	24.7	5.55	4.61	1.76	1.05	3.66
$V/10^{-6}$	1.68	1.14	1.11	1.1	2.46	1.92	1.98	2.35	4.36	0.614	2.49	1.17	1.07	3.94	2.2	10.4	26.1	339	271	32.4
$Cr/10^{-6}$	2.27	1.39	1.99	1.55	3.48	0.83	5.97	2.44	1.9	2.83	2.3	9.56	5.44	2.1	3.32	5.78	2.36	28.7	115	4.83
$Co/10^{-6}$	0.075	0.078	0.087	0.241	6.46	5.12	3.46	4.4	5.74	0.061	0.128	4.59	5.37	76.4	6.9	3.11	4.12	0.95	0.41	3.32
$Ni/10^{-6}$	1.41	1.05	1.34	1.27	1.53	0.29	1.43	0.85	0.49	1.79	2.21	2.77	1.9	0.92	1.11	1.67	1.07	16.5	79.8	2.74

续表

成分	阿苏达花岗斑岩		小白杨河花岗斑岩		杨庄花岗斑岩											条纹长石花岗岩		辉绿岩		闪长岩
	ASD-2	ASD-3	XBYH-2	XBYH-3	BYP1-12	BYP1-20	2119139	2119198	2119320	ZK11324-2	ZK8752-2	2119412	7702-26	BYP2-8	ZK8012	BYP1-31	BYP1-32	BY10-11	BYP1-07	BYP2-14
$Cu/10^{-6}$	1.35	1.4	1.59	4.41	1.16	0.67	1.36	7.81	0.99	1.45	4.3	1.42	1.54	1.38	1.42	3.49	4.81	41	85.2	11.9
$Zn/10^{-6}$	50.5	40.7	86.5	28.7						79.9	79.3									
$Ga/10^{-6}$	27.7	25.9	28.1	20.4	1.16	0.67	1.36	7.81	0.99	26.4	25.7	1.42	1.54	1.38	1.42	3.49	4.81	41	85.2	11.9
$Rb/10^{-6}$	272	244	250	152	185	297	271	280	269	215	116	237	144	200	171	144	95.9	35.5	26.4	95.2
$Sr/10^{-6}$	13.1	9.01	25.6	12.2	24.8	5.12	24.3	13	11.2	22.9	35.3	14.6	10.8	226	17.5	41.7	126	722	344	394
$Y/10^{-6}$	46.9	46.7	52.1	56.4	42.5	39.6	29.5	37.1	35.4	59.1	54.3	40.5	34.3	37.9	40.2	26.3	29.6	43.6	25.2	63.3
$Mo/10^{-6}$	1.85	2.06	0.85	0.75	22.4	1.54				1.76	0.403		19.3	2.55	19.3	2.6	2.95	0.87	0.71	1.14
$Sb/10^{-6}$	0.82	0.458	0.474	0.244						1.26	1.12									
$Cs/10^{-6}$	4.32	4.93	3.2	1.26	3.24	4.57	4.44	4.27	4.44	2.92	1.14	2.24	1.95	6.12	1.32	1.79	1.79	1.28	4.5	0.8
$La/10^{-6}$	22.7	19.6	25.2	32.2	23.1	20.8	21.3	24.4	28.3	29.6	30.3	23.7	19.7	24.3	21.7	27.8	36.8	36.1	10.8	59.5
$Ce/10^{-6}$	40.9	35.6	45.1	69.1	39.8	29.5	37.5	39.8	44.5	56	55.5	36.2	39.7	45.6	41.1	77.2	84.6	88.1	26.8	135
$Pr/10^{-6}$	3.59	3.46	4.27	8.56	3.97	3.42	3.15	3.94	4.82	5.48	5.27	4.17	3.32	4	3.58	7.17	8.78	12.1	3.77	17.8
$Nd/10^{-6}$	9.5	10.1	11.8	31.4	10.8	8.77	8.19	10.5	13.5	15.8	14.8	11.6	8.68	10.7	9.71	24.9	32.9	56.3	17.7	75.7
$Sm/10^{-6}$	1.65	1.88	2.04	7.46	2.36	1.89	1.4	1.94	2.54	3.29	2.77	2.62	1.66	2.1	1.91	5.41	6.28	12.4	4.75	16.1
$Eu/10^{-6}$	0.045	0.052	0.062	0.046	0.07	0.05	0.05	0.07	0.08	0.105	0.066	0.07	0.05	0.05	0.05	0.39	1.17	5.07	1.82	4.75
$Gd/10^{-6}$	1.98	2.2	2.44	6.94	2.65	2.19	1.76	2.12	2.78	3.67	3.2	2.89	1.96	2.5	2.31	4.5	5.56	12.4	5.62	15.8
$Tb/10^{-6}$	0.51	0.527	0.593	1.43	0.57	0.51	0.35	0.45	0.5	0.881	0.692	0.59	0.41	0.54	0.5	0.79	0.88	1.64	0.82	2.32
$Dy/10^{-6}$	3.93	3.99	4.32	8.4	4.87	4.55	2.9	4.01	4.06	6.37	4.9	5.07	3.73	4.35	4.38	5.29	5.54	9.65	5.33	14.1
$Ho/10^{-6}$	1.13	1.14	1.27	1.78	1.23	1.21	0.81	1.07	1.05	1.7	1.43	1.31	1.05	1.13	1.22	1.14	1.18	1.89	1.09	2.85

成分	阿苏达花岗斑岩		小白杨河花岗斑岩		杨庄花岗斑岩											条纹长石花岗岩		辉绿岩		闪长岩
	ASD-2	ASD-3	XBYH-2	XBYH-3	BYPI-12	BYPI-20	2119139	2119198	2119320	ZK11324-2	ZK8752-2	2119412	7702-26	BYP2-8	ZK8012	BYPI-31	BYPI-32	BY10-11	BYPI-07	BYP2-14
$Er/10^{-6}$	4.35	4.24	4.86	5.17	4.84	4.71	3.3	4.18	3.99	6.03	5.17	4.85	4.06	4.23	4.64	3.68	3.69	5.04	3.01	7.98
$Tm/10^{-6}$	0.992	0.97	1.07	0.93	0.89	0.88	0.65	0.83	0.79	1.26	1.13	0.91	0.79	0.82	0.9	0.61	0.52	0.66	0.41	1.13
$Yb/10^{-6}$	8.06	7.96	8.91	6.5	7.07	7.06	5.57	6.83	6.39	9.86	9.21	6.92	6.46	6.6	7.28	4.13	4.1	4.28	2.81	7.38
$Lu/10^{-6}$	1.28	1.29	1.44	0.921	1.16	1.19	0.93	1.17	1.1	1.5	1.43	1.1	1.04	1.08	1.23	0.66	0.6	0.61	0.39	1.08
$W/10^{-6}$	2.33	2.35	2.36	1.19	5.61	2.58	7.66	2.91	4.41	1.65	3.41	9.88	2.9	5.67	2.87	0.54	0.72	0.41	0.45	0.82
$Tl/10^{-6}$	1.13	0.907	1.16	0.535						0.897	0.547									
$Pb/10^{-6}$	37.4	19.3	40.7	21.1	92.2	31.6	29.2	27.9	30.2	32.5	8.05	11.1	66.5	128	22.2	17.2	43.3	7.16	132	19.6
$Bi/10^{-6}$	0.326	0.325	0.784	0.073						0.29	0.128									
$Th/10^{-6}$	31.1	25.5	32.1	14	30.4	20.8	24.6	28.9	28.8	27.7	32.2	23.8	25.3	28.4	27.2	12.5	9.5	2.24	0.84	5.71
$U/10^{-6}$	4.28	2.73	3.72	3.17	6.46	5.12	3.46	4.4	5.74	8.66	7.33	4.59	5.37	76.4	6.9	3.11	4.12	0.95	0.41	3.32
$Nb/10^{-6}$	95.4	110	113	26.2	93.6	87.2	84.4	92.8	90.6	96.6	99.5	86.6	100	81.9	95.8	32.4	25	10	4.82	20
$Ta/10^{-6}$	7.3	7.17	8.22	2.85	8.04	7.77	8.32	8.36	7.91	7.66	7.89	7.62	8.53	5.71	8.34	2.74	2.04	0.75	0.39	1.5
$Zr/10^{-6}$	154	154	165	135	190.2	215.1				176	163				207.3					
$Hf/10^{-6}$	8.11	8.2	9.08	6.11	11.7	10.4	10.7	10.2	10.8	9.11	9.12	9.93	10.4	10.7	10.8	9.36	12.6	5.55	3.4	11.2
$B/10^{-6}$	6.64	11.7	8.74	3.06						3.53	30									
Th/U	7.27	9.34	8.63	4.42	4.71	4.06	7.11	6.57	5.02	3.20	4.39	5.19	4.71	0.37	3.94	4.02	2.31	2.36	2.05	1.72
Rb/Sr	20.76	27.08	9.77	12.46	7.46	58.01	11.15	21.54	24.02	9.39	3.29	16.23	13.33	0.88	9.77	3.45	0.76	0.05	0.08	0.24
Nb/Ta	13.07	15.34	13.75	9.19	11.64	11.22	10.14	11.10	11.45	12.61	12.61	11.36	11.72	14.34	11.49	11.82	12.25	13.33	12.36	13.33
Zr/Hf	18.99	18.78	18.17	22.09	16.26	20.68	0.00	0.00	0.00	19.32	17.87	0.00	0.00	0.00	19.19	0.00	0.00	0.00	0.00	0.00
10000 Ga/Al	4.62	4.34	4.55	3.50	0.18	0.11	0.22	1.24	0.15	4.21	4.40	0.23	0.25	0.22	0.23	0.55	0.66	5.90	11.04	1.55

K_2O/Na_2O 值分别为 0.76~0.86 和 0.84~1.31。A/CNK 值均接近于 1 （0.99~1.01）。白杨河地区花岗斑岩均具有富 F、Mn，富 Na_2O+K_2O，以及 $Na_2O>K_2O$、贫 P 的特点，而条纹长石花岗岩则具有富 Al、Mg、Ti、P，以及 $K_2O>Na_2O$ 的特点。

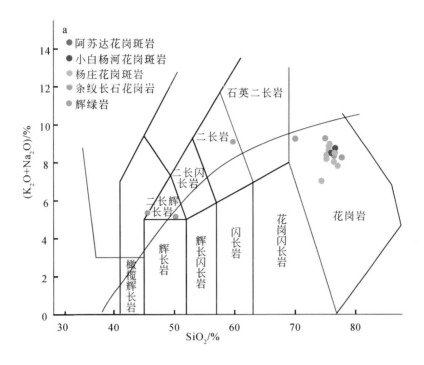

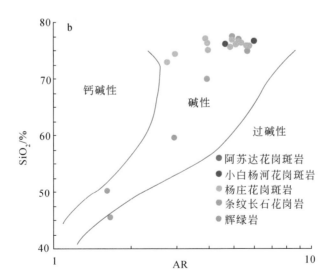

图 3-8　白杨河地区浅成侵入岩岩石化学图解

a. （K_2O+Na_2O）-SiO_2 图解；b. 火山岩岩石系列 AR-SiO_2 图

三、岩石微量元素地球化学

在微量元素地球化学方面，白杨河地区花岗岩具有富 Cs、Rb、U、Th、Li、F、Sn、Ta、Nb、Mo、Be，而亏损 Ba、Sr、Cr、Co 的特点。

阿苏达花岗斑岩和小白杨河花岗斑岩稀土元素含量分别为 $93.01 \times 10^{-6} \sim 100.62 \times 10^{-6}$ 和 $113.38 \times 10^{-6} \sim 180.84 \times 10^{-6}$，LREE/HREE 分别为 $3.17 \sim 3.53$ 和 $3.55 \sim 4.64$，δEu 值分别为 $0.02 \sim 0.08$ 和 $1.06 \sim 1.20$，$(La/Yb)_N$ 值分别为 $1.77 \sim 2.02$ 和 $2.03 \sim 3.55$。$(La/Sm)_N$ 值分别为 $6.73 \sim 8.88$ 和 $2.79 \sim 7.97$。条纹长石花岗岩稀土元素含量为 $163.67 \times 10^{-6} \sim 192.60 \times 10^{-6}$，LREE/HREE 值为 $6.87 \sim 7.73$，δEu 值为 $0.24 \sim 0.61$，$(La/Yb)_N$ 值和 $(La/Sm)_N$ 值分别为 $4.83 \sim 6.44$ 和 $3.32 \sim 3.78$。杨庄花岗斑岩 $\sum REE$ 为 $86.73 \times 10^{-6} \sim 141.40 \times 10^{-6}$。LREE/HREE 为 $2.89 \sim 4.40$，δEu 值为 $0.07 \sim 0.11$。$(La/Yb)_N$ 值和 $(La/Sm)_N$ 值分别为 $2.14 \sim 3.18$ 和 $5.81 \sim 9.82$。

在稀土配分模式图上，阿苏达、小白杨河和杨庄花岗斑岩（图3-9）均表现出海鸥式稀土配分模型，具有强烈的 Eu 负异常。在微量元素原始地幔标准化蛛网图（图3-10）中，各种类型的花岗斑岩均富集 Rb、Th、Nb、Ta、Pb、Nd、Hf，以及亏损 K、Sr、P 和 Ti 等元素；条纹长石花岗岩稀土元素配分模式和微量元素蛛网图与花岗斑岩基本一致。

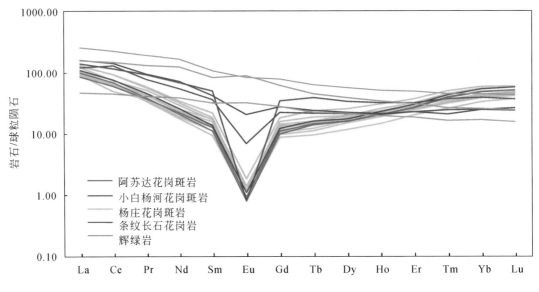

图 3-9　白杨河地区浅成侵入岩岩石稀土元素配分模式图

球粒陨石数据引自 Sun and McDonough, 1989

在微量元素比值上，各种类型的花岗斑岩之间略有变化，如 Nb/Ta 值（阿苏达花岗斑岩为 $13.07 \sim 15.34$，小白杨河花岗斑岩为 $9.19 \sim 13.75$，杨庄花岗斑岩为 $10.14 \sim 14.34$），与条纹长石花岗岩的 Nb/Ta 值（$11.82 \sim 12.25$）基本一致。

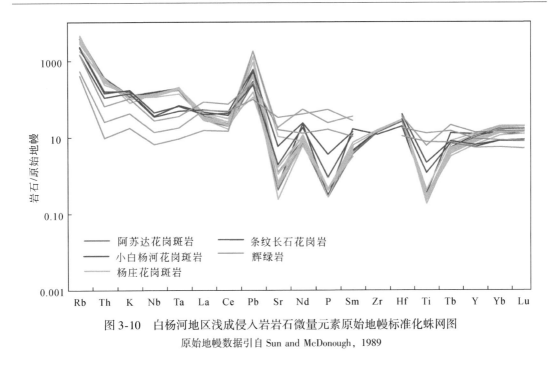

图 3-10　白杨河地区浅成侵入岩岩石微量元素原始地幔标准化蛛网图

原始地幔数据引自 Sun and McDonough，1989

第四节　岩石 Sr-Nd-Pb-Hf 同位素地球化学

一、全岩 Nd 同位素

白杨河铀铍矿床不同类型岩石 Sr-Nd 同位素测试结果见表 3-3。花岗斑岩 $(^{87}Rb/^{86}Sr)_m$ 变化范围为 14.6393 ~ 74.9998，$(^{87}Sr/^{86}Sr)_m$ 变化范围为 0.774825 ~ 1.121285，$(^{147}Sm/^{144}Nd)_m$ 变化范围为 0.1084 ~ 0.1197，$(^{143}Nd/^{144}Nd)_m$ 变化范围为 0.512747 ~ 0.512774。条纹长石花岗岩 $(^{87}Rb/^{86}Sr)_m$ 变化范围为 1.8459 ~ 8.4167，$(^{87}Sr/^{86}Sr)_m$ 变化范围为 0.712573 ~ 0.743241，$(^{147}Sm/^{144}Nd)_m$ 变化范围为 0.1119 ~ 0.1208，$(^{143}Nd/^{144}Nd)_m$ 变化范围为 0.512743 ~ 0.512759。辉绿岩和闪长岩 $(^{87}Rb/^{86}Sr)_m$ 变化范围为 0.1081 ~ 0.7292，$(^{87}Sr/^{86}Sr)_m$ 变化范围为 0.704627 ~ 0.707472，$(^{147}Sm/^{144}Nd)_m$ 变化范围为 0.1269 ~ 0.1566，$(^{143}Nd/^{144}Nd)_m$ 变化范围为 0.512723 ~ 0.512871。流纹岩和凝灰岩 $(^{87}Rb/^{86}Sr)_m$ 变化范围为 3.9384 ~ 8.2110，$(^{87}Sr/^{86}Sr)_m$ 变化范围为 0.726000 ~ 0.747685，$(^{147}Sm/^{144}Nd)_m$ 变化范围为 0.1226 ~ 0.1431，$(^{143}Nd/^{144}Nd)_m$ 变化范围为 0.512741 ~ 0.512807。

表 3-3　白杨河铀铍矿床不同类型岩石 Sr-Nd 同位素特征

样号	岩石类型	$Sm/10^{-6}$	$Nd/10^{-6}$	$(^{147}Sm/^{144}Nd)_m$	$(^{87}Rb/^{86}Sr)_m$	$(^{143}Nd/^{144}Nd)_m$	$(^{87}Sr/^{86}Sr)_m$	$(^{87}Sr/^{86}Sr)_i$	$\varepsilon_{Nd}(t)$	T_{2DM}/Ga
BYP1-12	花岗斑岩	2.51	12.8	0.1182	14.6393	0.512753	0.77482	0.7102	+5.4	0.645
BYP1-20	花岗斑岩	2.33	11.8	0.1197	74.9998	0.512747	1.121285	0.7904	+5.2	0.65

续表

样号	岩石类型	Sm/10⁻⁶	Nd/10⁻⁶	$(^{147}Sm/^{144}Nd)_m$	$(^{87}Rb/^{86}Sr)_m$	$(^{143}Nd/^{144}Nd)_m$	$(^{87}Sr/^{86}Sr)_m$	$(^{87}Sr/^{86}Sr)_i$	$\varepsilon_{Nd}(t)$	T_{2DM}/Ga
7702-1	花岗斑岩	1.96	10.9	0.1084	20.7906	0.512762	0.811015	0.7193	+5.9	0.59
ZK8012	花岗斑岩	2.13	11.2	0.1146	19.0954	0.512774	0.789464	0.7052	+5.9	0.59
BYP1-02	流纹岩	9.99	45.6	0.1324	8.2110	0.512764	0.747685	0.6997	+5.8	0.68
BYP1-05	流纹岩	8.35	35.3	0.1431	7.5840	0.512807	0.744106	0.6998	+6.1	0.66
7702-17	凝灰岩	17.6	86.7	0.1226	4.6156	0.512759	0.729401	0.7025	+6.3	0.65
7702-23	凝灰岩	15.2	71.8	0.1278	7.3288	0.512741	0.740061	0.6973	+5.6	0.70
BYP1-03	凝灰岩	7.06	33.8	0.1264	3.9384	0.512791	0.726000	0.7030	+6.7	0.61
BY10-11	辉绿岩	11.9	54.1	0.1332	0.1445	0.512723	0.704627	0.7042	+3.4	0.72
BY10-04	辉绿岩	11.7	53.5	0.1318	0.1081	0.512871	0.704722	0.7044	+6.3	0.48
BYP1-07	辉绿岩	4.32	16.7	0.1566	0.2220	0.512864	0.706351	0.7057	+5.5	0.54
BYP2-14	闪长岩	14.6	69.3	0.1269	0.7292	0.512785	0.707472	0.7062	+4.0	0.60
BYP1-31	条纹长石花岗岩	4.84	24.2	0.1208	8.4167	0.512759	0.743241	0.7091	+5.1	0.63
BYP1-32	条纹长石花岗岩	6.57	35.5	0.1119	1.8459	0.512743	0.712573	0.7051	+5.1	0.63

　　分别以花岗斑岩、条纹长石花岗岩、辉绿岩、闪长岩，以及流纹岩和凝灰岩的成岩年龄计算不同类型岩石的初始 Sr、Nd 同位素。结果表明，花岗斑岩初始$^{87}Sr/^{86}Sr$ 变化范围较大（0.7052～0.7904），$\varepsilon_{Nd}(t)$ 为+5.2～+5.9，两阶段 Nd 模式年龄 T_{2DM} 为 0.60～0.64Ga。一个样品的 Sr 同位素变化大可能反映了样品受到后期热液作用的影响较大（图3-11）；条纹长石花岗岩初始$^{87}Sr/^{86}Sr$ 变化范围较小（0.7051～0.7091），$\varepsilon_{Nd}(t)$ 为+5.1，两阶段 Nd 模式年龄 T_{2DM} 为 0.63Ga。辉绿岩和闪长岩初始$^{87}Sr/^{86}Sr$ 变化范围较小（0.7042～0.7062），$\varepsilon_{Nd}(t)$ 为+3.4～+6.3，两阶段 Nd 模式年龄 T_{DM2} 为 0.48～0.72Ga。流纹岩和凝灰岩初始$^{87}Sr/^{86}Sr$ 变化范围较小（0.6973～0.7030），$\varepsilon_{Nd}(t)$ 为+5.6～+6.7，两阶段 Nd 模式年龄 T_{2DM} 为 0.61～0.70Ga。Nd 同位素数据表明白杨河地区不同类型的火成岩均具有几乎相同的 Nd 同位素组成，其岩浆源区可能为初生的下地壳或亏损地幔，可能与新元古代的地壳增生有关（图3-11，图3-12）。

二、全岩 Pb 同位素

　　铅同位素由于质量大，同位素间的相对质量差较小，外界条件的变化对其组成的影响很小，故铅同位素组成具有明显的"指纹特征"。白杨河地区花岗斑岩、条纹长石花岗岩、辉绿岩、闪长岩、泥盆系凝灰岩和流纹岩全岩 Pb 同位素测试结果见表3-4。花岗斑岩的$^{206}Pb/^{204}Pb$ 变化范围为 18.354～19.365，$^{207}Pb/^{204}Pb$ 变化范围为 15.523～15.586，$^{208}Pb/^{204}Pb$

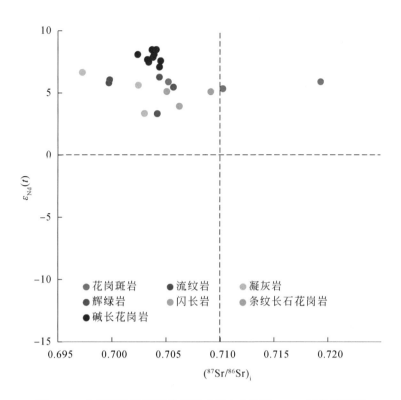

图 3-11　白杨河地区不同类型浅成侵入花岗岩 Nd-Sr 同位素图解

区域上碱长花岗岩数据来自 Chen and Arakawa, 2005

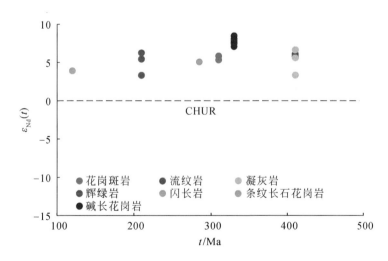

图 3-12　白杨河铀铍矿床不同类型岩石 $\varepsilon_{Nd}(t)$-t 同位素图解

区域上碱长花岗岩数据来自 Chen and Arakawa, 2005

变化范围为 37.945 ~ 38.467。条纹长石花岗岩的 $^{206}Pb/^{204}Pb$ 变化范围为 18.184 ~ 18.691，$^{207}Pb/^{204}Pb$ 变化范围为 15.498 ~ 15.528，$^{208}Pb/^{204}Pb$ 变化范围为 37.764 ~ 38.880。闪长岩的 $^{206}Pb/^{204}Pb$ 值为 18.319，$^{207}Pb/^{204}Pb$ 值为 15.518，$^{208}Pb/^{204}Pb$ 值为 39.111。辉绿岩

的 $^{206}Pb/^{204}Pb$ 变化范围为 17.976 ~ 18.268，$^{207}Pb/^{204}Pb$ 变化范围为 15.492 ~ 15.525，$^{208}Pb/^{204}Pb$ 变化范围为 38.059 ~ 38.961。流纹岩的 $^{206}Pb/^{204}Pb$ 变化范围为 18.161 ~ 18.171，$^{207}Pb/^{204}Pb$ 变化范围为 15.496 ~ 15.506，$^{208}Pb/^{204}Pb$ 变化范围为 37.955 ~ 38.013。凝灰岩的 $^{206}Pb/^{204}Pb$ 变化范围为 18.464 ~ 20.095，$^{207}Pb/^{204}Pb$ 变化范围为 15.530 ~ 15.613，$^{208}Pb/^{204}Pb$ 变化范围为 38.094 ~ 39.467。利用不同类型岩石的成岩年龄计算 Pb 的初始同位素比值绘制 $^{207}Pb/^{204}Pb$-$^{206}Pb/^{204}Pb$ 增长曲线图（图 3-13），从图中可以看出：白杨河铀铍矿床不同类型岩石投影点均位于造山带演化曲线与地幔曲线之间。

表 3-4　白杨河铀铍矿床不同类型岩石全岩 Pb 同位素数据

样品编号	岩性	$^{206}Pb/^{204}Pb$	$^{207}Pb/^{204}Pb$	$^{208}Pb/^{204}Pb$
BY10-11	辉绿岩	18.268	15.502	38.059
BYP1-07	辉绿岩	17.976	15.492	38.961
BY10-04	辉绿岩	18.248	15.525	38.587
BYP2-14	闪长岩	18.319	15.518	39.111
BYP1-12	花岗斑岩	18.354	15.523	38.467
BYP1-20	花岗斑岩	19.300	15.586	37.945
7702-2-1	花岗斑岩	18.731	15.547	38.079
ZK8012	花岗斑岩	19.365	15.563	38.006
BYP1-31	条纹长石花岗岩	18.691	15.528	37.880
BYP1-32	条纹长石花岗岩	18.184	15.498	37.764
BYP1-02	流纹岩	18.171	15.506	38.013
BYP1-05	流纹岩	18.161	15.496	37.955
7702-17	凝灰岩	20.095	15.613	39.467
7702-23	凝灰岩	18.710	15.547	38.636
BYP1-03	凝灰岩	18.464	15.530	38.094

三、锆石 Hf 同位素

小白杨河花岗斑岩和杨庄花岗斑岩锆石 Hf 同位素分析结果见表 3-5。小白杨河岩体的锆石 $^{176}Hf/^{177}Hf$ 变化范围为 0.282751 ~ 0.282834。以小白杨河岩体锆石 U-Pb 年龄（231Ma）代表小白杨河岩体的结晶年龄，以 $t=231Ma$ 计算获得 Hf 同位素初始值范围为 0.282751 ~ 0.282834，对应的 $\varepsilon_{Hf}(t)$ 变化范围为 +4.33 ~ +7.27，数据分布相对集中（图 3-14，表 3-5）。杨庄花岗斑岩的锆石 $^{176}Hf/^{177}Hf$ 变化范围为 0.282547 ~ 0.282939。利用杨庄花岗斑岩的结晶年龄（$t=314Ma$）计算锆石 Hf 的初始同位素，结果见表 3-5。由表可知，杨庄

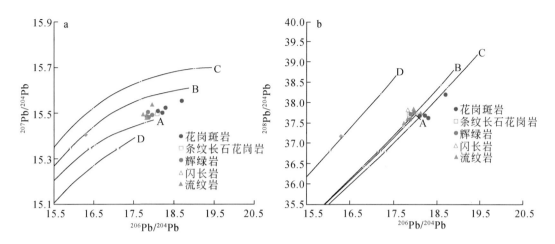

图3-13　白杨河铀铍矿床不同类型岩石^{207}Pb/^{204}Pb-^{206}Pb/^{204}Pb 增长曲线图

a. ^{206}Pb/^{204}Pb-^{207}Pb/^{204}Pb 图解；b. ^{206}Pb/^{204}Pb-^{208}Pb/^{204}Pb。A. 地幔（Mantle）；B. 造山带（Orogen）；

C. 上地壳（Upper Crust）；D. 下地壳（Lower Crust）

花岗斑岩 Hf 同位素数据分布相对较为分散，Hf 同位素初始值范围为 0.281549 ~ 0.282960，对应的 $\varepsilon_{Hf}(t)$ 变化范围为−1.13 ~ +13.46（图3-14）。根据全岩 $\varepsilon_{Nd}(t)$ 同位素的值，假如 Hf-Nd 同位素不存在解耦的话，锆石 $\varepsilon_{Hf}(t)$ 应该在+10 ~ +13 之间，与较高一组的 Hf 同位素数据一致，表明没有发生 Nd-Hf 同位素解耦，而较低一组的 Hf 同位素数据可能代表了岩浆形成过程中地壳物质的混染。在 $\varepsilon_{Hf}(t)$-t 演化图解中（图3-15），杨庄花岗斑岩具有亏损的 Hf 同位素组成，同样表明杨庄花岗斑岩岩浆源区可能为新生地壳或亏损地幔。

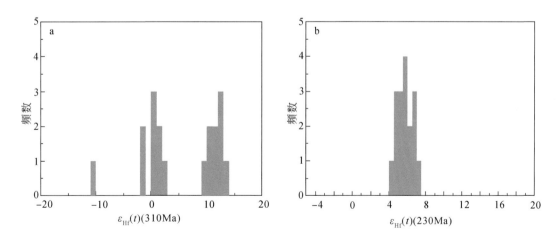

图3-14　杨庄花岗斑岩和小白杨河花岗斑岩 $\varepsilon_{Hf}(t)$ 同位素直方图

a. 杨庄花岗斑岩（310Ma）；b. 小白杨河花岗斑岩（230Ma）

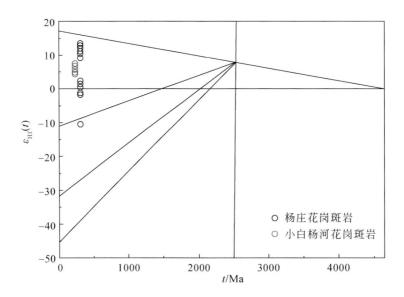

图 3-15　杨庄花岗斑岩及小白杨河花岗斑岩锆石 Hf 同位素演化图解

表 3-5　杨庄花岗斑岩和小白杨河花岗斑岩锆石 Hf 同位素特征

岩体	序号	$\varepsilon_{Hf}(t)$	$^{176}Hf/^{177}Hf$	T_{DM}/Ga	T_{2DM}/Ga
小白杨河花岗斑岩	ZK26607-1	+6.84	0.282822	0.60	0.83
	ZK26607-2	+6.75	0.282819	0.62	0.83
	ZK26607-3	+5.80	0.282792	0.65	0.89
	ZK26607-4	+5.31	0.282779	0.67	0.92
	ZK26607-5	+7.27	0.282834	0.59	0.80
	ZK26607-6	+5.81	0.282793	0.66	0.89
	ZK26607-7	+6.05	0.282799	0.65	0.88
	ZK26607-8	+6.05	0.282800	0.64	0.88
	ZK26607-9	+5.9	0.282795	0.64	0.89
	ZK26607-10	+5.17	0.282775	0.67	0.93
	ZK26607-11	+5.49	0.282784	0.67	0.91
	ZK26607-12	+4.91	0.282767	0.70	0.95
	ZK26607-13	+4.82	0.282765	0.69	0.96
	ZK26607-14	+4.33	0.282751	0.72	0.99
	ZK26607-15	+4.84	0.282765	0.70	0.95
	ZK26607-16	+5.59	0.282786	0.66	0.91
	ZK26607-17	+6.57	0.282814	0.62	0.84

岩体	序号	$\varepsilon_{Hf}(t)$	$^{176}Hf/^{177}Hf$	T_{DM}/Ga	T_{2DM}/Ga
杨庄花岗斑岩	ZK6032-1	+1.04	0.282609	0.91	1.26
	ZK6032-2	+13.46	0.282960	0.41	0.46
	ZK6032-3	+11.91	0.282916	0.47	0.56
	ZK6032-4	+12.76	0.28294	0.44	0.51
	ZK6032-5	+9.17	0.282839	0.59	0.74
	BY12-52-2	+12.12	0.282922	0.47	0.55
	BY12-52-3	+12.72	0.282939	0.44	0.51
	BY12-47-1	+11.15	0.282894	0.50	0.61
	BY12-47-2	+0.53	0.282594	1.01	1.29
	BY12-47-3	+1.59	0.282624	0.89	1.22
	BY12-47-4	+10.35	0.282872	0.53	0.66
	BY12-47-6	+2.41	0.282647	0.87	1.17
	BY12-47-7	−1.13	0.282547	1.00	1.39
	BY12-47-9	+10.58	0.282878	0.54	0.65

第五节 全岩 Li 同位素地球化学

锂有 ^6Li 和 ^7Li 两种同位素，这两种同位素高达 16.7% 的相对质量差造成 Li 在地质过程中容易产生较大的同位素分馏（Tomascak et al.，2016），因此，锂及其同位素组成可用于示踪不同类型地质作用过程。锂同位素示踪岩浆热液演化及其水岩反应过程，已成为锂同位素地球化学研究的热点（Beck et al.，2006；Lu et al.，2020）。前人对白杨河矿床花岗斑岩岩石成因、热液蚀变以及成矿流体来源等方面进行了大量的研究（赵振华等，2001；王谋等，2012；Zhang and Zhang，2014；Li et al.，2013，2015），结果表明白杨河铀铍矿床是多期次热液流体叠加的产物（Li et al.，2013；朱艺婷等，2019；Zhang et al.，2020），但是这些流体是来自杨庄花岗斑岩岩浆分异，还是与下伏深部岩浆有关，或者二者皆有，还缺乏有效的证据。在野外详细地质观察的基础上，对白杨河铀铍矿床矿化和未矿化的花岗斑岩和晶屑凝灰岩分别进行了成矿元素（Li、Be、U）、挥发分（B）和锂同位素（δ^7Li）分析，力图为白杨河铀铍矿床成矿流体的多种来源提供锂同位素的证据。

白杨河铀铍矿床不同类型岩石成矿元素和挥发分组成见表 3-6。由表可知：不同类型岩石中成矿元素的含量差异明显。未矿化花岗斑岩中 Li、Be、U 含量分别为 $5.25 \times 10^{-6} \sim 11.30 \times 10^{-6}$（平均 8.28×10^{-6}）、$5.26 \times 10^{-6} \sim 8.97 \times 10^{-6}$（平均 6.32×10^{-6}）、$3.17 \times 10^{-6} \sim 5.12 \times 10^{-6}$（平均 3.87×10^{-6}）；未矿化晶屑凝灰岩中 Li、Be、U 的含量分别为 $3.02 \times 10^{-6} \sim 3.40 \times 10^{-6}$（平均 3.21×10^{-6}）、$2.31 \times 10^{-6} \sim 2.53 \times 10^{-6}$（平均 2.42×10^{-6}）、$2.21 \times 10^{-6} \sim 2.44 \times 10^{-6}$（平均 2.33×10^{-6}）。而在矿化花岗斑岩中 Li、Be、U 含量分别为 $12.20 \times 10^{-6} \sim 99.10 \times 10^{-6}$（平均 40.17×10^{-6}）、$5.44 \times 10^{-6} \sim 305.00 \times 10^{-6}$（平均 6.32×10^{-6}）、$7.33 \times 10^{-6} \sim 41.30 \times 10^{-6}$

（平均 $16.27×10^{-6}$）；矿化晶屑凝灰岩中 Li、Be、U 含量分别为 $11.80×10^{-6} \sim 21.80×10^{-6}$（平均 $16.80×10^{-6}$）、$12.30×10^{-6} \sim 296.00×10^{-6}$（平均 $154.15×10^{-6}$）、$10.20×10^{-6} \sim 17.40×10^{-6}$（平均 $13.80×10^{-6}$）。B 在未矿化岩石中含量较低（$3.06×10^{-6} \sim 8.74×10^{-6}$），而在矿化岩石中含量较高（$3.53×10^{-6} \sim 322×10^{-6}$）。

表3-6　白杨河铀铍矿床不同类型岩石锂同位素、成矿元素和挥发分组成

样品	岩性	$\delta^7Li/‰$	$Li/10^{-6}$	$Be/10^{-6}$	$Mo/10^{-6}$	$U/10^{-6}$	$Nb/10^{-6}$	$Ta/10^{-6}$	$B/10^{-6}$	F/%
BY18-3A	矿化晶屑凝灰岩	-6.89	21.80	12.30	1.80	10.20	30.90	2.36	26.80	0.04
BY18-3B	矿化晶屑凝灰岩	-3.92	11.80	296.00	21.60	17.40	31.80	2.38	44.60	0.04
BY18-18A	未矿化晶屑凝灰岩	+23.96	3.40	2.53	0.85	2.44	27.10	1.77	7.71	0.03
BY18-18B	未矿化晶屑凝灰岩	+22.77	3.02	2.31	1.03	2.21	24.40	1.60	7.51	0.03
ZK11324-2	矿化花岗斑岩	+3.99	30.00	5.63	1.76	8.66	96.60	7.66	3.53	0.03
ZK11324-3	矿化花岗斑岩	+4.32	31.30	12.20	3.91	41.30	103.00	7.89	3.90	0.03
ZK11324-4	矿化花岗斑岩	+5.52	12.20	305.00	32.30	20.10	107.00	7.66	34.60	0.03
ZK8752-2	矿化花岗斑岩	+1.57	51.20	5.44	0.40	7.33	99.50	7.57	30.00	0.03
ZK8752-3	矿化花岗斑岩	+5.79	17.20	53.40	0.45	9.71	100.00	8.32	44.10	0.04
BYH18-2	矿化花岗斑岩		99.10	238.00	67.60	10.50	49.70	3.39	322.00	0.03
BYD1-20	未矿化花岗斑岩		8.97	1.54	5.12	93.60	7.77		0.22
ZK7702-1	未矿化花岗斑岩			5.78	2.89	3.46	84.40	8.32		0.25
XBYH-2	未矿化花岗斑岩	+4.77	11.30	5.28	0.85	3.72	113.00	8.22	8.74	0.04
XBYH-3	未矿化花岗斑岩	+4.31	5.25	5.26	0.75	3.17	26.20	2.85	3.06	0.02

注：空白表示未检测。

白杨河铀铍矿床不同类型岩石锂同位素组成见表3-6。由表可知：不同类型岩石中锂同位素组成差异较为明显。未矿化晶屑凝灰岩 δ^7Li 变化于 $22.77‰ \sim 23.96‰$，未矿化花岗斑岩 δ^7Li 变化于 $4.31‰ \sim 4.77‰$，而矿化晶屑凝灰岩 δ^7Li 变化于 $-6.89‰ \sim -3.92‰$，矿化花岗斑岩 δ^7Li 变化于 $1.57‰ \sim 5.79‰$。矿化与未矿化岩石锂同位素的差异反映了不同锂同位素组成的流体叠加的结果。

在矿床成因研究中，成矿流体来源及其组成的研究是揭示矿床成因的重要手段。白杨河铀铍矿床成矿流体来源一直是大家关注的重点。马汉峰等（2010）认为白杨河铀铍矿床成矿流体是来自变质水或一定深度的热液流体，先后经历了岩浆期后热液成矿流体的叠加。张鑫和张辉（2013）通过萤石包裹体和 Sr-Nd 同位素研究认为热液流体来源于杨庄岩体岩浆分异的岩浆热液和大气降水的混合。毛伟等（2013）和 Li 等（2015）的流体包裹体和热液白云母 O-H 同位素研究表明至少在一期成矿作用中岩浆水和大气降水均参与了热液蚀变和成矿。白杨河铀铍矿床萤石包裹体较低的均一温度（$100 \sim 150$℃）和中等盐度（$4.69\% \sim 19.72\%$）（毛伟等，2013；杨文龙等，2014；Li et al.，2015）表明该矿床为低温热液矿床。刘畅等（2020）认为白杨河铀铍矿床中富 Be 的矿物是由花岗斑岩深部岩浆房分异的富 F 岩浆热液直接沉淀形成，与后期流体（包括幔源流体和大气降水）的淋滤作用无关或关系很小。叶发旺等（2019）利用 CASI/SASI 航空高光谱遥感技术、ASD 便携

式地面高光谱技术手段，从不同尺度对白杨河铀矿区及周围地表和深部的热液蚀变类型、热液活动规律等进行了立体识别与研究，认为白杨河铀矿深部热液流体活动至少存在"直流型"和"分流型"两种典型形式。蚀变矿物绢云母存在高铝白云母和低铝白云母，分别对应于不同的热液流体的高温偏酸性和低温偏碱性的环境，这说明白杨河铀铍矿床至少存在两期不同来源不同性质的流体。张志新等（2019）使用 FieldSpec4 可见光-短波红外地面非成像光谱仪对新疆白杨河铀铍矿床地表进行光谱测试与分析，发现主要蚀变矿物伊利石结晶度具有明显的变化规律。伊利石 Al-OH 吸收波长变化的规律指示白杨河铀铍矿床经历了多期次热液流体活动的叠加。因此，不论是对白杨河铀铍矿床流体包裹体，还是热液蚀变矿物组成的研究，均揭示白杨河铀铍矿床存在多期次热液流体活动，但缺乏较为直接的证据。

目前，利用锂同位素及其组成示踪成矿流体的来源及水岩反应的研究尚处于起步阶段。在高温条件下，矿物和共存流体之间可能会发生锂同位素的扩散分馏，但锂同位素在高温岩浆作用（Halama et al.，2008）和地壳深熔作用（Teng et al.，2004）中的平衡分馏几乎可以忽略不计（≤1.0‰）。由于 ^6Li 与 ^7Li 在地质作用过程中具有不同的地球化学扩散行为（^6Li 的扩散速率是 ^7Li 的 1.034 倍），在岩浆-围岩相互作用过程及花岗岩结晶分异和伟晶岩形成过程中均存在分馏作用，因此锂同位素及其组成可以有效指示水岩反应程度及其过程（Teng et al.，2006a，2006b）。侯江龙等（2018）利用锂同位素对比了四川甲基卡含矿伟晶岩和不含矿伟晶岩锂同位素，发现含矿伟晶岩 δ^7Li 值为-1.3‰，不含矿伟晶岩 δ^7Li 值为-1.3‰~+2.0‰，围岩云母石英片岩 δ^7Li 值为-7.7‰，三者存在明显的差异，从而认为伟晶岩的成矿流体主要来源于二云母花岗岩，有效地解决了甲基卡矿床成矿流体来源问题。

不同成因类型花岗岩锂同位素组成有所差异。如 I 型花岗岩 δ^7Li 值为-2.5‰~+8.0‰，A 型花岗岩 δ^7Li 值为-1.8‰~+6.9‰，S 型花岗岩 δ^7Li 值为-1.56‰~+9‰（Tomascak，2004）。白杨河铀铍矿床未矿化花岗斑岩 δ^7Li 组成与已知花岗岩的 δ^7Li 组成类似，然而未矿化晶屑凝灰岩具有异常高 δ^7Li 值（+22.77‰~+23.96‰）、低 Li（$3.02×10^{-6}$~$3.40×10^{-6}$）的特点，远远大于已知储库锂同位素的组成。由于脱气作用，流纹质火山岩在形成过程中，δ^7Li 同位素值可能发生较大的分馏，致使 Li 同位素分馏高达 20‰（Watson，2017；Holycross et al.，2018）。Neukampf 等（2019）认为，流纹质凝灰岩在形成过程中，由于脱气作用损失了大量的 Li 元素，其中 Li 的含量较低，这可能是白杨河铀铍矿床未矿化晶屑凝灰岩具有异常高 δ^7Li 值、较低 Li 含量的原因。

对比白杨河铀铍矿床未矿化与矿化的花岗斑岩和晶屑凝灰岩，可以发现矿化花岗斑岩和晶屑凝灰岩中 Li、Be、U 含量明显高于未矿化花岗斑岩和晶屑凝灰岩中 Li、Be、U 含量（图3-16，表3-6），说明在成矿作用过程中明显有元素 Li、Be、U 的加入。从图3-16a 可以看出，在未矿化花岗斑岩中 U 和 Be 具有明显的相关性，而矿化花岗斑岩中 U 和 Be 缺乏相关性，进一步说明 U 和 Be 矿化是热液流体叠加的结果，U 和 Be 的分离可能受不同期次成矿流体叠加的影响。

白杨河铀铍矿床中未矿化花岗斑岩 δ^7Li 同位素值为+4.31‰~+4.77‰，与矿化花岗斑岩具有较为一致的 δ^7Li 同位素组成（+1.57‰~+5.79‰），且不同类型岩石的 δ^7Li 同位素值与 U、Be、Mo 等成矿元素没有明显的相关性（图3-16），说明 δ^7Li 值主要受其在岩

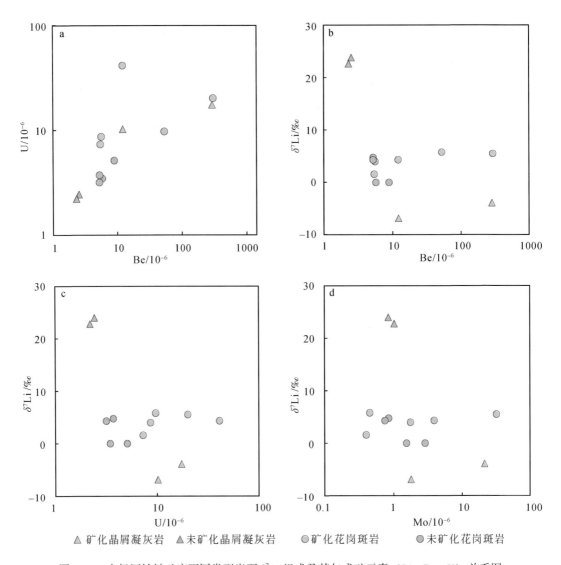

图 3-16　白杨河铀铍矿床不同类型岩石 δ^7Li 组成及其与成矿元素（Li、Be、U）关系图

浆热液流体作用过程中地球化学分馏作用的控制，因此，引起花岗斑岩矿化的热液流体可能为岩浆热液流体，且 δ^7Li 同位素值变化不大。而矿化晶屑凝灰岩较低的 δ^7Li 同位素组成以及相对较高的 Li 含量则反映了引起晶屑凝灰岩矿化的热液流体具有极低的 δ^7Li 同位素组成，富 Li，且引起晶屑凝灰岩矿化的成矿流体明显与围岩发生了较高程度的水岩反应，致使凝灰岩的 δ^7Li 同位素由正值变化为负值。由此可见，引起晶屑凝灰岩矿化的热液流体与引起花岗斑岩内铀铍矿化的热液流体组成不同。相对矿化花岗斑岩来说，引起晶屑凝灰岩矿化的流体具有更低的 δ^7Li 同位素值。Sarah 等（2017）认为下地壳具有较低的 δ^7Li 值，最低可达–18‰。因此白杨河铀铍矿床中引起晶屑凝灰岩矿化的流体有可能来自下地壳深部岩浆房岩浆的分异，且这种分异出的岩浆流体 δ^7Li 同位素组成远远小于–7‰。这些流体与未矿化晶屑凝灰岩发生相互作用，使得矿化晶屑凝灰岩的 δ^7Li 同位素显著降低。

　　同样可以看出，无论是花岗斑岩还是凝灰岩，挥发分 B 在未矿化岩石中的含量较低

（分别为 $3.06 \times 10^{-6} \sim 8.74 \times 10^{-6}$ 和 $7.51 \times 10^{-6} \sim 7.71 \times 10^{-6}$），在矿化岩石中却大幅增加（分别为 $3.53 \times 10^{-6} \sim 322 \times 10^{-6}$ 和 $26.80 \times 10^{-6} \sim 44.60 \times 10^{-6}$）。已有研究表明区域内的岩石不可能提供矿化所需 B 的量，矿化岩石挥发分 B 主要来自成矿流体，而不是交代渗滤围岩中 B 的结果（Zhu et al., 2021）。因此，白杨河铀铍矿床的成矿流体是富含 Be、U 和 B 的流体，引起花岗斑岩矿化的流体主要来自花岗斑岩出溶的流体，而引起晶屑凝灰岩矿化的流体可能来自下地壳深部岩浆房岩浆分异。

第四章　成岩成矿年代学

同位素地质年代学是以放射性同位素衰变定律为基础的地质学计时方法，用以测定不同地质体的形成时代（陈骏等，2004）。成岩成矿时代的精确测定对于矿床成因和成矿机制的研究具有十分重要的意义。

成岩成矿年代的确定主要包括锆石 U-Pb 法、全岩/矿物 Rb-Sr 法、Sm-Nd 法，含 K 矿物的 K-Ar 法和 ^{40}Ar-^{39}Ar 法，以及辉钼矿 Re-Os 等同位素方法分析。高分异花岗质岩石中的锆石通常因 U 含量升高引起的 α 粒子反冲而受到辐射损伤，从而导致 U-Pb 系统受到干扰（Davis and Krogh，2001；Romer，2003；Nasdala et al.，2005，2010）。Rb-Sr、K-Ar、^{40}Ar-^{39}Ar 体系具有相对较低的封闭温度，并且容易被后期热液蚀变或热事件改造或重置（Romer et al.，2007），不容易得到精确的成岩成矿年龄。辉钼矿可能具有较低的 Re，但具有较高的 Os 含量，并且在辉钼矿溶解和/或沉淀反应过程中，Re-Os 体系偶尔会因 Re 损失而重置（McCandless et al.，1993）。因此，精确的成岩成矿年代学的厘定需要多重同位素年代方法进行确定。

为了精确建立白杨河铀铍矿床的成岩成矿年代学格架，本次工作利用锆石 U-Pb、云母 ^{40}Ar-^{39}Ar、铌铁矿 U-Pb、沥青铀矿 U-Th-Pb 和辉钼矿 Re-Os 等多种同位素体系测年方法，对白杨河铀铍矿床的成岩成矿时代进行精确的厘定，进而为揭示矿床成因和成矿规律提供可靠的年代学证据。

第一节　锆石 U-Pb 年龄

一、样品采集

为了准确厘定白杨河铀铍矿床的成岩成矿年龄，我们采集了远离接触带的杨庄岩体新鲜的花岗斑岩（BY12-52、ZK6032-3、BY12-47）、小白杨河岩体花岗斑岩（ZK26607、B11-3）、杨庄岩体南侧条纹长石花岗岩（ZK118-27），以及侵位于杨庄岩体中的闪长岩（ZK6022-8、ZK6026-6）进行锆石 U-Pb 年龄测试。

二、测试方法

为精选锆石样品，先将无蚀变的新鲜岩石样品破碎至 0.2mm 以下，用常规的人工淘洗和电磁选方法处理样品，再在双目镜下逐个精选锆石颗粒。锆石 U-Pb 年龄测试分别用 SHRIMP U-Pb 和 LA-ICP-MS U-Pb 两种方法完成。锆石 SHRIMP U-Pb 分析方法在北京离子探针中心完成。制样时先将锆石样品与标样锆石（年龄为 417Ma）用环氧树脂固定、抛光，使锆石内部暴露。然后在透射光、反射光以及阴极发光扫描电镜下拍照（图 4-1），以了解锆石的内部结构，以便选出最理想的供分析的锆石颗粒，再镀上黄金膜。分析流程和原理以及分析数据处理方法参考简平等（2003）的研究。锆石 LA-ICP-MS U-Pb 分析在中国地质科学院矿产资源研究所自然资源部成矿作用与资源评价重点实验室完成。锆石定年分析仪器为 Finnigan Neptune 型 MC-ICP-MS 及与之配套的激光剥蚀系统。激光剥蚀孔径为 32μm，频率为 10Hz，能量密度约为 2.5J/cm^2，以 He 为载气。锆石 U-Pb 年龄的测定采用 GJ-1 为外标的校正方法，每隔 10 个样品分析点测 1 次标样。以 Si 作为内标来测定锆石中 U、Pb 和 Th 的含量。数据处理采用 ICP-MS DataCal 程序，锆石年龄谐和图用 Isoplot3.0 程序完成（Ludwig，2003）。

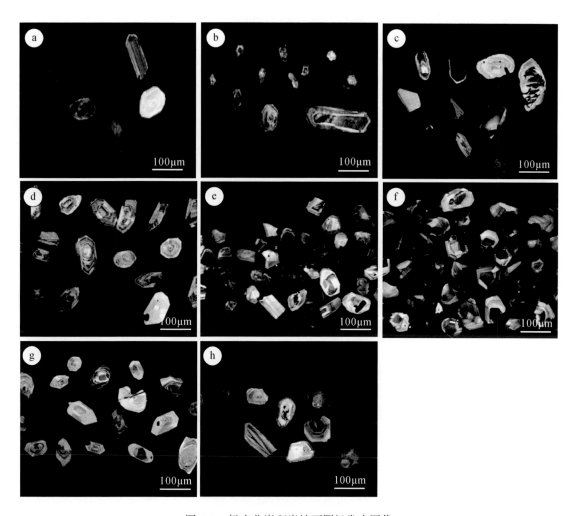

图 4-1　杨庄花岗斑岩锆石阴极发光图像

a. 样品 BY12-52；b. 样品 ZK6032-3；c. 样品 BY12-47；d. 样品 ZK26607；e. 样品 B11-3；f. 样品 ZK118-72；
g. 样品 ZK6022-8；h. 样品 6026-6

三、测试结果

（一）杨庄花岗斑岩锆石 U-Pb 年龄

在露头及钻孔中采集了三个新鲜的杨庄花岗斑岩样品用于锆石 U-Pb 年龄测试。从杨庄花岗斑岩中挑出的锆石颗粒均较少，这与花岗斑岩中 Zr 的含量较低是一致的。从锆石阴极发光图像（图4-1a～c）可以看出杨庄花岗斑岩三个样品中锆石环带基本不发育。

样品 BY12-52、ZK6032-3、BY12-47 锆石 U-Pb 定年数据分别见表4-1～表4-3。由于每个样品能用于分析的锆石颗粒较少，因此将三个样品的测试数据结合在一起讨论。本次测试所获得的 24 个分析结果中，锆石的 U、Th 含量变化范围分别为 $44.80×10^{-6}～1041.79×10^{-6}$ 和 $76.87×10^{-6}～2013.74×10^{-6}$，Th/U 值变化范围为 $0.67～2.53$。$^{206}Pb/^{238}U$ 年龄数据十分分散（$28.92～2536.92Ma$），没有获得加权平均年龄和谐和年龄，这与前人对白杨河杨庄花岗斑岩锆石 U-Pb 年龄的测试结论是一致的（马汉峰等，2010；衣龙升和李月湘，2017）。

虽然本次用于锆石 U-Pb 测试的样品均为新鲜的杨庄花岗斑岩样品，但从锆石 U 的含量（$44.00×10^{-6}～1041.79×10^{-6}$）来看，其阴极发光图像也揭示其为高 U 的锆石，可能在某种程度上造成锆石蜕晶化作用的发生，破坏了锆石 U-Pb 封闭体系，致使无法获得准确的锆石 U-Pb 年龄。

（二）小白杨河岩体锆石 U-Pb 年龄（ZK26607 和 B11-3）

相对于杨庄花岗斑岩，小白杨河花岗斑岩中锆石含量较高，样品 ZK26607 中锆石晶形较好，且环带发育（图4-1d、e）。本次测试所获得的 16 个分析结果中（表4-4），小白杨河花岗斑岩中锆石的 U、Th 含量变化范围分别为 $172.98×10^{-6}～684.69×10^{-6}$ 和 $163.54×10^{-6}～1334.61×10^{-6}$，Th/U 值变化范围为 $0.86～2.06$。所有的数据结果集中分布于谐和线附近，$^{206}Pb/^{238}U$ 年龄变化范围为 $226.39～236.65Ma$。获得的加权平均年龄为 $231.40±0.87Ma$（图4-2）。在谐和图上，数据点向右偏移，反映了锆石中 U 的丢失，因此所获得的年龄代表了该岩体侵位的最小年龄。

样品 B11-3 虽然锆石环带较为发育，但大多数颗粒呈黑色，具有一定的蜕晶化。锆石的 Th/U 值变化范围为 $0.56～14.13$（表4-5）。在 $^{206}Pb/^{238}U$-$^{207}Pb/^{235}U$ 图上数据点比较分散，无法得出合理的年龄数据。

（三）条纹长石花岗岩锆石 U-Pb 年龄（ZK118-72）

以前人们把杨庄花岗斑岩南侧东西向呈串珠状分布的小岩体野外定名为白岗岩，本次通过镜下光薄片鉴定，确定为条纹长石花岗岩。本次测试采集了 ZK11008 钻孔 265.44m 处的条纹长石花岗岩样品，样品新鲜，蚀变较弱。测试过程中尽量选择了晶形完整、环带好且颜色均匀的锆石。通过对锆石阴极发光图（图4-1f）特征分析发现：①条纹长石花岗岩中锆石多呈短柱状，与杨庄花岗斑岩锆石特征相似；②条纹长石花岗岩中的锆石边部有轻微的 U 丢失；③所有锆石的 Th/U 值均大于 0.4，符合岩浆锆石的特征，其中部分锆石仍保留了较好的环带结构。

表 4-1　杨庄花岗斑岩(样品 BY12-52)锆石 U-Pb LA-ICP-MS 测试数据

样品	Pb$_{total}$/10^{-6}	^{232}Th/10^{-6}	^{238}U/10^{-6}	^{207}Pb/^{206}Pb	^{207}Pb/^{235}U	^{206}Pb/^{238}U	^{208}Pb/^{232}Th	Th/U	年龄/Ma			
									^{207}Pb/^{206}Pb	^{207}Pb/^{235}U	^{206}Pb/^{238}U	^{208}Pb/^{232}Th
BY15-2-1	1561.8928	753.4807	1036.4742	0.0684±0.0006	1.1207±0.0080	0.1193±0.0011	0.0199±0.0007	0.7269	879.63±17.75	763.30±3.85	726.87±6.47	399.38±14.18
BY15-2-2	1560.9708	698.3205	1041.7911	0.0674±0.0002	1.1132±0.0060	0.1198±0.0007	0.0216±0.0007	0.6703	851.54±0.93	759.72±2.92	729.66±4.42	432.82±15.07
BY15-2-3	40.90778	76.8745	44.7952	0.0519±0.0009	0.2244±0.0039	0.0313±0.0002	0.0055±0.0003	1.7161	283.40±32.41	205.57±3.29	199.01±1.60	112.67±6.68
BY15-2-4	227.1723	221.16807	245.2275	0.0591±0.0017	0.4326±0.0080	0.0531±0.0011	0.0100±0.0010	0.9018	572.26±62.95	365.06±5.69	333.92±6.76	202.44±20.12

表 4-2　杨庄花岗斑岩(样品 ZK6032-3)锆石 U-Pb LA-ICP-MS 测试数据

样品	Pb$_{total}$/10^{-6}	^{232}Th/10^{-6}	^{238}U/10^{-6}	^{207}Pb/^{206}Pb	^{207}Pb/^{235}U	^{206}Pb/^{238}U	^{208}Pb/^{232}Th	Th/U	年龄/Ma			
									^{207}Pb/^{206}Pb	^{207}Pb/^{235}U	^{206}Pb/^{238}U	^{208}Pb/^{232}Th
ZK6032-3-1	77.24	182.15	105.08	0.0514±0.006	0.1456±0.0018	0.0205±0.0001	0.0037±0.0004	1.7334	261.17±32.42	138.02±1.57	131.39±0.93	75.90±8.93
ZK6032-3-2	483.68	494.69	583.74	0.0546±0.003	0.3978±0.0062	0.0528±0.007	0.0086±0.0008	0.8474	394.49±2.04	340.12±6.50	331.94±4.29	173.36±16.53
ZK6032-3-3	123.35	324.98	214.09	0.0509±0.005	0.1413±0.0022	0.0201±0.0002	0.0033±0.0003	1.5179	238.95±22.22	134.23±.93	128.18±1.25	68.59±5.54
ZK6032-3-4	123.53	126.53	112.65	0.0550±0.005	0.3980±0.0039	0.0525±0.0003	0.0090±0.0006	1.1232	413.01±18.52	340.23±2.88	329.93±2.35	181.97±11.60
ZK6032-3-5	99.62	278.75	158.44	0.0517±0.006	0.1456±0.008	0.0204±0.0003	0.0033±0.0002	1.7592	275.99±3.56	138.04±.63	130.41±1.03	67.53±3.86

表 4-3　杨庄花岗斑岩(样品 BY12-47)锆石 U-Pb LA-ICP-MS 测试数据

样品	Pb$_{total}$/10^{-6}	^{232}Th/10^{-6}	^{238}U/10^{-6}	^{207}Pb/^{206}Pb	^{207}Pb/^{235}U	^{206}Pb/^{238}U	^{208}Pb/^{232}Th	Th/U	年龄/Ma			
									^{207}Pb/^{206}Pb	^{207}Pb/^{235}U	^{206}Pb/^{238}U	^{208}Pb/^{232}Th
BY12-47-1	63.89	107.56	94.35	0.0545±0.003	0.3700±0.0030	0.0492±0.0003	0.0065±0.0010	1.139	394.50±10.18	319.69±2.23	309.73±1.89	132.01±20.78
BY12-47-2	1311.38	2013.73	796.00	0.0534±0.0001	0.4012±0.0025	0.0544±0.0003	0.0069±0.0009	2.53	350.06±5.55	342.52±1.81	341.70±2.01	140.74±19.05
BY12-47-3	816.41	1097.91	930.23	0.0536±0.0001	0.4019±0.0019	0.0543±0.0002	0.0077±0.0009	1.18	366.72±7.45	343.08±1.42	340.92±1.46	156.87±18.27
BY12-47-4	39.89	484.98	593.80	0.0505±0.0010	0.0308±0.0006	0.0044±0.0004	0.0008±0.0001	0.81	220.44±82.40	30.87±0.69	28.52±0.22	17.14±2.15
BY12-47-5	2360.70	335.34	262.71	0.1791±0.0016	11.8347±0.0760	0.4822±0.0045	0.0682±0.0057	1.27	2655.56±15.44	2591.38±0.62	2536.91±19.95	1333.60±109.61
BY12-47-6	1496.56	288.88	208.21	0.1272±0.0002	6.3824±0.0477	0.3636±0.0025	0.0500±0.0036	1.38	2061.11±3.71	2029.86±6.57	1999.46±12.05	986.80±69.34
BY12-47-7	230.73	176.73	177.73	0.0587±0.0002	0.6436±0.0044	0.0794±0.0004	0.0123±0.0007	0.99	566.70±7.41	504.59±2.73	492.85±2.50	248.77±15.32
BY12-47-8	12523.20	728.53	854.87	0.3157±0.0119	5.2939±0.3705	0.1045±0.0040	0.1643±0.0170	0.84	3549.24±58.33	1867.88±59.85	641.09±23.61	3076.21±196.21
BY12-47-9	182.74	371.70	392.01	0.0512±0.0003	0.1781±0.0013	0.0252±0.0001	0.0042±0.0002	0.95	253.77±47.21	166.48±1.19	160.43±0.87	85.78±4.27
BY12-47-10	133.79	268.84	259.16	0.0512±0.0003	0.1798±0.0016	0.0254±0.0001	0.0044±0.0002	1.04	253.77±49.07	167.89±1.37	162.02±1.03	90.44±4.52
BY12-47-11	1167.76	1038.68	839.55	0.0580±0.0005	0.6776±0.0218	0.0847±0.0030	0.0103±0.0004	1.24	531.52±15.74	525.32±13.25	524.28±18.06	208.90±8.52

表 4-4 小白杨河花岗斑岩（ZK26607）锆石 U-Pb LA-ICP-MS 测试数据

样品	$Pb_{total}/10^{-6}$	$^{232}Th/10^{-6}$	$^{238}U/10^{-6}$	$^{207}Pb/^{206}Pb$	$^{207}Pb/^{235}U$	$^{206}Pb/^{238}U$	$^{208}Pb/^{232}Th$	Th/U	年龄/Ma			
									$^{207}Pb/^{206}Pb$	$^{207}Pb/^{235}U$	$^{206}Pb/^{238}U$	$^{208}Pb/^{232}Th$
ZK26607-2	199.99	289.35	275.50	0.0533±0.0003	0.2681±0.0020	0.0364±0.0002	0.0064±0.0002	1.05	342.65±19.44	241.18±1.62	231.09±1.38	129.42±5.66
ZK26607-3	111.95	163.53	190.27	0.0533±0.0003	0.2703±0.0025	0.0367±0.0002	0.0065±0.0002	0.86	342.65±19.44	242.98±2.07	232.88±1.76	132.08±5.79
ZK26607-4	277.57	405.81	263.84	0.0523±0.0002	0.2655±0.0022	0.0368±0.0002	0.0067±0.0002	1.54	298.21±11.11	239.14±1.79	233.05±1.55	135.90±5.35
ZK26607-6	191.64	261.76	188.43	0.0553±0.0009	0.2814±0.0067	0.0368±0.0005	0.0069±0.0004	1.39	427.83±37.04	251.77±5.33	233.27±3.22	140.48±8.35
ZK26607-7	355.22	513.17	358.69	0.0564±0.0007	0.2912±0.0048	0.0373±0.0004	0.0068±0.0003	1.43	472.27±29.63	259.51±3.84	236.64±3.02	137.20±6.38
ZK26607-8	130.43	205.15	172.98	0.0535±0.0005	0.2677±0.0036	0.0362±0.0003	0.0063±0.0003	1.18	353.76±22.22	240.85±2.90	229.36±2.11	128.65±6.56
ZK26607-9	232.73	380.19	251.53	0.0514±0.0011	0.2590±0.0064	0.0365±0.0007	0.0062±0.0004	1.51	257.47±55.55	233.87±5.22	231.61±4.67	126.13±8.42
ZK26607-10	186.92	316.41	221.08	0.0531±0.0003	0.2653±0.0026	0.0361±0.0002	0.0061±0.0003	1.43	344.50±14.81	238.94±2.11	229.23±1.73	123.85±6.39
ZK26607-11	314.40	524.50	323.74	0.0530±0.0002	0.2665±0.0021	0.0364±0.0002	0.0061±0.0002	1.62	331.54±11.11	239.97±1.71	230.82±1.43	124.44±5.66
ZK26607-13	208.38	346.65	234.84	0.0520±0.0002	0.2629±0.0022	0.0366±0.0002	0.0062±0.0002	1.47	287.10±11.11	237.07±1.82	232.23±1.63	125.09±5.42
ZK26607-14	239.93	380.76	304.77	0.0551±0.0003	0.2798±0.0033	0.0367±0.0002	0.0064±0.0002	1.25	416.72±17.59	250.56±2.62	232.70±1.66	129.21±5.32
ZK26607-15	198.87	127.51	127.79	0.1774±0.0076	1.3775±0.0766	0.0501±0.0011	0.0208±0.0013	0.99	2629.32±66.51	879.40±32.73	315.20±6.77	417.52±25.88
ZK26607-16	497.24	208.18	182.68	0.1989±0.0132	1.5107±0.1211	0.0482±0.0012	0.0220±0.0017	1.14	2817.59±109.26	934.73±49.01	303.85±7.43	440.23±34.49
ZK26607-17	209.43	334.61	264.45	0.0537±0.0004	0.2705±0.0027	0.0365±0.0002	0.0061±0.0002	1.26	366.72±24.99	243.12±2.16	231.48±1.44	123.13±5.37
ZK26607-18	757.68	1334.61	648.68	0.0548±0.0003	0.2769±0.0023	0.0366±0.0002	0.0055±0.0002	2.06	405.61±12.96	248.23±1.89	231.76±1.28	111.83±4.81
ZK26607-19	537.04	470.46	213.01	0.1836±0.0077	1.6318±0.1010	0.0566±0.0013	0.0144±0.0010	2.21	2686.11±70.07	982.56±38.98	355.03±8.50	289.60±21.34
ZK26607-20	432.59	691.51	353.52	0.0632±0.0009	0.3498±0.0076	0.0397±0.0003	0.0060±0.0003	1.96	716.68±33.33	304.60±5.76	251.37±1.90	122.11±6.33
ZK26607-21	168.92	331.95	211.17	0.0533±0.0003	0.2685±0.0028	0.0365±0.0002	0.0050±0.0003	1.57	342.65±21.30	241.53±2.29	231.24±1.71	100.98±6.25
ZK26607-22	207.15	413.70	256.57	0.0515±0.0003	0.2587±0.0023	0.0366±0.0002	0.0049±0.0003	1.61	264.88±12.03	233.66±1.91	230.69±1.58	100.65±7.43
ZK26607-23	125.41	263.06	213.90	0.0564±0.0007	0.2786±0.0049	0.0357±0.0003	0.0049±0.0004	1.23	472.26±27.78	249.61±3.93	226.38±2.20	98.93±9.20
ZK26607-24	210.20	494.40	282.99	0.0525±0.0012	0.2376±0.0056	0.0328±0.0004	0.0045±0.0005	1.75	309.32±53.70	216.50±4.64	208.34±2.78	91.36±10.48
ZK26607-25	95.14	118.74	97.44	0.1387±0.0036	1.1050±0.0449	0.0539±0.0011	0.0116±0.0016	1.22	2212.96±45.84	755.80±21.69	338.84±7.19	233.94±33.83
ZK26607-26	114.25	242.74	215.96	0.0838±0.0041	0.4465±0.0286	0.0363±0.0004	0.0064±0.0011	1.12	1300.00±96.76	374.85±20.13	229.89±2.73	130.46±23.22

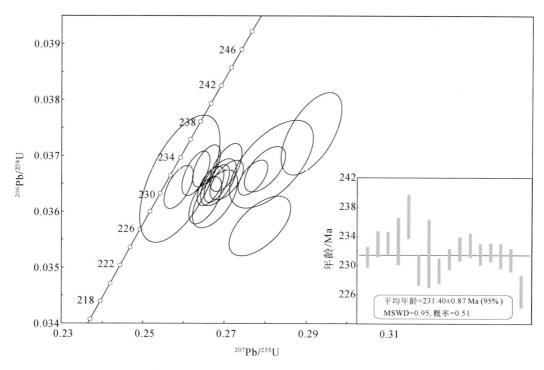

图 4-2　小白杨河花岗斑岩 ZK26607 锆石 U-Pb 谐和图及加权平均年龄图

表 4-5　小白杨河花岗斑岩（B11-3）锆石 U-Pb LA-ICP-MS 测试数据

样品	比例			年龄/Ma		
	$^{207}Pb/^{206}Pb$	$^{207}Pb/^{235}U$	$^{206}Pb/^{238}U$	$^{207}Pb/^{206}Pb$	$^{207}Pb/^{235}U$	$^{206}Pb/^{238}U$
B11-3-1	0.1620±0.0032	10.5921±0.2212	0.46941±0.0095	2477.4±32.92	2481±41.57	2488±19.38
B11-3-2	1.1690±0.0230	8.25539±0.1672	0.05029±0.0010	5455.9±27.19	316.3±6.23	2259.4±18.35
B11-3-3	0.1591±0.0031	10.82433±0.2383	0.47343±0.0096	2446.8±33.14	2498.6±41.85	2508.2±20.47
B11-3-4	0.1594±0.0031	9.04577±0.1881	0.39815±0.0080	2450.1±33.01	2160.5±37.04	2342.6±19.02
B11-3-5	0.0669±0.0014	0.97991±0.0234	0.11328±0.0023	836.9±43.67	691.8±13.36	693.6±12.01
B11-3-6	0.0674±0.0014	0.95434±0.0224	0.11129±0.0022	851.3±43.26	680.2±13.13	680.4±11.64
B11-3-7	0.0643±0.0013	1.14172±0.0287	0.12742±0.0026	753±45.03	773.1±14.86	773.3±13.60
B11-3-8	0.1562±0.0030	9.78147±0.2042	0.43544±0.0088	2415.4±33.14	2330.2±39.42	2414.4±19.23
B11-3-9	0.1606±0.0031	8.96442±0.1830	0.39295±0.0079	2462.9±32.94	2136.5±36.64	2334.4±18.65
B11-3-10	0.0719±0.0014	1.19366±0.026	0.12732±0.0025	984.1±40.85	772.5±14.73	797.7±12.08
B11-3-11	0.0493±0.0010	0.17808±0.0037	0.0256±0.0005	165.8±47.63	163±3.25	166.4±3.26
B11-3-12	0.1204±0.0024	0.42336±0.0086	0.0261±0.0005	1963.2±35.08	166.1±3.31	358.5±6.15
B11-3-13	0.1383±0.0027	7.84197±0.1628	0.40574±0.0081	2206.6±33.89	2195.4±37.47	2213±18.7
B11-3-14	0.0739±0.0015	1.25627±0.0304	0.12762±0.0026	1040.6±42.22	774.3±14.84	826.2±13.72
B11-3-15	0.0665±0.0014	1.0898±0.0284	0.12285±0.0025	822.1±45.41	746.9±14.42	748.4±13.79
B11-3-16	0.1497±0.0033	1.75184±0.0505	0.08221±0.0017	2342.5±38.27	509.3±10.22	1027.8±18.64
B11-3-17	0.1569±0.0031	8.49399±0.1744	0.39223±0.0008	2423.1±33.11	2133.1±36.54	2285.3±18.66

样品	比例			年龄/Ma		
	$^{207}Pb/^{206}Pb$	$^{207}Pb/^{235}U$	$^{206}Pb/^{238}U$	$^{207}Pb/^{206}Pb$	$^{207}Pb/^{235}U$	$^{206}Pb/^{238}U$
B11-3-18	0.1445±0.0028	3.99461±0.0817	0.19852±0.0039	2282.8±33.63	1167.3±21.48	1633.1±16.61
B11-3-19	0.1603±0.0031	10.41919±0.2137	0.4673±0.0094	2458.8±32.98	2471.7±41.29	2472.8±19.00
B11-3-20	0.1652±0.0032	10.86156±0.2213	0.45825±0.0092	2510.5±32.8	2431.8±40.73	2511.4±18.95
B11-3-21	0.0760±0.0017	0.61396±0.0156	0.05774±0.0012	1096.3±44.92	361.9±7.22	486.1±9.83
B11-3-22	0.1399±0.0027	5.61109±0.1231	0.3072±0.0061	2226.3±34.1	1726.9±30.52	1917.8±18.91
B11-3-23	0.0734±0.0020	0.54467±0.0178	0.05506±0.0012	1025.1±54.7	345.5±54.7	441.5±11.70
B11-3-24	0.0725±0.0014	0.97831±0.0204	0.09847±0.0019	1000.6±40.17	605.4±40.17	692.7±10.47
B11-3-25	0.0796±0.0017	0.62444±0.0144	0.0554±0.0011	1188.8±41.75	347.6±41.75	492.6±9.05
B11-3-26	0.0845±0.0016	0.55957±0.0114	0.04769±0.009	1305.2±38.14	300.3±38.14	451.2±7.39
B11-3-27	0.0714±0.0014	1.18684±0.0260	0.11614±0.0023	970.3±41.03	708.3±41.03	794.5±12.06
B11-3-28	0.0691±0.0015	1.11537±0.0309	0.11775±0.0024	904.5±46.26	717.6±46.26	760.8±14.84
B11-3-29	0.0691±0.0014	1.12765±0.0247	0.116450.0024	901.5±41.51	710.1±41.51	766.6±11.78

本次测试所获得的 31 个分析结果中（表 4-6），锆石的 Th/U 值变化范围为 0.60～1.60。所有的数据结果集中分布于谐和线附近，$^{206}Pb/^{238}U$ 年龄变化范围为 277.00～292.20Ma，加权平均年龄为 283.40±2.20Ma，代表了该岩体的侵位年龄（图 4-3）。

表 4-6　条纹长石花岗岩（样品 ZK118-72）锆石 U-Pb LA-ICP-MS 测试数据

样品	比例			年龄/Ma		
	$^{207}Pb/^{206}Pb$	$^{207}Pb/^{235}U$	$^{206}Pb/^{238}U$	$^{207}Pb/^{206}Pb$	$^{207}Pb/^{235}U$	$^{206}Pb/^{238}U$
ZK118-72-1	0.0538±0.0012	0.3515±0.0083	0.0465±0.0009	363.1±49.48	293.0±5.76	305.9±6.24
ZK118-72-2	0.0550±0.0012	0.3303±0.0073	0.0435±0.0009	413.6±45.92	274.6±5.38	289.8±5.55
ZK118-72-3	0.0514±0.0011	0.3271±0.0071	0.0460±0.0009	261.5±47.58	290.3±5.67	287.4±5.46
ZK118-72-4	0.0505±0.0011	0.3135±0.0068	0.0444±0.0009	221.2±47.73	280.1±5.47	276.9±5.25
ZK118-72-5	0.0529±0.0013	0.3182±0.0086	0.0434±0.0009	326.8±55.16	274.2±5.48	280.5±6.62
ZK118-72-6	0.0514±0.0012	0.3214±0.0076	0.0456±0.0009	260.4±50.64	287.9±5.66	283±5.86
ZK118-72-7	0.0537±0.0013	0.3224±0.0087	0.0432±0.0008	359.6±55.00	272.9±5.45	283.8±6.68
ZK118-72-8	0.0521±0.0011	0.3285±0.0078	0.0461±0.0009	293.7±50.29	290.6±5.72	288.4±5.96
ZK118-72-9	0.0513±0.0015	0.3319±0.0106	0.0444±0.0009	257.4±63.80	280.6±5.72	291.1±8.07
ZK118-72-11	0.0521±0.0012	0.3148±0.0080	0.0446±0.0009	293.2±53.19	281.4±5.58	278±6.20
ZK118-72-12	0.0553±0.0016	0.3184±0.0101	0.0448±0.0009	426.7±61.41	282.7±5.78	280.7±7.76
ZK118-72-13	0.0512±0.0012	0.3089±0.0076	0.0432±0.0008	249.7±51.97	273.1±5.40	273.4±5.86
ZK118-72-14	0.0524±0.0013	0.3308±0.0090	0.0463±0.0009	303.1±55.25	291.9±5.82	290.2±6.81
ZK118-72-15	0.0513±0.0011	0.3179±0.0074	0.0452±0.0009	258.4±50.07	285.4±5.61	280.3±5.72
ZK118-72-17	0.0520±0.0013	0.3299±0.0085	0.0452±0.0009	288.7±53.73	285.5±5.67	289.5±6.52
ZK118-72-19	0.0513±0.0012	0.3210±0.0082	0.0443±0.0009	255.4±53.53	279.5±5.54	282.7±6.29

续表

样品	比例			年龄/Ma		
	$^{207}Pb/^{206}Pb$	$^{207}Pb/^{235}U$	$^{206}Pb/^{238}U$	$^{207}Pb/^{206}Pb$	$^{207}Pb/^{235}U$	$^{206}Pb/^{238}U$
ZK118-72-20	0.0534±0.0014	0.3228±0.0095	0.0442±0.0009	348.2±58.95	278.9±5.63	284.1±7.28
ZK118-72-21	0.0517±0.0012	0.3157±0.0079	0.0434±0.0009	272.4±52.41	274.2±5.43	278.6±6.07
ZK118-72-22	0.0543±0.0016	0.3380±0.0115	0.0447±0.0009	386.5±65.69	282±5.83	295.7±8.76
ZK118-72-23	0.0532±0.0013	0.3232±0.0090	0.0439±0.0009	338±56.18	277±5.55	284.4±6.86
ZK118-72-24	0.0529±0.0012	0.3286±0.0080	0.0435±0.0009	328.2±50.79	274.8±5.43	288.5±6.10
ZK118-72-25	0.0512±0.0011	0.3177±0.0073	0.0452±0.0009	251.9±49.60	285.1±5.60	280.2±5.63
ZK118-72-26	0.0549±0.0012	0.3243±0.0071	0.0434±0.0009	408.4±46.43	274.2±5.37	285.2±5.47
ZK118-72-29	0.0549±0.0013	0.3313±0.0083	0.0444±0.0009	407.9±50.83	280.5±5.56	290.6±6.36
ZK118-72-30	0.0527±0.0012	0.3308±0.0078	0.0466±0.0009	315.8±49.97	293.9±5.78	290.2±5.98
ZK118-72-31	0.0535±0.0014	0.3210±0.0092	0.0435±0.0009	353.2±57.78	275±5.54	282.7±7.06
ZK118-72-32	0.0507±0.0012	0.3154±0.0080	0.0460±0.0009	229.9±53.90	290±5.75	278.4±6.21
ZK118-72-33	0.0507±0.0012	0.3351±0.0085	0.0470±0.0010	228.9±53.59	296.3±5.86	293.5±6.47
ZK118-72-34	0.0507±0.0012	0.3148±0.0080	0.0441±0.0009	230±53.85	278.8±5.53	278±6.20
ZK118-72-35	0.0517±0.0012	0.3322±0.0083	0.0461±0.0009	273.1±52.37	290.6±5.75	291.2±6.31
ZK118-72-37	0.0518±0.0012	0.3298±0.0086	0.0459±0.0009	278.5±53.81	289.3±5.74	289.5±6.50
ZK118-72-39	0.0561±0.0020	0.3279±0.0139	0.0436±0.0010	456.4±78.64	275.3±5.98	288±10.6
ZK118-72-41	0.0533±0.0012	0.3392±0.0082	0.0457±0.0009	341.7±50.59	288.6±5.69	296.6±6.21
ZK118-72-42	0.0531±0.0012	0.3334±0.0077	0.0461±0.0009	334.7±49.41	290.6±5.71	292.2±5.93
ZK118-72-43	0.0536±0.0012	0.3507±0.0081	0.0468±0.0009	357.4±49.03	295.2±5.80	305.3±6.13
ZK118-72-44	0.0508±0.0013	0.3228±0.0092	0.0451±0.0009	234.8±58.82	284.5±5.71	284.1±7.08
ZK118-72-45	0.0535±0.0012	0.3211±0.0079	0.0433±0.0009	353.1±51.77	273.7±5.42	282.8±6.14
ZK118-72-46	0.0537±0.0013	0.3491±0.0088	0.0468±0.0010	359.6±51.99	295.1±5.84	304±6.62
ZK118-72-48	0.0514±0.0013	0.3149±0.0084	0.0446±0.0009	261±55.66	281.6±5.61	278±6.50
ZK118-72-49	0.0515±0.0012	0.3284±0.0079	0.0459±0.0009	266±51.04	289.3±5.70	288.4±6.02
ZK118-72-50	0.0523±0.0013	0.3406±0.0079	0.0469±0.0009	301.8±49.35	295.8±5.81	297.6±5.98
ZK118-72-51	0.0519±0.0017	0.3338±0.0076	0.0469±0.0009	280.9±48.84	295.7±5.79	292.5±5.77
ZK118-72-53	0.0527±0.0012	0.3401±0.0085	0.0463±0.0009	319.9±51.86	292.2±5.78	297.2±6.42
ZK118-72-54	0.0529±0.0012	0.3322±0.0083	0.0457±0.0009	327.2±51.69	288.6±5.71	291.3±6.29
ZK118-72-55	0.0528±0.0013	0.3495±0.0087	0.0471±0.0010	323.6±51.79	296.8±5.87	304.4±6.56
ZK118-72-56	0.0509±0.0015	0.3321±0.0082	0.0469±0.0010	239.8±52.17	295.5±5.83	291.2±6.21
ZK118-72-57	0.0536±0.0014	0.3427±0.0102	0.0469±0.0010	356.3±59.56	295.6±5.97	299.3±7.76
ZK118-72-58	0.0528±0.0013	0.3186±0.0088	0.0449±0.0009	322.3±56.58	283.7±5.68	280.9±6.81
ZK118-72-59	0.0509±0.0012	0.3227±0.0081	0.0460±0.0009	240.1±53.77	289.9±5.74	284±6.3
ZK118-72-60	0.0536±0.00110	0.3333±0.0067	0.0454±0.0009	356.5±48.08	286.4±5.62	292.1±5.72
ZK118-72-61	0.0515±0.0011	0.3151±0.0072	0.0443±0.0009	266.1±49.93	279.9±5.51	278.1±5.65

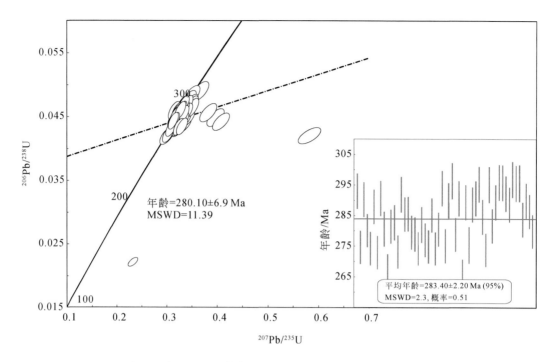

图4-3　条纹长石花岗岩锆石 U-Pb 谐和图及加权平均年龄图

（四）闪长岩锆石 U-Pb 年龄

杨庄花岗斑岩内部发育多条闪长岩脉，本次用于锆石 U-Pb 分析的闪长岩样品分别来自钻孔 ZK6022-8 中 219.6m 处和钻孔 ZK6026-6 中 198.4m 处。

1. ZK6022-8

该样品中锆石较少，阴极发光图中岩浆环带明显（图4-1g）。本次测试所获得的 8 个分析结果（表4-7），可分为两组。一组分析结果中锆石的 U、Th 含量变化范围分别为 $115.55\times10^{-6} \sim 171.78\times10^{-6}$ 和 $18.48\times10^{-6} \sim 160.74\times10^{-6}$，Th/U 值变化范围为 0.89 ~ 1.11。所有的数据结果集中分布于谐和线附近，$^{206}Pb/^{238}U$ 年龄变化范围为 347.10 ~ 353.77Ma，加权平均年龄为 316.80±2.30Ma（图4-4）。

另一组分析结果中锆石的 U、Th 含量变化范围分别为 $48.43\times10^{-6} \sim 95.28\times10^{-6}$ 和 $107.28\times10^{-6} \sim 247.25\times10^{-6}$，Th/U 值变化范围为 1.98 ~ 2.60。所有的数据结果集中分布于谐和线附近，$^{206}Pb/^{238}U$ 年龄变化范围为 119.25 ~ 120.46Ma，加权平均年龄为 110.93±0.87Ma（图4-4）。

2. ZK6026-6

该样品中挑选出锆石颗粒较少（图4-1h）。本次分析结果（表4-8）中锆石的 U、Th 含量变化范围分别为 $258.58\times10^{-6} \sim 999.80\times10^{-6}$ 和 $315.55\times10^{-6} \sim 3161.89\times10^{-6}$，Th/U 值变化范围为 1.21 ~ 3.16。所有的数据结果集中分布于谐和线附近，$^{206}Pb/^{238}U$ 年龄变化范围

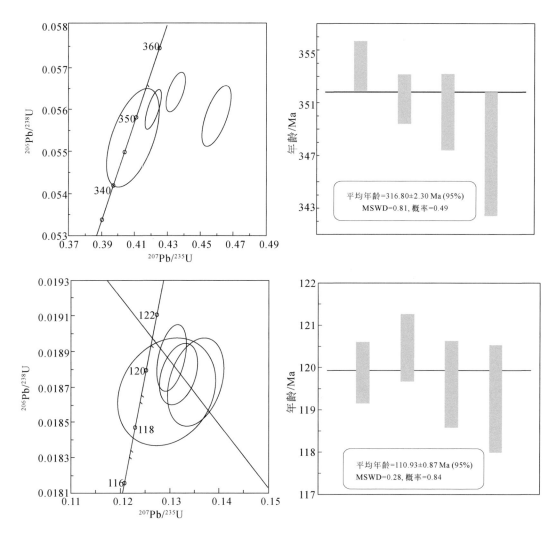

图 4-4　闪长岩（ZK6022-8）锆石 U-Pb 谐和图以及加权平均年龄图

为 246.90~249.50Ma，加权平均年龄为 248.90±1.60Ma（图 4-5）。

　　研究成果表明，杨庄花岗斑岩形成时代约为晚石炭世（310Ma 左右）（Zhang and Zhang，2014）。岩浆热液蚀变白云母 Ar-Ar 年龄为 302.99±1.58Ma（见后文）。而样品 ZK6022-8 的一组锆石年龄（351.80±2.30Ma）可能代表了闪长岩中继承锆石的年龄，而另一组较小的年龄（119.93±0.89Ma），由于锆石颗粒较少，其结果可能近似代表该样品闪长岩的结晶年龄。虽然 ZK6022-8 和 ZK6026-6 两个样品均为闪长岩样品，空间位置上也较为接近，然而锆石 U-Pb 年龄结果显示两者形成时代跨度很大。马汉峰等（2010）曾通过 Rb-Sr 法获得的闪长岩脉年龄为 298±18Ma 和 222±18Ma。张成江等（2013）利用 LA-ICP-MS 测得闪长岩中锆石的 U-Pb 年龄为 203.4±0.9Ma。因此，此次工作再一次证明杨庄花岗斑岩中存在多期次的闪长岩脉的侵入。

表 4-7　杨庄闪长岩(样品 ZK6022-8)锆石 U-Pb LA-ICP-MS 测试数据

样品	$Pb_{total}/10^{-6}$	$^{232}Th/10^{-6}$	$^{238}U/10^{-6}$	$^{207}Pb/^{206}Pb$	$^{207}Pb/^{235}U$	$^{206}Pb/^{238}U$	$^{208}Pb/^{232}Th$	Th/U	年龄/Ma			
									$^{207}Pb/^{206}Pb$	$^{207}Pb/^{235}U$	$^{206}Pb/^{238}U$	$^{208}Pb/^{232}Th$
ZK6022-8-1	118.91	127.76	143.26	0.0559±0.0004	0.4348±0.0004	0.0564±0.0003	0.0095±0.0004	0.89	450.04±16.65	366.58±2.73	353.76±1.89	192.45±7.9
ZK6022-8-2	138.22	153.15	171.77	0.05450±0.0002	0.4212±0.0003	0.0560±0.0003	0.0095±0.0004	0.89	394.49±41.66	356.91±2.28	351.26±1.88	192.88±7.8
ZK6022-8-3	408.30	676.07	220.98	0.1069±0.0007	0.4011±0.0346	0.0239±0.0003	0.0063±0.0007	3.05	1749.99±156.48	342.49±25.12	152.53±2.36	128.74±14.14
ZK6022-8-4	532.50	130.45	164.43	0.1072±0.0002	4.1229±0.0256	0.2788±0.0016	0.0419±0.0020	0.79	1753.3±3.70	1658.80±5.08	1585.3±8.17	830.75±38.07
ZK6022-8-5	49.291	104.86	56.38	0.1068±0.0007	0.3905±0.0313	0.0241±0.0004	0.0051±0.0004	1.86	1746.6±114.82	334.79±22.90	153.58±2.62	104.58±7.63
ZK6022-8-6	135.72	160.74	144.36	0.0595±0.0004	0.4597±0.0059	0.0558±0.0005	0.0084±0.0005	1.11	587.06±19.43	384.09±4.11	350.28±2.89	170.92±9.71
ZK6022-8-7	100.91	118.48	115.54	0.0536±0.0001	0.4089±0.0105	0.0553±0.0008	0.0085±0.0007	1.02	366.72±57.4	348.12±7.58	347.10±4.70	171.66±13.76
ZK6022-8-8	33.69	107.27	48.42	0.0510±0.0009	0.1317±0.0025	0.0187±0.0001	0.0034±0.0003	2.21	242.66±44.44	125.70±2.27	119.87±0.72	69.84±5.96
ZK6022-8-9	30.65	101.09	47.74	0.0527±0.0001	0.1474±0.0036	0.0203±0.0002	0.0036±0.0004	2.11	316.72±57.40	139.70±3.22	129.97±1.36	73.32±8.76
ZK6022-8-10	55.28	175.49	88.47	0.0502±0.0007	0.1303±0.0020	0.0188±0.0001	0.0031±0.0001	1.98	211.18±33.32	124.42±1.80	120.46±0.79	62.67±6.07
ZK6022-8-11	48.76	143.66	64.16	0.0524±0.0001	0.1352±0.0038	0.0187±0.0002	0.0032±0.0004	2.23	305.61±54.62	128.78±3.41	119.59±1.02	64.86±7.50
ZK6022-8-12	0.76	247.24	95.27	0.05010±0.0001	0.1294±0.0066	0.0186±0.0003	0.0003±0.0001	2.59	211.18±103.69	123.61±5.89	119.25±1.27	7.50±2.73

表 4-8　杨庄闪长岩(样品 ZK6026-6)锆石 U-Pb LA-ICP-MS 测试数据

样品	$Pb_{total}/10^{-6}$	$^{232}Th/10^{-6}$	$^{238}U/10^{-6}$	$^{207}Pb/^{206}Pb$	$^{207}Pb/^{235}U$	$^{206}Pb/^{238}U$	$^{208}Pb/^{232}Th$	Th/U	年龄/Ma			
									$^{207}Pb/^{206}Pb$	$^{207}Pb/^{235}U$	$^{206}Pb/^{238}U$	$^{208}Pb/^{232}Th$
ZK6026-8-1	209.27	217.70	365.37	0.0537±0.0002	0.4021±0.0029	0.0542±0.0003	0.0097±0.0004	0.59	361.165±9.28	343.20±2.12	340.51±2.05	195.63±8.90
ZK6026-8-2	249.15	252.73	405.60	0.0563±0.0002	0.4156±0.0029	0.0535±0.0003	0.0099±0.0004	0.62	464.86±11.11	352.93±2.13	336.24±1.88	200.52±8.32
ZK6026-8-3	211.89	315.54	259.17	0.0521±0.0002	0.2822±0.0018	0.0392±0.0002	0.0069±0.0002	1.21	300.06±12.33	252.47±1.47	248.38±1.31	140.76±5.42
ZK6026-8-4	306.00	469.25	277.79	0.0517±0.0002	0.2817±0.0021	0.0394±0.0002	0.0068±0.0002	1.69	275.99±10.29	252.04±1.70	249.49±1.58	138.26±5.02
ZK6026-8-5	227.26	351.34	258.58	0.0532±0.0002	0.2892±0.0020	0.0394±0.0002	0.0068±0.0002	1.35	338.95±11.11	257.98±1.59	249.13±1.38	138.46±5.06
ZK6026-8-6	155.72	2439.38	441.07	0.0467±0.0005	0.0262±0.0003	0.0040±0.0002	0.0006±0.0003	5.53	35.28±167.57	26.27±0.34	26.20±0.14	14.13±0.55
ZK6026-8-7	613.01	482.49	463.05	0.0577±0.0002	0.6692±0.0061	0.0840±0.0005	0.0136±0.0005	1.04	520.41±2.78	520.25±3.75	520.20±4.46	273.38±10.75
ZK6026-8-8	1721.62	3161.89	999.80	0.0543±0.0004	0.2926±0.0064	0.0390±0.0007	0.0060±0.0002	3.16	387.09±49.07	260.68±5.09	246.90±4.73	121.22±5.41

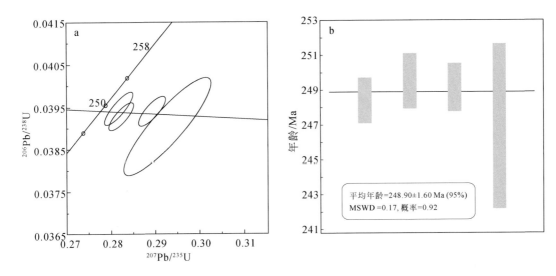

图 4-5　闪长岩（ZK6026-6）锆石 U-Pb 谐和图（a）及加权平均年龄图（b）

（五）辉绿岩脉锆石 U-Pb 年龄

辉绿岩脉在杨庄花岗斑岩中主要呈近南北向，大量分布。由于缺乏精准的年代学数据，对其形成时代及其成因争议很大。成都理工大学张成江教授对穿插于杨庄花岗斑岩岩体中的 3 条较大的基性岩脉进行了研究，通过锆石 U-Pb 定年，获得 215Ma、216Ma 和 217Ma 三个年龄数据，据此认为杨庄花岗斑岩中的辉绿岩脉形成于三叠纪。

第二节　辉钼矿 Re-Os 年龄

一、样品采集

野外勘探工作中发现白杨河铀铍矿床含有少量辉钼矿，并且与萤石脉密切共生。本书研究表明部分铀矿化较高的部位钼含量也较高，表明铀和钼的矿化关系密切。本次测试的辉钼矿样品采自钻孔 ZK14741 中 206～208m 处，晶屑凝灰岩中辉钼矿与浅紫色萤石共生（图 2-15）。

二、分析方法

辉钼矿样品的 Re-Os 同位素分析在中国科学院地球化学研究所 Re-Os 同位素年代学实验室完成。样品的铼、锇化学分离与处理流程和质谱测定技术简述如下（杜安道等，2001）。

（1）样品分解：准确称取待分析样品，通过长细颈漏斗加入 Carius 管（一种高硼厚壁大玻璃安瓿瓶）底部。缓慢加液氮到有半杯乙醇的保温杯中，调节温度到 −50～−80℃。

将装好样的 Carius 管放到该保温杯中，通过长细颈漏斗把准确称取的 ^{185} Re 和 ^{190} Os 混合稀释剂加入 Carius 管底部，再加入 2mL 的 10mol/L HCl、4mL 的 16mol/L HNO$_3$、1mL 的 30% H$_2$O$_2$。当管底溶液冰冻后，用丙烷氧气火焰加热封好 Carius 管的细颈部分，放入不锈钢套管内。轻轻将套管放入鼓风烘箱内，待回到室温后，逐渐升温到 200℃，保温 24h。在底部冷冻的情况下，打开 Carius 管，并用 40mL 水将管中溶液转入蒸馏瓶中。

（2）蒸馏分离锇：于 105～110℃蒸馏 50min，用 10mL 水吸收蒸出的 OsO$_4$。用 ICP-MS（等离子体质谱仪）测定 Os 同位素比值。将蒸馏残液倒入 150mL 特氟纶烧杯中待分离铼。

（3）萃取分离铼：将第一次蒸馏残液置于电热板上，加热近干。加少量水，加热近干。重复两次以降低酸度。加入 10mL 的 5mol/L NaOH，稍微加热，转为碱性介质。转入 50mL 聚丙烯离心管中，离心，取上清液转入 120mL 特氟纶分液漏斗中。加入 10mL 丙酮，振荡 5min，萃取 Re。静止分相，水相。加 2mL 的 5mol/L NaOH 溶液到分液漏斗中，振荡 2min，洗去丙酮相中的杂质。弃去水相，将丙酮倒入 150mL 已加有 2mL 水的特氟纶烧杯中。在电热板上 50℃加热以蒸发丙酮。加热溶液至干。加数滴浓 HNO$_3$ 和 30% H$_2$O$_2$，加热蒸干以除去残存的锇。用数毫升稀 HNO$_3$ 溶解残渣，稀释到硝酸浓度为 2%。备 ICP-MS 测定 Re 同位素比值。如含铼溶液中盐量超过 1mg/mL，需采用阳离子交换柱除去钠。

（4）质谱测定：采用国家地质实验测试中心的 TJA X-series ICP-MS 测定同位素比值。对于 Re：选择质量数为 185、187，用 190 监测 Os。对于 Os：选择质量数为 186、187、188、189、190、192，用 185 监测 Re。

三、测试结果

本次测试所获得的两个辉钼矿样品 Re-Os 同位素分析结果见表 4-9。

表 4-9　辉钼矿 Re-Os 年龄测试结果

样品	Re/10^{-6}	^{187}Re/10^{-6}	^{187}Os/10^{-6}	模式年龄/Ma
ZK14741-1	2696.98±28.72	16888±18	6.6798±0.198	237.88±7.0
ZK14741-2	1522.268±46.53	9538±29	2.8008±0.022	176.78±1.4

辉钼矿中普通 Os 的含量极低，几乎所有的 ^{187}Os 均来自 ^{187}Re 的 β 衰变。因此可以通过辉钼矿中 ^{187}Re 和 ^{187}Os 的含量来计算其模式年龄，计算公式如下：

$$t = \frac{1}{\lambda} \left[\ln + \left(\frac{^{187}\text{Os}}{^{187}\text{Re}} \right) \right]$$

式中，^{187}Re 的衰变常数为 $\lambda = 1.666 \times 10^{-11} \text{a}^{-1}$（相对不确定度为 1.02%）。

由此获得的两个辉钼矿样品的模式年龄分别为 237.8±7.0Ma 和 176.7±1.4Ma，与杨庄花岗斑岩的成岩年龄和白云母 ^{40}Ar-^{39}Ar 坪年龄差别较大。马汉峰等（2010）获得的四个沥青铀矿年龄分别为 224～238Ma、198Ma、98Ma 和 30Ma，并由此认为铀成矿分为四个阶段。辉钼矿 Re-Os 模式年龄在一定程度上可以与之相对比。结合辉钼矿与晚期的浅紫色萤石共生的特征，认为辉钼矿两个 Re-Os 同位素模式年龄可能代表了两期钼的成矿事件，但不排除辉钼矿中 Re-Os 同位素体系破坏的可能性。

第三节　铌铁矿 LA-ICP-MS U-Pb 年龄

用于铌铁矿 U-Pb 定年的样品采自杨庄岩体的相对新鲜花岗斑岩。铌铁矿 U-Pb 原位定年在中国科学院地质与地球物理研究所多接收电感耦合等离子体质谱实验室完成，所用仪器为 Agilent 7500a 四极电感耦合等离子体质谱仪（ICP-MS）与 193nm 准分子 ArF 激光消融系统。测试条件为：束斑大小为 44μm、频率为 6Hz，使用 Coltan 139 作为外标，每测定 5 个样品点分析 1 个 Coltan 139 标准样品，每个点分析包括大约 20s 的背景采集，然后是 40s 的样本数据采集。铌铁矿 U-Pb 谐和曲线和加权年龄用 Isoplot/Ex 4.15（Ludwig，2008），具体方法见 Che 等（2015）。铌铁矿微量元素分析采用 NIST 610 作为外标，^{55}Mn 作为内标。

铌铁矿 LA-ICP-MS U-Pb 定年结果见图 4-6 和表 4-10。由于铌铁矿颗粒普遍小于 50μm，未能分选出铌铁矿单矿物，本次分析测试工作是在岩石薄片上进行的。9 个数据点构成了较好的 Tera-Wasserburg 谐和曲线，下交点年龄为 308±7Ma。^{207}Pb 校正的 ^{206}Pb/^{238}U 加权平均年龄为 310±4Ma（MSWD=1.5），与锆石 U-Pb 年龄（313.4±2.3Ma）（Zhang and Zhang，2014）一致。表明杨庄花岗斑岩侵位于晚石炭世。

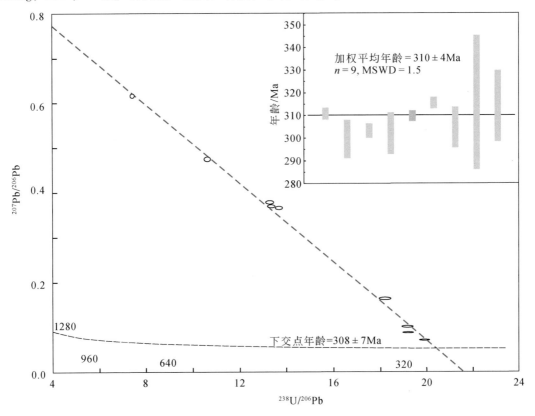

图 4-6　杨庄花岗斑岩中铌铁矿 LA-ICP-MS U-Pb 定年结果

表 4-10　杨庄花岗斑岩中铌铁矿 LA-ICP-MS U-Pb 定年结果

样品	同位素比值			年龄/Ma
	$^{207}Pb/^{206}Pb$	$^{207}Pb/^{235}U$	$^{206}Pb/^{238}U$	$^{206}Pb/^{238}U$
ZK26607-1-1	0.10207±0.00089	0.73757±0.01514	0.05229±0.00043	311±2.7
ZK26607-1-2	0.36689±0.00251	3.6661±0.07957	0.07324±0.0006	300±8.5
ZK26607-1-3	0.16488±0.0015	1.23955±0.03121	0.05508±0.00049	303±3.2
ZK26607-1-4	0.37962±0.00262	3.88391±0.0868	0.07552±0.00062	302±9.2
ASD-2-1	0.07334±0.00052	0.50228±0.00633	0.05042±0.00039	310±2.4
ZK7702-2-1	0.0893±0.00067	0.64322±0.00976	0.05232±0.00041	316±2.6
BY10-7-1	0.37101±0.00229	3.80511±0.06555	0.07506±0.00059	305±9
BY10-7-2	0.61729±0.00342	11.66515±0.19994	0.1354±0.00103	316±29.7
BY10-7-3	0.47667±0.00335	6.2236±0.16922	0.09472±0.0008	314±15.8

第四节　白云母 Ar-Ar 年龄

在阿苏达沟东侧，野外可以观察到杨庄花岗斑岩呈细脉状侵入到玄武岩中，脉宽 3~8cm。在花岗斑岩脉中发育紫色萤石脉、羟硅铍石及少量白云母（图 4-7）。我们采集了该白云母样品进行 $^{40}Ar-^{39}Ar$ 测年。显微镜下观察表明，发育在花岗斑岩脉中的深紫色萤石脉与白云母密切共生，延伸方向一致，为同一期流体的产物。因此，白云母 Ar-Ar 封闭年龄可以代表铍成矿的时代。白云母 $^{40}Ar-^{39}Ar$ 测年工作在核工业北京地质研究院分析测试研究中心完成，采用的测年法为常规的 $^{40}Ar-^{39}Ar$ 阶段升温测年法。其流程为：先将选纯的白云母（纯度>99%）用超声波清洗。清洗过程中注意选择合适的清洗液和严格控制时间。一般先用经过两次亚沸蒸馏净化的纯净水清洗 3 次，每次 3min，此过程清除掉矿物表面和解理缝中在天然状态下和碎样过程中吸附的粉末和杂质。然后在丙酮中清洗 2 次，每次 3min，此过程清除掉矿物表面吸附的油污等有机物质。

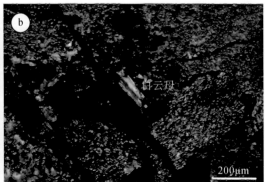

图 4-7　萤石脉中紫色萤石与白云母共生关系

清洗后的样品被封进石英瓶中送入核反应堆接受中子照射。照射工作在中国原子能科学研究院的"游泳池堆"中进行。使用 H8 孔道，中子流密度约为 $6.0 \times 10^{12}\,n/(cm^2 \cdot s)$。照射总时间达 3000min，积分中子通量为 $1.13 \times 10^{18}\,n/cm^2$；同期接受中子照射的还有用做监控样的标准样：ZBH-25 黑云母国内标样，参考年龄为 132.7±1.2Ma。样品的阶段升温加热使用电子轰击炉，每一个阶段加热 30min，净化 30min。质谱分析是在 MM-1200B 质谱计上进行的，每个峰值均采集 8 组数据。所有的数据在回归到时间零点值后再进行质量歧视校正、大气氩校正、空白校正和干扰元素同位素校正。中子照射过程所产生的干扰同位素校正系数通过分析照射过的 K_2SO_4 和 CaF_2 来获得，其值为 $(^{36}Ar/^{37}Ar_o)_{Ca} = 0.0002389$，$(^{40}Ar/^{39}Ar)_K = 0.004782$，$(^{39}Ar/^{37}Ar_o)_{Ca} = 0.000806$，$^{37}Ar$ 经过放射性衰变校正；^{40}K 衰变常数为 $5.543 \times 10^{-10}\,a^{-1}$；所有误差置信区间为 2σ。

白云母 ^{40}Ar-^{39}Ar 年龄测试结果见表 4-11。BY11-1 样品的白云母经过 15 个阶段的分步加热，加热温度区间为 700～1430℃。在 810～1430℃温度范围内，由第 3 至第 15 加热阶段共 13 个数据点组成了一个平坦的年龄坪，所获之视年龄间的最大差异为 6.6Ma；采用加权平均计算其坪年龄为 302.99±1.58Ma（图 4-8）。因此，白杨河铀铍矿床其中一期铍的成矿时代发育于晚石炭世，稍晚于白杨河花岗斑岩的侵位。

表 4-11　白杨河铀铍矿床白云母 ^{40}Ar-^{39}Ar 阶段年龄

$T/℃$	$(^{40}Ar/^{39}Ar)_m$	$(^{36}Ar/^{39}Ar)_m$	$(^{37}Ar/^{39}Ar)_m$	$(^{38}Ar/^{39}Ar)_m$	$^{40}Ar/\%$	$^{40}Ar^*/^{39}A$	$^{39}Ar/10^{-14}mol$	$^{39}Ar(Cum.)/\%$	年龄/Ma	Ca/K
700	37.4623	7.5703	0.0000	1.4567	0.74	16.5721	0.16	0.38	161±51	0
750	38.2563	0.7726	0.3003	0.1615	13.34	35.1493	0.38	1.30	325.0±4.4	0.5177
810	39.8244	0.0768	0.0130	0.0283	59.29	33.0611	2.74	7.89	307.3±2.8	0.0224
860	50.0326	0.0239	0.0000	0.0179	82.13	32.4717	4.92	19.72	302.2±2.8	0
900	36.2754	0.0128	0.0000	0.0156	89.59	32.4994	5.12	32.04	302.5±2.8	0
940	35.2459	0.0094	0.0009	0.0152	92.08	32.4562	4.89	43.80	302.1±2.8	0.0016
980	34.8032	0.0085	0.0290	0.0153	92.79	32.2940	5.28	56.50	300.7±2.8	0.05
1020	34.9823	0.0089	0.0151	0.0151	92.46	32.3459	10.49	81.72	301.2±2.8	0.0309
1060	36.7466	0.0146	0.0658	0.0164	88.28	32.4423	1.82	86.10	302.0±2.8	0.1134
1100	37.0426	0.0143	0.0152	0.0157	88.57	32.8079	1.00	88.51	305.1±2.9	0.0262
1160	37.2145	0.0157	0.0256	0.0166	87.49	32.5591	1.05	91.03	303.0±2.8	0.0441
1240	37.4623	0.0165	0.0000	0.0161	87.01	32.5960	1.17	93.85	303.3±2.9	0
1320	38.2563	0.0184	0.0000	0.0162	85.81	32.8280	1.35	97.09	305.3±2.9	0
1400	39.8244	0.0245	0.0098	0.0186	81.83	32.5896	0.94	99.36	303.3±2.8	0.0169
1430	50.0326	0.0600	0.0000	0.0237	65.57	32.3039	0.26	100.00	300.8±3.1	0

注：W（样品重量）= 27.26mg，J（照射参数）= 0.005617；全年龄 = 302.0Ma。

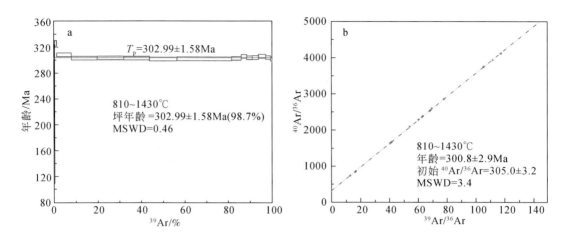

图 4-8　白杨河铀铍矿床白云母^{40}Ar-^{39}Ar 坪年龄（a）和等时线年龄（b）

第五节　晶质铀矿 U-Th-Pb 年龄

晶质铀矿是电子探针测年方法的理想矿物，并且已经在许多文献中报道（Bowles，1990；Förster，1999；Kempe，2003；Pal and Rhede，2013；Zhang et al.，2017；张龙等，2018）。本书选用 Ranchin（1968）的推导公式计算晶质铀矿的化学年龄：$t = Pb \times 7750 / (U + 0.365 \times T_h)$，式中 U、Th、Pb 分别为 UO_2、ThO_2、PbO 的原子百分含量，年龄 t 单位为 Ma。年龄分析误差的计算参考了 Bowles（1990）的研究成果，本书 Pb 元素的电子探针分析精度小于 ±5%。详细的晶质铀矿的化学组成见第八章，根据晶质铀矿化学成分，计算得到晶质铀矿化学年龄，其变化范围为 294 ~ 323Ma，加权平均年龄为 316±8Ma（MSWD = 0.54）（图 4-9）。该年龄与锆石 U-Pb 年龄（313.4±2.3Ma）（Zhang and Zhang，2014）和铌铁矿 U-Pb 年龄（310±4Ma）基本一致，表明这些副矿物形成年龄基本一致，均形成于岩浆结晶阶段。

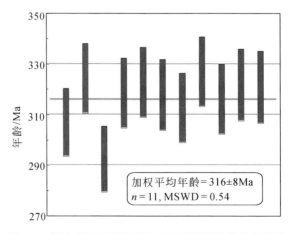

图 4-9　杨庄花岗斑岩晶质铀矿电子探针化学定年结果

第六节　成岩成矿年代学格架

　　成矿年代学研究是揭示矿床成因机制的重要手段，它的确定主要有间接方法和直接方法。间接的测年方法主要有锆石 U-Pb、全岩 Rb-Sr、Sm-Nd，以及含钾矿物的 K-Ar、^{40}Ar-^{39}Ar 等，而直接的测年方法主要有辉钼矿 Re-Os 等方法。研究表明杨庄花岗斑岩为高分异的花岗岩，然而，高分异花岗岩中由于其中锆石 U 含量较高，其结构容易受到 α 粒子辐射破坏，导致 U-Pb 体系扰动（Davis and Krogh, 2001; Romer, 2003）。花岗斑岩微量元素结果表明岩石中 Zr 的含量较低，进一步限制了应用锆石的 U-Pb 年龄确定花岗斑岩的成岩年龄。因此，本书综合利用锆石 U-Pb、铌铁矿 U-Pb、沥青铀矿 U-Pb 和云母 Ar-Ar 等方法初步建立了白杨河铀铍矿床的成矿年代学格架（图4-10）。

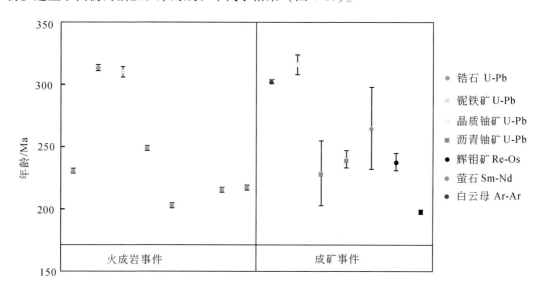

图 4-10　白杨河铀铍矿床成岩成矿年代学格架

数据来源：本书；马汉峰等，2010；Zhang and Zhang, 2014；衣龙升等，2016；Miao et al., 2019；
夏毓亮，2019；张成江等，2013；Bonnetti et al., 2021

　　由于锆石颗粒普遍存在蜕晶化，本次锆石 U-Pb 测试结果不佳。作为花岗斑岩副矿物的铌铁矿和晶质铀矿是岩浆结晶的产物，其年龄可以代表花岗斑岩的结晶年龄。杨庄岩体中铌铁矿的 U-Pb 年龄为 310±4Ma，晶质铀矿的 U-Pb 年龄为 316±8Ma，在误差范围内与前人锆石 U-Pb 年龄（313.4±2.3Ma）（Zhang and Zhang, 2014）基本一致，表明杨庄花岗斑岩形成于晚石炭世。杨庄岩体内部闪长岩锆石 U-Pb 年龄分别为 351.8±2.30Ma、248.9±1.60Ma、119.9±0.9Ma。其中 351.8±2.30Ma 代表了继承锆石或者俘房晶的年龄，而 248.9±1.60Ma 和 119.9±0.9Ma 两组年龄则代表了闪长岩的侵位年龄。张成江等（2013）测得闪长岩锆石 U-Pb 年龄为 203.4±0.9Ma。这些年龄数据说明在白杨河地区存在多期次的闪长岩侵位。小白杨河岩体锆石 U-Pb 年龄为 231.40±0.85Ma，说明小白杨河岩体形成稍晚于杨庄岩体，形成于三叠纪。白杨河铀铍矿床辉绿岩岩脉发育，测年结果（215.5±1.5Ma、216.6±2.4Ma 和 217.7±1.6Ma）显示白杨河地区辉绿岩岩脉侵位于晚三叠世。本次测试的与羟硅铍石和萤石共生的白云母^{40}Ar-^{39}Ar 年龄为 302.99±1.58Ma，则代表一期铀铍矿化的年龄，进而限定了白杨河铍铀矿化年龄。辉钼矿的 Re-Os 年龄（237.8±7.0Ma 和 176.7±1.4Ma）可能代表了钼矿化的年龄。237.8±7.0Ma 年龄与闪长岩锆石 U-Pb 的年龄（248.9±1.60Ma）和小白杨河锆石的 U-Pb 年龄（231.40±0.87Ma）基本一致，可能说明这一期钼的矿化与闪长岩的侵位有关。夏毓亮（2019）获得沥青铀矿等时线年龄为 229±26Ma。Bonnetti 等（2021）测得沥青铀矿原位 SIMS U-Pb 年龄为 240±7Ma，则进一步说明了铀的一期矿化可能与三叠纪闪长岩的侵位有关。与铍矿化有关的萤石 Sm-Nd 等时线年龄为 265±33Ma（衣龙升等，2016），则说明白杨河地区可能存在二叠纪的岩浆-热液事件。野外地质现象，以及矿床地质和岩石地球化学等证据都表明白杨河铍铀矿化在杨庄花岗斑岩岩浆侵位之后还在进行（邹天人和李庆昌，2006）。铀铍成矿年龄与中基性岩脉侵位年龄具有较好的一致性，这说明中基性岩脉的侵入对该地区的铀铍矿床的形成起到重要作用，这一点在其他地区的铀矿中存在类似的现象，如我国华南的相山、贵东和诸广山铀矿田（Hu et al., 2008, 2009; Luo et al., 2015; Zhang et al., 2017; Chi et al., 2020），法国 Margnac 和 Fanay 铀矿床（Leroy, 1978）、Bois Noirs-Limouzat 铀矿床，加拿大 Athabasca 盆地的不整合面型铀矿床（Alexandre and Hyser, 2005）等。基性岩脉的侵入可以加热大气降水并引发热液流体在富铀岩石中循环，从而萃取铀或者铍（Leroy, 1978）。Hu 等（2008）认为华南地壳拉张和相关的基性岩浆活动使得幔源 CO_2 上升并与铀相结合，从而萃取岩石中的铀。因此，虽然杨庄花岗斑岩的极端分异演化为铀铍的成矿提供了重要的物质基础，但是不能排除岩体侵位后的中基性岩脉的活动所提供的岩浆流体以及提供的热量为大气降水等流体循环提供动力，从而造成白杨河铀铍矿床的多期次成矿。

第五章　铀矿物学

　　白杨河铀铍矿床铀矿体主要分布于杨庄岩体北部，产于晚石炭世花岗斑岩与上泥盆统塔尔巴哈台组凝灰质火山岩接触带，呈脉状或透镜状产出。

　　白杨河铀铍矿床铀矿石中矿石矿物主要为沥青铀矿、硅钙铀矿、脂铅铀矿、铀石、方铅矿、黄铁矿等（图5-1）。脉石矿物可以分为两类，一类为花岗斑岩的主要造岩矿物，

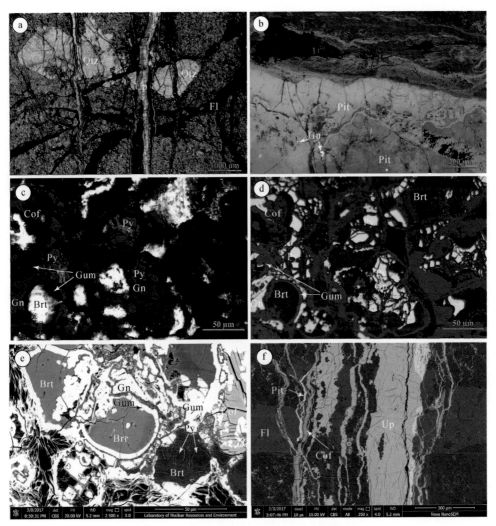

图 5-1　白杨河铀铍矿床铀矿石显微照片

a. 硅钙铀矿、萤石和碎裂的石英斑晶（透射光，+）；b. 皮壳状的沥青铀矿和方铅矿（反射光，−）；
c. 铀石、脂铅铀矿、黄铁矿、重晶石和方铅矿（透射光，+）；d. 铀石、脂铅铀矿、黄铁矿、重晶石和
　方铅矿（反射光，−）；e. 铀石的 BSE 图像；f. 沥青铀矿的 BSE 图像。Pit. 沥青铀矿；Cof. 铀石；
　　Gum. 脂铅铀矿；Gn. 方铅矿；Up. 硅钙铀矿；Qtz. 石英；Brt. 重晶石；Py. 黄铁矿；Fl. 萤石

包括石英、钾长石、斜长石以及极少量黑云母；另一类为热液成因矿物，包括萤石、方解石、重晶石等（图5-1c、d）。白杨河铀铍矿床主要的含铀矿物有锆石、铌锰矿、晶质铀矿、氟碳铈矿、钍石、铀石、磷钇矿等（图5-1e、f）。

第一节　沥青铀矿矿物学

沥青铀矿是白杨河铀铍矿床主要的原生铀矿物，手标本上呈黑色到灰黑色。在反射光下呈亮灰色到灰色，反射率较周边脉石矿物要高，在细脉中沥青铀矿常垂直脉壁分布，且具有干裂纹结构（图5-2）（陈光旭等，2019；李光来等，2020）。

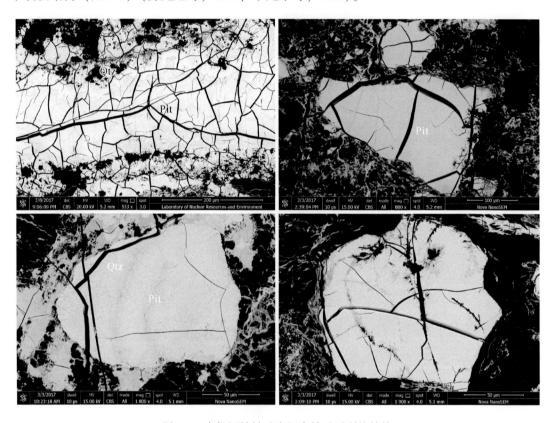

图5-2　白杨河铀铍矿床沥青铀矿干裂纹结构

Pit. 沥青铀矿；Qtz. 石英

一、矿物结构

沥青铀矿常具有碎裂结构、花岗压碎结构、斑状压碎结构、交代反应边结构等。这些结构在白杨河铀铍矿床的沥青铀矿中最为常见，与后期改造密不可分，沥青铀矿在构造作用下产生裂隙甚至破碎，晚期流体借助构造空隙渗入并发生流体交代作用。表明白杨河铀铍矿床的沥青铀矿在形成后，受到强烈的后生改造。另外，还见有少量的皮壳状结构、同心环带结构、似花朵状结构等，该类结构则与铀矿物的结晶作用密切相关。

1. 与结晶作用有关的结构

（1）皮壳状结构：沿着沥青铀矿边部生长为较不规则的壳层，改造不彻底的沥青铀矿中偶见（图 5-3），在花岗压碎、斑状压碎和交代反应边结构明显的沥青铀矿中无皮壳状结构保留。

（2）同心环带结构：相对少见，沥青铀矿围绕核部的方铅矿生长出多层，背散射照片上各层带的沥青铀矿明暗程度有一定的变化（图 5-3c），反映了各层之间铀含量可能有所差异。

（3）似花朵状结构：多组皮壳状或者近似鲕状的沥青铀矿相互挤在一起，每组皮壳状或者鲕状的沥青铀矿像一个花瓣，多个花瓣围在一起酷似"花朵"，故称其为似花朵状结构（图 5-3d）。

具上述三种结晶结构的沥青铀矿，受后期改造作用影响，均不同程度地破碎或形成裂隙。

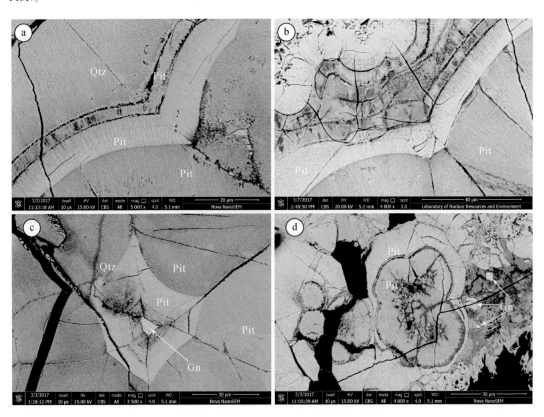

图 5-3　白杨河铀铍矿床与结晶作用有关的铀矿物结构

a, b. 皮壳状结构；c. 同心环带结构；d. 似花朵状结构。Gn. 方铅矿；Pit. 沥青铀矿；Qtz. 石英

2. 与后生改造作用有关的结构

（1）碎裂结构：在相对较大的范围内，发育的干裂纹和受到后期改造产生的裂隙相互叠加，使得沥青铀矿不同程度破裂（图 5-4a）。

（2）花岗压碎结构：沥青铀矿受到后期构造挤压和热液改造后，被破碎成碎块，碎块大小差异不大，裂隙中则被萤石和铀石充填（图 5-4b）。

（3）斑状压碎结构：因构造破碎而产生的沥青铀矿碎块彼此之间的大小悬殊，在相对粗大的沥青铀矿中夹有细小的沥青铀矿碎块，空隙中则多被铀石胶结（图 5-4c）。

（4）交代反应边结构：由较晚生成的铀石沿着早期形成的沥青铀矿边部交代形成（图 5-4d）。

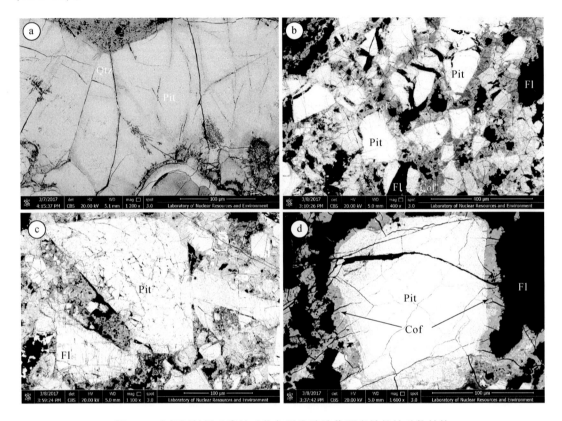

图 5-4　白杨河铀铍矿床铀矿物与后生改造作用有关的铀矿物结构

a. 裂隙发育的沥青铀矿；b. 具花岗压碎结构的沥青铀矿；c. 斑状压碎结构的沥青铀矿；d. 铀石沿边缘交代
沥青铀矿，呈交代反应边结构。Cof. 铀石；Fl. 萤石；Pit. 沥青铀矿；Qtz. 石英

二、沥青铀矿类型

前已述及，矿石矿物沥青铀矿因受构造以及流体作用改造的影响，其结构极其复杂。根据沥青铀矿显微镜下结构特征、裂隙穿插分布情况和改造程度不同，将沥青铀矿划分成三种类型，分别标记为Ⅰ类、Ⅱ类和Ⅲ类，每类沥青铀矿的特征简述如下。

1. Ⅰ类沥青铀矿

空间上离构造裂隙相对较远，经常位于多组裂隙围限的中心部位，内部无明显裂隙或破碎，背散射图像最为明亮，原因可能在于含有较多的铀；无明显的铀活化迁移，基本保留了沥青铀矿的原始特征。

2. Ⅱ类沥青铀矿

空间上紧密围绕构造微裂隙发育，并将Ⅰ类沥青铀矿与构造微裂隙有效隔开，背散射图像上Ⅱ类沥青铀矿比Ⅰ类沥青铀矿稍暗，原因可能为裂隙附近存在铀含量降低的现象，可能为Ⅰ类沥青铀矿初步改造后的产物，这在图5-5中表现得较为明显。

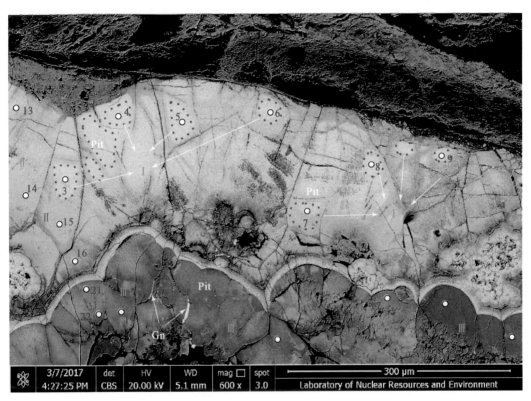

图5-5　白杨河铀铍矿床沥青铀矿分类及探针点位
Ⅰ、Ⅱ、Ⅲ为沥青铀矿类型；o为探针点位。Gn. 方铅矿；Pit. 沥青铀矿

3. Ⅲ类沥青铀矿

空间上远离Ⅰ类沥青铀矿，靠近裂隙发育，背散射图像比Ⅱ类沥青铀矿更暗，受后期流体改造程度比Ⅱ类更为明显，显示其离裂隙较近，在后期改造过程中，遭受了更大程度的铀的活化迁移。

三、沥青铀矿矿物化学

利用电子探针对三种类型沥青铀矿的化学成分进行定量分析，测点位置如图5-5所示，分析测试结果及相关参数见表5-1。

表5-1 白杨河铀铍矿床沥青铀矿电子探针分析结果

（单位:%）

类型	I									II								III							
点号	1	2	3	4	5	6	7	8	9	10	11	12	13	14	15	16	17	18	19	20	21	22	23	24	25
Na_2O	0.30	0.28	0.26	0.16	0.31	0.29	0.40	0.35	0.33	0.51	0.47	0.41	0.26	0.48	0.45	0.55	0.56	0.33	0.32	0.46	0.47	0.31	0.22	0.22	0.49
Al_2O_3	—	—	—	—	0.00	—	—	—	—	0.30	0.00	0.35	0.11	0.47	0.50	0.00	0.07	0.12	0.02	0.14	0.08	0.10	0.13	0.24	0.37
SiO_2	0.16	0.21	0.13	0.14	0.13	0.16	0.11	0.14	0.25	0.30	0.29	0.35	0.11	0.47	0.50	1.10	2.12	2.92	2.42	2.29	2.45	2.99	2.82	4.49	4.36
P_2O_5	0.03	0.03	0.06	0.02	0.06	—	0.07	0.08	0.06	0.00	0.02	0.06	0.03	0.05	0.04	0.02	—	0.03	0.08	0.06	0.01	0.00	0.04	0.01	0.05
CaO	1.26	1.91	1.14	1.09	1.14	1.59	1.56	1.75	1.43	2.79	2.80	2.82	1.54	2.83	3.21	3.45	4.70	4.62	4.36	4.18	4.52	4.42	4.39	5.01	4.93
TiO_2	0.75	0.73	0.83	0.66	0.7	0.77	0.98	0.75	0.82	—	0.68	0.86	0.71	0.71	0.92	1.22	1.43	1.79	1.63	1.48	1.55	1.64	1.70	1.79	1.75
MnO	0.15	0.21	0.16	0.08	0.18	0.14	0.18	0.17	0.23	0.16	0.26	0.29	0.2	0.2	0.20	0.08	0.15	0.13	0.13	0.17	0.09	0.09	0.17	0.05	0.08
FeO	0.33	0.26	0.23	0.19	0.19	0.18	0.26	0.25	0.30	0.25	0.21	0.31	0.25	0.27	0.24	0.34	0.34	0.20	0.22	0.24	0.27	0.34	0.31	0.28	0.19
Y_2O_3	0.36	0.41	0.33	0.50	0.47	0.34	0.37	0.46	0.37	0.42	0.46	0.43	0.38	0.42	0.42	0.22	0.07	0.12	0.04	0.18	0.15	0.16	0.19	0.03	0.18
ZrO_2	0.65	0.75	0.52	0.60	0.44	0.60	0.59	0.48	0.51	0.50	0.63	0.50	0.61	0.54	0.65	0.70	0.92	0.94	0.91	0.91	0.91	1.03	0.85	0.91	1.14
Nb_2O_5	2.76	2.71	2.41	2.49	2.74	2.55	2.71	2.59	2.63	3.16	2.54	2.98	2.13	2.67	2.50	3.39	5.21	6.65	6.17	5.11	5.17	6.04	5.38	7.12	5.72
BaO	—	0.16	—	0.14	0.03	0.04	—	0.25	—	0.11	—	—	0.09	0.03	0.14	0.20	0.09	0.02	0.21	0.05	0.18	0.06	0.24	0.14	0.19
Ta_2O_5	0.76	0.01	—	0.35	—	0.30	0.19	—	0.30	—	—	0.02	0.17	0.08	0.36	—	0.37	0.48	—	0.24	—	—	0.14	0.24	0.20
WO_3	0.45	—	0.70	0.37	—	0.35	0.50	0.72	0.69	—	0.95	0.47	0.5	0.23	0.71	0.44	0.21	—	0.09	0.13	0.48	0.25	0.25	0.56	—
PbO	7.76	7.39	7.24	7.27	7.47	7.15	7.80	7.63	7.22	7.60	7.13	7.13	7.08	6.91	7.72	6.96	6.13	5.44	6.44	6.64	6.23	5.91	5.71	4.47	4.87
ThO_2	—	—	—	—	—	—	—	—	—	—	—	0.00	—	—	—	—	0.12	0.28	0.34	0.03	0.23	0.21	0.24	0.18	0.32
UO_2	84.62	84.58	85.67	85.18	84.42	84.73	85.06	85.55	84.43	82.70	83.79	82.6	83.05	83.52	81.52	80.54	75.24	73.26	73.73	76.15	74.54	72.93	73.76	69.49	71.64

续表

类型	I									II							III								
点号	1	2	3	4	5	6	7	8	9	10	11	12	13	14	15	16	17	18	19	20	21	22	23	24	25
La$_2$O$_3$	—	—	—	—	—	—	0.01	—	—	—	—	—	0.03	—	—	0.02	—	0.00	0.03	—	—	—	0.01	0.05	0.04
Ce$_2$O$_3$	0.07	0.10	0.14	0.08	0.1	0.11	0.00	0.06	—	—	0.04	0.04	0.11	0.10	0.03	0.19	0.10	0.19	0.08	0.04	0.08	0.13	0.18	0.18	0.20
Pr$_2$O$_3$	0.04	0.05	0.03	0.01	0.04	—	—	—	0.02	—	—	0.05	—	0.00	0.01	0.00	0.01	0.003	—	—	0.00	0.04	0.03	0.02	0.03
Nd$_2$O$_3$	—	—	—	0.03	—	—	—	—	—	—	—	—	—	0.03	0.06	—	—	0.01	—	—	—	—	—	—	—
Sm$_2$O$_3$	—	0.04	—	—	0.004	—	—	—	—	—	0.01	—	0.02	—	—	0.01	—	—	0.06	0.01	0.02	—	0.02	0.03	0.02
Eu$_2$O$_3$	—	—	0.09	0.03	—	0.06	—	0.05	0.08	0.01	0.01	0.08	0.08	0.00	—	—	0.01	0.07	0.05	—	0.02	0.08	0.03	—	0.09
Gd$_2$O$_3$	—	—	—	—	—	—	0.02	—	—	—	0.07	0.09	0.08	0.05	0.02	—	—	0.05	—	—	0.05	—	0.01	—	—
Tb$_2$O$_3$	0.04	—	0.02	—	—	—	—	0.04	—	0.16	—	—	0.01	—	0.05	—	0.03	—	0.06	—	0.10	0.02	0.01	0.11	0.04
Dy$_2$O$_3$	—	—	—	—	—	0.22	—	—	—	—	—	—	—	—	—	—	—	—	—	—	—	—	—	—	—
Ho$_2$O$_3$	0.03	0.14	0.05	—	0.01	0.11	0.05	0.13	0.18	—	0.02	-0.14	0.11	—	—	0.04	—	0.22	—	0.04	0.08	0.08	—	—	—
Er$_2$O$_3$	0.12	0.13	0.12	—	0.11	0.18	—	—	0.18	—	—	0.05	0.1	0.02	0.07	—	—	—	—	0.18	0.12	0.08	—	0.09	0.09
Tm$_2$O$_3$	0.14	0.13	0.24	—	0.15	—	0.04	—	0.09	—	—	—	—	—	0.02	—	—	—	0.07	—	0.13	—	0.06	0.09	0.10
Yb$_2$O$_3$	0.01	0.08	0.01	0.03	—	0.22	0.09	0.10	0.08	0.14	0.11	0.04	0.02	0.08	—	0.05	0.01	0.04	—	—	—	0.13	0.09	0.06	0.08
Lu$_2$O$_3$	—	—	—	—	0.17	—	—	—	—	—	0.04	—	—	0.09	0.11	—	—	—	—	—	0.02	0.03	—	—	0.01
Total	100.77	100.29	100.36	99.4	98.86	99.87	100.97	101.54	100.17	98.80	100.54	99.56	97.69	99.97	99.93	99.47	97.92	97.68	97.67	98.6*	97.87	96.83	97.08	95.71	97.17
ΣREE$_2$O$_3$	0.45	0.67	0.70	0.18	0.584	0.68	0.21	0.38	0.63	0.31	0.30	0.35	0.59	0.48	0.37	0.26	0.20	0.363	0.57	0.23	0.56	0.59	0.52	0.54	0.70
ΣLREE$_2$O$_3$	0.11	0.19	0.26	0.15	0.144	0.17	0.01	0.11	0.10	0.01	0.06	0.17	0.24	0.13	0.10	0.21	0.12	0.273	0.22	0.05	0.10	0.25	0.27	0.28	0.38
ΣHREE$_2$O$_3$	0.34	0.48	0.44	0.23	0.44	0.51	0.20	0.27	0.53	0.30	0.24	0.18	0.35	0.35	0.27	0.05	0.08	0.09	0.35	0.18	0.46	0.34	0.25	0.26	0.32

注："—"代表低于检测限，"0.00"表示测试值为0.001～0.004，测试单位为东华理工大学核资源与环境国家重点实验室。

Ⅰ类沥青铀矿化学组成上表现为高铀（UO_2 为 84.42% ～ 85.67%）、低钙（CaO 为 0.11% ～0.25%）、富铅（PbO 为 7.15% ～7.8%）、低硅（SiO_2 为 1.09% ～1.91%），相对较富铌（Nb_2O_5 为 2.41% ～ 2.76%）、钛（TiO_2 为 0.66% ～ 0.98%）、锆（ZrO_2 为 0.44% ～0.75%）和钇（Y_2O_3 为 0.33% ～0.50%）元素，且各主要元素含量变化范围非常小，高于检测限的稀土氧化物总量（$\sum REE_2O_3$）为 0.18% ～0.7%，相对于轻稀土氧化物总量（$\sum LREE_2O_3$ 为 0.01% ～0.26%）而言，重稀土氧化物总量（$\sum HREE_2O_3$ 为 0.03% ～0.53%）稍微富集一些（图5-6）。

Ⅱ类沥青铀矿化学组成上表现为相对较高的铀（UO_2 为 80.54% ～ 83.79%）、铅（PbO 为 6.91 ～7.72%），相对较低硅（SiO_2 为 0.11% ～1.1%）、钙（CaO 为 1.54% ～ 3.45%），较富铌（Nb_2O_5 为 2.13% ～3.39%）、钛（TiO_2 为 0 ～1.22%）、锆（ZrO_2 为 0.5% ～0.7%）和钇（Y_2O_3 为 0.22% ～ 0.46%）元素；检测限上的稀土氧化物总量（$\sum REE_2O_3$）为 0.26% ～0.59%，轻稀土氧化物总量（$\sum LREE_2O_3$ 为 0.01% ～0.24%）相对重稀土氧化物总量（$\sum HREE_2O_3$ 为 0.05% ～0.35%）较低一些（图5-6）。

Ⅲ类沥青铀矿化学组成上表现为低铀（UO_2 为 69.49% ～ 76.15%）、铅（PbO 为 4.47% ～6.64%），高硅（SiO_2 为 2.12% ～4.49%）、钙（CaO 为 4.18% ～5.01%），特富铌（Nb_2O_5 为 5.11% ～7.12%）、钛（TiO_2 为 1.43% ～1.79%）和锆（ZrO_2 为 0.85% ～ 1.14%）元素，相对较高的钇（Y_2O_3 为 0.19% ～0.34%）；检测限上的稀土氧化物总量（$\sum REE_2O_3$）为 0.2% ～0.7%，相对于轻稀土氧化物（$\sum LREE_2O_3$ 为 0.05% ～0.38%）含量，重稀土氧化物（$\sum HREE_2O_3$ 为 0.08% ～0.46%）富集程度较小（图5-6）。

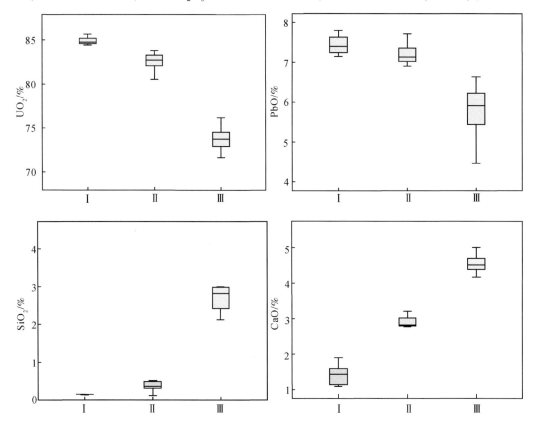

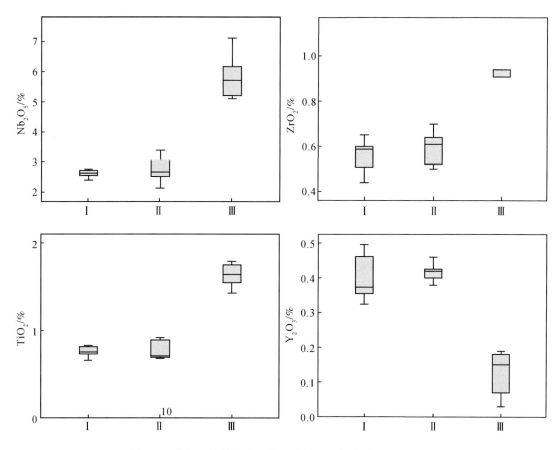

图 5-6　白杨河铀铍矿床三类沥青铀矿矿物成分变化趋势图

对 I 、II 和 III 类沥青铀矿的 CaO、SiO$_2$、PbO、Nb$_2$O$_5$、ZrO$_2$、TiO$_2$ 和 Y$_2$O$_3$进行相关性散点投图分析（图 5-7），可以发现 SiO$_2$、CaO、Nb$_2$O$_5$、ZrO$_2$ 和 TiO$_2$ 五种元素呈现正相关关系，它们与 PbO 和 Y$_2$O$_3$呈负相关关系。I 和 II 类沥青铀矿的 CaO 含量差别区别非常明显，其他几种元素不明显。

总的来说，II 类沥青铀矿相较于 I 类沥青铀矿化学成分的主要区别在于 UO$_2$含量的降低和 CaO 含量的升高，其余元素含量则没有明显差异；II 和 III 类沥青铀矿化学成分主要在于 UO$_2$、PbO、Y$_2$O$_3$、WO$_3$ 含量的降低以及 CaO、SiO$_2$、Nb$_2$O$_5$、TiO$_2$、ZrO$_2$、Al$_2$O$_3$、ThO$_2$、MgO 含量的升高；另外，三类沥青铀矿的 Na$_2$O、P$_2$O$_5$、Ta$_2$O$_5$、BaO、MnO 和 FeO 元素含量较低且差别不大。三类沥青铀矿的稀土氧化物总含量较高，轻、重稀土总量散点图（图 5-8）表现为"你中有我，我中有你"，侧面证实了三类沥青铀矿存在亲缘关系。

四、沥青铀矿的后期改造作用

杨庄岩体花岗斑岩较为破碎并发育有大量的裂隙（杨文龙等，2014；Zhang and Zhang，2014；Mao et al.，2014；李光来等，2020），裂隙中多充填一些黏土矿物，且花岗斑岩中的石英斑晶呈浑圆状或破碎状，表明岩体遭受过强烈的构造破碎和流体改造。无独

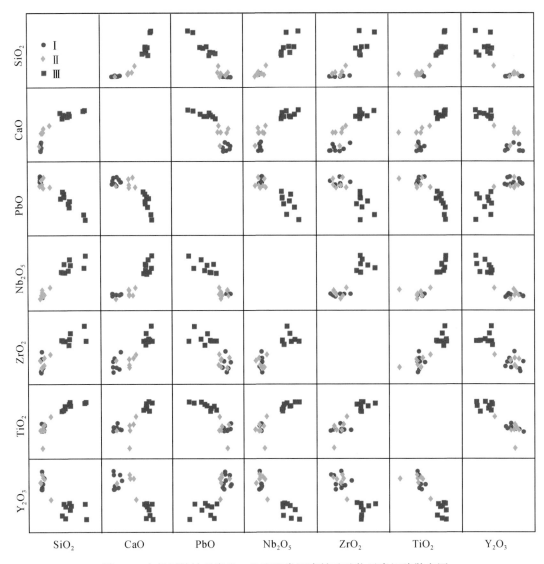

图 5-7　白杨河铀铍矿床 I 、II 和 III 类沥青铀矿矿物元素矩阵散点图

有偶，赋存于花岗斑岩的早期形成的沥青铀矿发育有碎裂结构、斑状压碎结构、花岗压碎结构和交代反应边结构等，这些特征均指示着成矿后，赋矿岩体及铀矿石不同程度地经历了构造破碎和流体改造。在沥青铀矿的矿物化学成分上，I 类沥青铀矿各元素含量均一、稳定，结合背散射照片特征，认为 I 类沥青铀矿具有接近原生铀矿物的化学成分特征。相较于 I 类沥青铀矿，II 和 III 类沥青铀矿铀元素（UO_2）呈现依次降低的变化趋势，前人研究认为 UO_2 极易与富氧的流体发生氧化反应，从而被活化-迁移（Finch and Ewing，1992；Janeczek and Ewing，1992a，1992b；Chen et al.，1999；卢龙等，2005），II 和 III 类沥青铀矿铀元素（UO_2）含量降低正反映了这一后生改造过程。不仅是铀元素，I 、II 和 III 类沥青铀矿中 SiO_2、CaO 等"杂质元素"含量同样表现出明显升高的趋势（图 5-9a、b），这一结果与 Fayek 等（2000）的研究结果非常一致。Ca^{2+} 和 U^{4+} 半径相近，后期的 Ca^{2+} 很有可能以类质同象的形式进入沥青铀矿的晶格，使得 II 、III 类沥青铀矿钙含量明显增加。

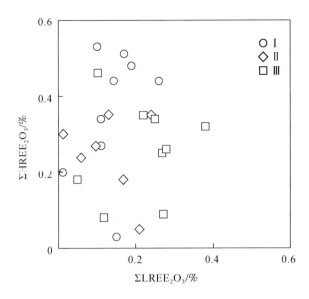

图 5-8 白杨河铀铍矿床三类沥青铀矿轻重稀土氧化物散点图

在 UO_2-PbO 散点图中（图 5-9c），三类沥青铀矿中的 PbO 随着 UO_2 含量的减少而减少，且 PbO 含量的变化范围极大。通过简单的计算不难发现，初始 U 的含量不同远不足以引起 PbO 含量如此大的变化，唯一的解释是后期氧化性流体在带走 U 的同时，也带走了 Pb。

在 Nb_2O_5、TiO_2、ZrO_2 与 UO_2 的二元图解上（图 5-9d ~ f），随着 UO_2 含量的降低，Nb_2O_5、TiO_2 和 ZrO_2 呈现升高的趋势，这一现象表明，后期热液流体带来了丰富的 Nb、Ti 和 Zr。事实上与成矿密切相关的花岗斑岩也同样富集 Nb 元素（$81.9×10^{-6}$ ~ $100×10^{-6}$）和 Zr 元素（$190.2×10^{-6}$ ~ $215.1×10^{-6}$）（Mao et al., 2014），矿区的辉绿岩脉也表现出富集 Ti 元素（$15850×10^{-6}$ ~ $17580×10^{-6}$）的特征（陈奋雄等，2017），这些研究成果指示研究区具有丰富的 Nb、Ti 和 Zr 的物质基础。后期流体与这些破碎的岩浆岩进行水岩反应时，使得流体富集 Nb、Ti 和 Zr 等元素是完全可能的。

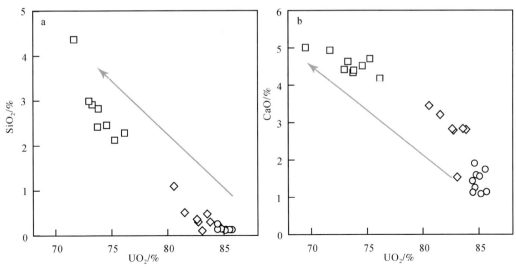

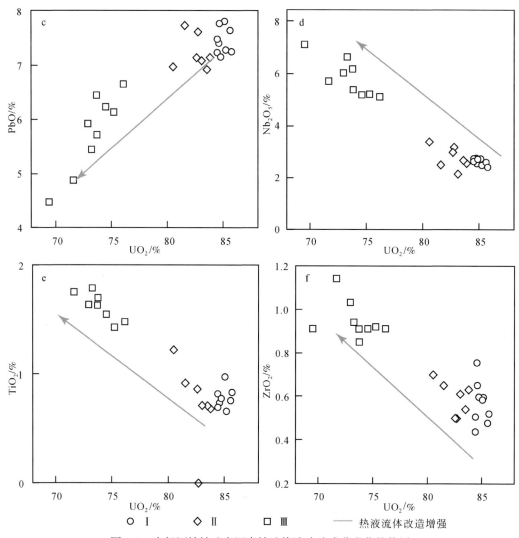

图 5-9　白杨河铀铍矿床沥青铀矿热液改造成分变化趋势图

三类沥青铀矿的变化趋势，表明沥青铀矿不同程度地遭受流体改造作用，使得矿物成分极其复杂，随着流体改造程度的增加，铀被活化迁移的同时，流体还带来了丰富的 Si、Ca、Nb、Ti 和 Zr。

第二节　次生铀矿矿物学

白杨河铀铍矿床经受过强烈的后期改造，矿石矿物以多种次生铀矿物为主，包括硅钙铀矿、脂铅铀矿、铌铀矿以及铀石等，这些矿物的成分极其复杂。

一、硅钙铀矿

硅钙铀矿，矿石手标本上多呈土黄色，是白杨河铀铍矿床铀矿石中广泛发育的次生铀矿物。多呈脉状产出，穿插紫黑色萤石脉和花岗斑岩破碎的石英斑晶（图 5-1a），显示晚于紫黑色萤石形成。就与沥青铀矿的关系而言，部分硅钙铀矿在细脉状沥青铀矿边部发育（图 5-10a ~ c），常表现为"纹层状"（图 5-2b），另外有一种硅钙铀矿在第一种硅钙铀矿或者是破碎的沥青铀矿边部呈絮状产出（图 5-2d）。

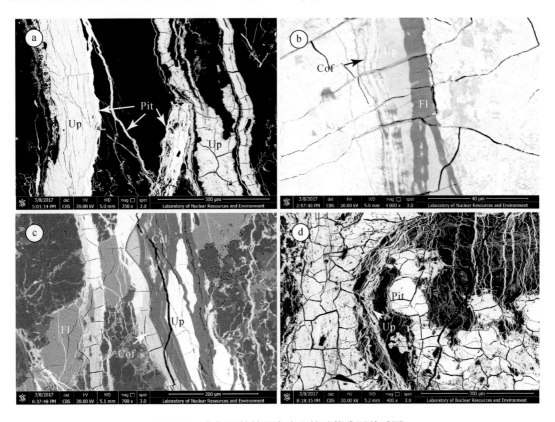

图 5-10 白杨河铀铍矿床次生铀矿物成因关系图

a. 沥青铀矿沿硅钙铀矿边部发育；b. 铀石在硅钙铀矿外侧呈纹层状发育；c. 铀石和硅钙铀矿呈脉状发育；
d. 硅钙铀矿在沥青铀矿边部呈絮状产出。Pit. 沥青铀矿；Cof. 铀石；Up. 硅钙铀矿；Fl. 萤石；Cal. 方解石

硅钙铀矿是含水的钙铀酰硅酸盐，在化学组成上表现为高铀（UO_2 为 62.60% ~ 68.69%）、高硅（SiO_2 为 14.00% ~18.34%）、高钙（CaO 为 4.73% ~6.49%）、低磷（P_2O_5 为 0.05% ~0.52%）的特征。Al_2O_3 为 0.06% ~ 3.19%，变化范围较大；PbO 为 0.001% ~ 0.41%，含量相对较低；As_2O_5 为 0.30% ~1.58%，含量一般。也有部分元素表现为部分高于检测限的特征，单就高于检测限部分而言，Na_2O 为 0.06% ~0.13%、MgO 为 0.01% ~ 0.19%、BaO 为 0.02% ~0.26%、Y_2O_3 为 0.02% ~0.42%、ZrO_2 为 0.01% ~0.10% 和 Nb_2O_5 为 0.01% ~1.45%。而铁、锰、钛、钽、钍和钨元素大多测试点都在检测限下，为数不多的几个检测限上的测试点元素含量也较低。高于检测限的稀土氧化物总量（$\sum REE_2O_3$）为 0.12% ~0.98%，$\sum LREE_2O_3$ 为 0 ~0.57%，$\sum HREE_2O_3$ 为 0.04% ~0.6%，轻重稀土总量相当。

总体上，硅钙铀矿主要由沥青铀矿被交代形成，硅及钙含量相对较高，不同程度富集稀土、锆以及铌等元素。

二、脂铅铀矿

脂铅铀矿是一个不稳定的矿物相，由沥青铀矿蚀变而成，进一步变化成有色次生铀矿，成分上与红铀矿和橙黄铀矿两种铀矿物相似（Frondel，1956）。

脂铅铀矿是白杨河铀铍矿床的铀矿石中相对比较少见的次生铀矿物，仅在扫描电镜下可以观察到部分脂铅铀矿。集合体常呈树脂状、皮壳状。显微镜下，呈黑色或者灰黑色，不透明。呈树脂状"环绕"在重晶石边部（图5-1e）。

脂铅铀矿的主要化学成分上表现为富铀（UO_2 为 69.53% ~ 71.23%）、铅（PbO 为 12.63% ~ 17.65%）元素，硅（SiO_2 为 2.51% ~ 4.61%）、钙（CaO 为 2.07% ~ 3.01%）含量相对较低。钍（ThO_2）含量可达 0.27%，该矿物是白杨河铀铍矿床铀矿石的次生铀矿物中，唯一检测到钍元素的矿物。其他成分有 Na_2O 为 0.04% ~ 0.10%、MgO 为 0 ~ 0.04%、Al_2O_3 为 0.14% ~ 0.60%、P_2O_5 为 0.02% ~ 0.05%、FeO 为 0.15% ~ 0.46%、Y_2O_3 为 0.01% ~ 0.34%、ZrO_2 为 0.08% ~ 0.45%、BaO 为 0.09% ~ 0.2% 和 WO_3 为 0.04% ~ 0.18% 等，均表现出含量低、成分均一的特征。脂铅铀矿只有一个测点具有富集铌、钛元素的特征。钛、锰和钽元素含量低，多在检测限以下。高于检测限的稀土氧化物总量（$\sum REE_2O_3$）为 0.41% ~ 0.59%，$\sum LREE_2O_3$ 为 0.08% ~ 0.45%，$\sum HREE_2O_3$ 为 0.1% ~ 0.34%，轻重稀土均显示出了一定的变化范围。

三、铌铀矿

铌铀矿是白杨河铀铍矿床铀矿石中较少见的次生铀矿物，与铀石、硅钙铀矿三者呈脉状穿插于紫黑色萤石脉中。

铌铀矿为单斜晶系，呈板状或者柱状，暗褐色到黑色，玻璃光泽，集合体呈放射状或者条带状，本书的铌铀矿呈脉状存在于沥青铀矿、硅钙铀矿和铀石附近。

化学组成上表现为高铀（UO_2 为 34.17%）、富铌（Nb_2O_5 为 9.82%）和硅（SiO_2 为 22.72%），高场强元素钛（TiO_2 为 1.12%）、锆（ZrO_2 为 1.3%）较富集，铝（Al_2O_3 为 2.5%）、钙（CaO 为 4.12%）、锰（MnO 为 1.09%）、钨（WO_3 为 1.17%）、铅（PbO 为 3.83%）、钡（BaO 为 0.23%）和钽（Ta_2O_5 为 0.31%）含量相对较高，镁（MgO 为 0.11%）、磷（P_2O_5 为 0.02%）、砷（As_2O_5 为 0.03%）含量较低。钠、铁、钇和钍等元素均在检测限以下。稀土氧化物总量较高（$\sum REE_2O_3$ 为 1.19%），$\sum LREE_2O_3$ 为 0.76%，$\sum HREE_2O_3$ 为 0.43%，轻稀土比重稀土更为富集。

四、铀石

铀石主要围绕沥青铀矿生长形成"加大边"或填隙于破碎的沥青铀矿之间充当"胶结物"（图5-4a），部分铀石赋存于沥青铀矿和硅钙铀矿的过渡位置（图5-10c）。

铀石晶形较差，集合体一般为放射状、锯齿状和球状，黑色到褐黑色，半金属光泽，不透明，在反射光下呈灰色，反射率相对沥青铀矿较低，不具或具有较少的干裂纹。

白杨河铀铍矿床铀石的化学组成为铀（UO_2 为 33.04% ~ 68.32%）、硅（SiO_2 为 13.95% ~ 38.09%）元素含量高、变化范围非常大，钙（CaO 为 4.77% ~ 5.77%）含量相对较高，铅（PbO 为 0.05% ~ 1.03%）、铁（FeO 为 0.02% ~ 0.06%）和砷（As_2O_5 为 0.01% ~ 0.71%）含量不高。除了检测限以下的测试点外，部分测试点铝（Al_2O_3 为 2.11% ~ 5.57%）元素含量相对较高，钠（Na_2O 为 0.06% ~ 0.64%）、镁（MgO 为 0.22% ~ 1.116%）、锰（MnO 为 0 ~ 0.08%）、钇（Y_2O_3 为 0.01% ~ 0.05%）和铌（Nb_2O_5 为 0.02% ~ 0.05%）元素含量相对较低。磷、钛、锆、钡、钽、钨和钍元素多在检测限以下，含量很低。稀土氧化物总量（$\sum REE_2O_3$）为 0.21% ~ 0.85%，$\sum LREE_2O_3$ 为 0.08% ~ 0.26%，$\sum HREE_2O_3$ 为 0.12% ~ 0.59%，轻重稀土含量差异不大。

总之，白杨河铀铍矿床的主要含铀矿物有锆石、钍石、铀石、晶质铀矿、铌锰矿、氟碳铈矿、磷钇矿、铁钛氧化物，以及少量的锡石、金红石等。主要矿石矿物有沥青铀矿、硅钙铀矿、脂铅铀矿、铀石等。从铀矿矿物组合来看，存在许多较为有意义的地方。如：脂铅铀矿是沥青铀矿原地氧化的产物，是铀酰的氢氧化物和硅酸盐多矿物集合体，其意义在于指示该矿床原生矿石中存在较多的沥青铀矿，也反映出在矿床后生氧化过程中铀没有发生过明显的迁出；然而矿物的结构及其化学成分表明铀曾发生了大规模的溶解–沉淀作用。另外，该矿床与其他铀矿床显著的区别是氧化带中很少见铀云母类矿物，而次生铀矿物为硅钙铀矿和脂铅铀矿，也说明原生矿石中硫化物不多，在后生氧化过程中铀迁移不明显；而铀矿矿物学研究表明该矿床存在大量的沥青铀矿与硫化物共生的现象，这说明与硫化物共生的沥青铀矿的形成可能是另外一期铀矿成矿作用的结果。因此，从白杨河铀铍矿床铀矿矿物学的研究结果来看，白杨河铀铍矿床铀的富集成矿应是多期次铀矿化叠加的结果。

第六章　电气石矿物学

电气石（Tourmaline）是一种硼硅酸盐矿物，其化学通式为 $XY_3Z_6(T_6O_{18})(BO_3)_3V_3W$（Hawthorne and Henry，1999；Hawthorne and Dirlam，2011；Henry et al.，2011），其中 $X=$ Na^+、Ca^{2+}、K^+、$^X\square$；$Y=Mg^{2+}$、Fe^{2+}、Mn^{2+}、Al^{3+}、Fe^{3+}、Mn^{3+}、Cr^{3+}、Li^+；$Z=Al^{3+}$、Mg^{2+}、Fe^{3+}、Cr^{3+}、V^{3+}。不同成因的电气石具有不同的矿物学、结构构造和化学组成等特征。因此，电气石常被作为指示矿物示踪岩浆-热液成矿过程（Henry and Guidotti，1985；Jolliff et al.，1987；Clarke et al.，1989；Koval et al.，1991；Cleland et al.，1996；Griffin et al.，1996；Henry and Dutrow，1996；Taylor et al.，1999；Slack and Trumbull，2011；Čopjaková et al.，2013，2015）。在火成岩系统中，电气石常见于过铝质流纹岩、花岗岩和花岗伟晶岩中（Dingwell et al.，1996）。从岩浆中出溶的富硼和富氟的热液流体，与围岩发生水岩反应，形成与铜、钼、锡、钨、铀和金等金属矿床有关的含热液电气石的云英岩、石英脉或夕卡岩（Slack，1996）。由于电气石结构稳定，其晶体内部主微量元素的扩散速率几乎可以忽略不计（von Goerne et al.，1999，2011），因此，电气石保存了其结晶时的物理化学条件，记录了从岩浆到热液流体演化整个过程中的全部信息（Raith et al.，2004；van Hinsberg et al.，2011a，2011b；van Hinsberg，2011；Marschall and Jiang，2011；Slack and Trumbull，2011）。人们发现电气石 B 同位素组成对流体来源、结晶时的 P-T 条件和相变化（如沸腾或流体不混溶）也非常敏感（Trumbull et al.，2008，2009；Pal et al.，2010），可以有效示踪电气石结晶时熔体或者流体的组成。因此，电气石在示踪岩浆热液成矿过程和成矿流体来源方面发挥着重要作用（Čopjaková et al.，2013；Adlakha and Hattori，2016），能够为矿床成因认识提供新的证据。如：较早认为加拿大 Panasqueira W-Sn-Cu 矿床中的电气石（高达 70%）是成矿之前热液蚀变的结果（Marignac，1982；Foxford et al.，1991；Polya et al.，2000）。然而，对该矿床电气石的化学成分和 B 同位素的研究表明，成矿过程主要是富 B-Na-F 的热液流体多次脉动注入的结果（Polya et al.，2000；Codeço et al.，2017）。

白杨河铀铍矿床七号工地玄武岩中发育大量电气石，但是一直没有引起关注。2017年本课题组在白杨河铀铍矿床的野外地质考察中，在中心工地的凝灰岩中发现了电气石，而后在四号工地花岗斑岩中也陆续找到了电气石，显示电气石矿物在白杨河铀铍矿床有一定的分布范围，其形成可能与铀铍矿化有密切的关系。室内显微镜下观察发现含铍矿物羟硅铍石沿电气石颗粒表面生长（朱艺婷等，2019）。尽管前人已经对白杨河铀铍矿床流体来源进行了研究（Mao et al.，2014；Zhang and Zhang，2014；Li et al.，2015；Zhang L et al.，2019），但本书从电气石矿物学、矿物化学和 B 同位素组成的角度，为白杨河铀铍矿床的成矿流体来源及其演化，以及矿床的成因研究提供进一步的科学证据。

第一节　样品描述和分析方法

一、样品描述

　　白杨河铀铍矿床电气石有三种产状，即以浸染状赋存于花岗斑岩中的电气石、以脉状或球状集合体赋存于靠近花岗斑岩的凝灰岩和玄武岩中的电气石（图6-1a～c）。在手标本尺度上白杨河铀铍矿床的电气石主要呈黑色。本书中提到的白杨河电气石的颜色均是在光学显微镜下观察到单偏光下的吸收色。花岗斑岩和凝灰岩中的电气石采自四号工地，玄武岩中的电气石采自九号工地。

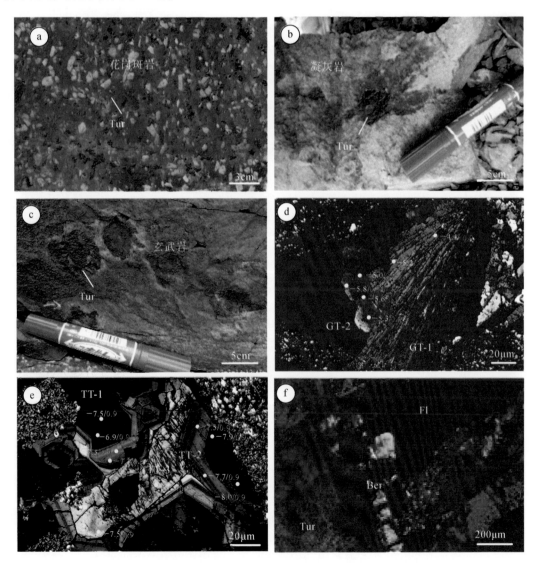

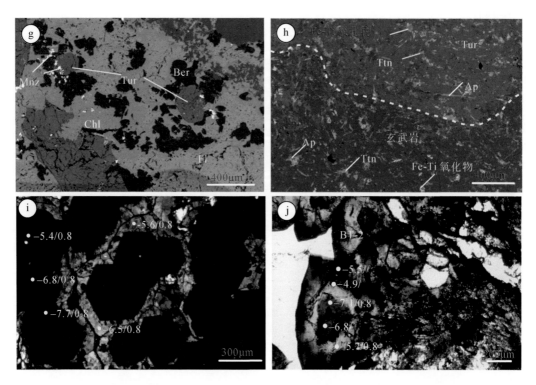

图 6-1　白杨河铀铍矿床中不同产状电气石的手标本照片、显微照片和背散射图像

a. 花岗斑岩中的浸染状或针状电气石；b. 凝灰岩中的球状电气石；c. 玄武岩中的球状电气石；d. 花岗斑岩电气石的显微照片及硼同位素数据（黄色）和 Fe/（Fe+Mg）值（红色）；e. 凝灰岩电气石的显微照片及硼同位素数据（黄色）和 Fe/（Fe+Mg）值（红色）；f. 单偏光下凝灰岩中无色短柱状羟硅铍石沿电气石矿物颗粒的边界生长；g. BSE 图像显示凝灰岩中羟硅铍石、电气石、绿泥石、萤石和独居石矿物组合；h. 玄武岩和电气石热接触蚀变晕，蚀变矿物主要为榍石、磷灰石和铁钛氧化物等；i，j. 玄武岩不同类型电气石的显微照片及其硼同位素数据（黄色）和 Fe/（Fe+Mg）值（红色）。Tur. 电气石；Ber. 羟硅铍石；Fl. 萤石；Chl. 绿泥石；Mnz. 独居石；Ap. 磷灰石；Ttn. 榍石

　　花岗斑岩中电气石（GT）主要以浸染状赋存在花岗斑岩中（图 6-1a），直径为 0.2 ~ 0.5cm。根据颜色、形状和结构的不同，花岗斑岩中的电气石可分为 GT-1 和 GT-2 两个亚类：GT-1 为放射状生长的针状电气石，呈多色性，颗粒较大，直径为 60 ~ 200μm；GT-2 是大小为 20 ~ 40μm 的半自形电气石，颜色为深棕色到蓝色，部分叠加在 GT-1 之上生长，晚于 GT-1（图 6-1d）。

　　凝灰岩中的电气石（TT）以球状集合体或脉状赋存在凝灰岩中（图 6-1b）。集合体中电气石为黑色针状，多呈放射状生长，集合体半径为 0.5 ~ 2cm。通常电气石矿物颗粒周围发育有 0.5 ~ 2cm 宽的红褐色蚀变晕。根据颜色、形状和结构的特征，凝灰岩中的电气石可分为 TT-1、TT-2 和 TT-3 三个亚类（图 6-1e）：TT-1 为具有核幔结构的电气石，核部为黑色隐晶质结构，边部为蓝色-淡蓝色振荡环带；TT-2 为自形核幔结构的电气石，核部为黑色隐晶质结构，边部为蓝色；TT-3 为蓝绿色电气石，具碎裂结构。显微镜下可见无色、短柱状羟硅铍石沿电气石颗粒沉淀（图 6-1f），晶屑凝灰岩中可见电气石-萤石-羟硅铍石椭球状结构体，结核体主要矿物成分为羟硅铍石、电气石、绿泥石、萤石和独居石等

（图 6-1g）。

玄武岩中的电气石（BT）主要呈球状集合体或脉状产出（图 6-1c）。电气石主要为黑色针状，多呈放射状生长，直径可达 3cm。在电气石集合体与玄武岩接触带常发育 1~3cm 宽的土黄色蚀变晕，蚀变矿物有榍石、磷灰石和铁钛氧化物（图 6-1h）。根据颜色、形状和结构的不同，玄武岩中的电气石可分为 BT-1 和 BT-2 两个亚类：BT-1 为半自形核幔结构的电气石，核部为黑色隐晶质，边部为蓝色至淡黄色环带结构（图 6-1i）；BT-2 为具有蓝色核部以及蓝色至浅黄色边部的电气石（图 6-1j）。

二、分析方法

1. 电子探针分析方法

在矿物学观察和结构分析的基础上，对玄武岩、凝灰岩和花岗斑岩中不同类型电气石进行了化学成分分析。分析测试在中国地质科学院矿产资源研究所完成，仪器型号为 JEOL JXA-8800。工作条件是加速电压为 15kV，电流为 2×10^{-8} A，束斑大小为 5~10μm。主要标样为角闪石（Si、Ti、Mg、Ca、Na 和 K）、铁橄榄石（Fe 和 Mn）、堇青石（Al）、黄玉（F）和磷灰石（Cl）。

2. LA-ICP-MS 微量元素分析方法

电气石的 LA-ICP-MS 原位微量元素分析在南京大学内生金属矿床成矿机制研究国家重点实验室完成，使用的仪器型号为 Resolution LR S-155 与 ICAP QC。每 8 个电气石样品之间重复分析 NIST SRM（612 和 610）及 USGS（GSE-1G 和 BCR-2G）标样。工作条件是束斑直径为 30μm，剥蚀频率为 6Hz，能量密度为 3J/cm²。采用 Si 作为内标，利用之前电子探针实验得到的 Si 含量对电气石微量元素成分进行校正。使用上述 USGS 玻璃标样作为外标，使用 NIST 玻璃样品校正信号偏移。

3. MC-ICP-MS 硼同位素分析方法

电气石的 MC-ICP-MS 硼同位素分析在南京大学内生金属矿床成矿机制研究国家重点实验室完成。利用激光剥蚀多接收电感耦合等离子体质谱仪（LA-MC-ICP-MS）进行分析测试，其中激光剥蚀器型号为 Newwave 生产的 UP193FX 型固体激光剥蚀系统，MC-ICP-MS 型号为 Thermo Finnigan 公司生产的 Neptune Plus，以氦气作为载气，两个接收器同时接收 ^{11}B 和 ^{10}B 信号，得到测试样品和电气石标样 ^{11}B/^{10}B 值。采用样品–标准交叉法（SSB）计算样品的 δ^{11}B 值。工作条件是束斑直径为 38μm，剥蚀频率为 8Hz，持续时间为 40s。标样为国际上的 IAEA B-4（δ^{11}B = −8.71‰）（Tonarini et al.，2003）和实验室标样 IMR RB1（δ^{11}B = −12.96‰）（Hou et al.，2010）。实验测试中电气石标样 IMR RB1 δ^{11}B 值为 −13.45‰，在分析误差范围内与之前报道的结果一致。

4. LA-ICP-MS 石英中 Ti 含量的分析方法

石英中微量元素的分析测试在中国科学院地球化学研究所完成。仪器采用 193nm 激光与 Varian 820 四极质谱联用技术，对花岗斑岩中石英斑晶和花岗斑岩晶洞中自形石英中微量元素（主要是钛元素）含量进行了分析。由于该仪器专用于石英和流体包裹体的激光分析，因此，元素背景极低，灵敏度极高。采用 32μm 束斑对石英样品进行以下微量元素分析（99% 置信度）：^{7}Li（100×10^{-9}）、^{11}Be（100×10^{-9}）、^{49}Ti（1×10^{-6}）、^{23}Na（3×10^{-6}）、^{27}Al（1×10^{-6}）、^{39}K（8×10^{-6}）、^{43}Ca（40×10^{-6}）、^{57}Fe（6×10^{-6}）、^{45}Sc（0.4×10^{-6}）、^{41}Nb（15×10^{-6}）和 ^{42}Mo（10×10^{-6}）。氦被用作载气，在进入火炬之前与氩混合。能量密度为 -15J/cm^2，激光脉冲频率为 10Hz。对于每次分析，背景收集时间约为 20s，斑点烧蚀时间约为 40s。使用 Si 作为内标，利用 GLITTER 程序进行数据处理（van Achterbergh et al.，2001）。使用标准参考物质 NIST 612 作为外部校准标准，使用 GEOREM 推荐值进行计算（Stoll et al.，2008）。

第二节　分　析　结　果

一、电气石化学成分电子探针分析结果

电气石电子探针分析结果见表 6-1。根据 Henry 等（2011）的分类标准对电气石进行分类，白杨河电气石均属于碱基黑电气石（图 6-2a ~ c）。在 Al-Fe-Mg 三元图解（图 6-2a）中，大多数投影于贫 Li 花岗岩及相关的伟晶岩、细晶岩原岩成分区域，反映了这些电气石沉淀于相对较为氧化的环境中（Henry and Guidotti，1985）。然而，少数凝灰岩中的电气石落入富 Fe^{3+} 的石英–电气石岩或蚀变花岗岩区域，表明电气石 Z 位置存在 Al 与 Fe^{3+} 的替换（图 6-2c）。

表 6-1　白杨河铀铍矿床中电气石化学成分电子探针分析结果

成分	玄武岩中电气石（$n=20$）			凝灰岩中电气石（$n=28$）			花岗岩中电气石（$n=25$）		
	平均值	最小值	最大值	平均值	最小值	最大值	平均值	最小值	最大值
Na$_2$O	2.61	2.12	3.14	2.24	1.73	2.94	2.17	1.59	2.93
F	0.77	0.12	1.46	0.57	0.10	1.27	0.80	0.27	1.58
Cr$_2$O$_3$	0.02	—	0.09	0.01	—	0.04	0.08	—	1.42
P$_2$O$_5$	0.01		0.05	0.03		0.08	0.03		0.14
MgO	2.42	1.37	3.35	0.97	0.25	1.58	0.59	0.13	1.00
SiO$_2$	35.96	35.28	36.64	35.38	33.11	36.22	34.84	33.42	35.81
MnO	0.17	0.12	0.24	0.14	0.07	0.26	0.16	0.07	0.32
Cl	0.03	—	0.18	0.05	—	0.10	0.01	—	0.03
Al$_2$O$_3$	28.92	26.27	30.51	28.80	27.15	31.93	29.56	27.36	32.45
FeO	15.12	13.52	16.99	17.92	15.77	19.19	17.61	15.40	19.82
K$_2$O	0.03	—	0.09	0.05	0.01	0.10	0.07	0.04	0.22
CaO	0.35	0.01	1.33	0.66	0.01	1.46	0.51	—	1.10
TiO$_2$	0.37	0.10	1.44	0.31	—	0.76	0.77	0.09	1.63
H$_2$O	2.79	1.96	3.34	2.97	1.95	3.29	2.82	1.94	3.10

续表

成分	玄武岩中电气石（n=20）			凝灰岩中电气石（n=28）			花岗岩中电气石（n=25）		
	平均值	最小值	最大值	平均值	最小值	最大值	平均值	最小值	最大值
B_2O_3	10.05	9.89	10.26	9.98	9.68	10.17	9.97	9.82	10.12
O=F	0.32	0.05	0.61	0.24	0.04	0.54	0.34	0.12	0.66
O=Cl	0.01	—	0.04	0.01	—	0.02	—	—	—
总量	99.27	97.84	100.97	99.81	96.15	100.95	99.63	97.93	100.98
结构式为 15 个阳离子（T+Z+Y）									
Si（T）	6.22	6.10	6.31	6.16	5.94	6.24	6.07	5.91	6.21
Al（T）	0.00	0.00	0.00	0.00	0.00	0.06	0.01	0.00	0.09
Total（T）	6.22	6.10	6.31	6.16	6.00	6.24	6.09	6.00	6.21
Al（Z）	5.87	5.39	6.00	5.85	5.62	6.00	5.93	5.63	6.00
Cr（Z）	0.00	0.00	0.01	0.00	0.00	0.01	0.00	0.00	0.01
V（Z）	0.00	0.00	0.00	0.00	0.00	0.00	0.00	0.00	0.00
Mg（Z）	0.13	0.00	0.61	0.14	0.00	0.34	0.05	0.00	0.20
Fe^{2+}（Z）	0.00	0.00	0.00	0.00	0.00	0.08	0.02	0.00	0.26
Total（Z）	6.00	6.00	6.00	6.00	6.00	6.00	6.00	6.00	6.00
Al（Y）	0.03	0.00	0.12	0.06	0.00	0.51	0.13	0.00	0.53
Ti（Y）	0.05	0.01	0.19	0.04	0.00	0.10	0.10	0.01	0.21
V（Y）	0.00	0.00	0.00	0.00	0.00	0.00	0.00	0.00	0.00
Cr（Y）	0.00	0.00	0.01	0.00	0.00	0.01	0.01	0.00	0.20
Fe^{2+}（Y）	2.19	1.93	2.49	2.61	2.27	2.80	2.55	2.21	2.69
Mn^{2+}（Y）	0.02	0.02	0.04	0.02	0.01	0.04	0.02	0.01	0.05
Mg（Y）	0.49	0.19	0.79	0.11	0.00	0.33	0.10	0.00	0.22
总量（Y）	2.78	2.69	2.91	2.84	2.76	3.00	2.91	2.79	3.00
Ca（X）	0.06	0.00	0.25	0.12	0.00	0.27	0.10	0.00	0.21
Na（X）	0.87	0.70	1.07	0.76	0.58	1.00	0.73	0.54	1.00
K（X）	0.01	0.00	0.02	0.01	0.00	0.02	0.02	0.01	0.05
X-vacancy	0.07	0.00	0.20	0.11	0.00	0.26	0.16	0.00	0.32
Total（X）	1.01	1.00	1.07	1.00	1.00	1.01	1.00	1.00	1.04
OH（V+W sites）	3.22	2.26	3.84	3.45	2.30	3.81	3.28	2.25	3.60
OH（V-site）	2.82	2.26	3.00	2.93	2.30	3.00	2.92	2.25	3.00
O（V-site）	0.18	0.00	0.74	0.07	0.00	0.70	0.08	0.00	0.75
OH（W-site）	0.40	0.00	0.84	0.53	0.00	0.81	0.36	0.00	0.60
F（W-site）	0.42	0.07	0.80	0.32	0.06	0.71	0.44	0.15	0.87
Cl（W-site）	0.01	0.00	0.05	0.01	0.00	0.03	0.00	0.00	0.01
O（W-site）	0.17	0.02	0.48	0.15	0.00	0.34	0.19	0.00	0.38
总量（V+W sites）	4.00	4.00	4.00	4.00	4.00	4.00	4.00	4.00	4.00

成分	玄武岩中电气石 ($n=20$)			凝灰岩中电气石 ($n=28$)			花岗岩中电气石 ($n=25$)		
	平均值	最小值	最大值	平均值	最小值	最大值	平均值	最小值	最大值
B	2.98	2.97	2.98	2.98	2.97	3.00	2.99	2.97	3.00
Si	6.22	6.10	6.31	6.16	5.94	6.24	6.07	5.91	6.21
Ti	0.05	0.01	0.19	0.04	0.00	0.10	0.10	0.01	0.21
Al	5.89	5.39	6.12	5.91	5.62	6.51	6.07	5.63	6.59
V	0.00	0.00	0.00	0.00	0.00	0.00	0.00	0.00	0.00
Cr	0.00	0.00	0.01	0.00	0.00	0.01	0.01	0.00	0.20
Fe^{2+}	2.19	1.93	2.49	2.61	2.27	2.80	2.57	2.21	2.89
Mn^{2+}	0.02	0.02	0.04	0.02	0.01	0.04	0.02	0.01	0.05
Mg	0.62	0.36	0.86	0.25	0.06	0.41	0.15	0.03	0.26
Ca	0.06	0.00	0.25	0.12	0.00	0.27	0.10	0.00	0.21
Na	0.87	0.70	1.07	0.76	0.58	1.00	0.73	0.54	1.00
K	0.01	0.00	0.01	0.01	0.00	0.02	0.02	0.01	0.05
F	0.42	0.07	0.80	0.32	0.06	0.71	0.44	0.15	0.87
Cl	0.01	0.00	0.05	0.01	0.00	0.03	0.01	0.00	0.01
OH	3.22	2.26	3.84	3.45	2.30	3.81	3.28	2.25	3.60
Fe/(Fe+Mg)	0.78	0.71	0.86	0.91	0.86	0.97	0.94	0.91	0.99
Na/(Na+Ca)	0.93	0.75	1.00	0.86	0.70	1.00	0.88	0.76	1.00

注：主量元素的单位为%；X、Y、Z、T 为电气石分子式中不同位置上所占离子数情况；假设 T+Z+Y = 15apfu，B = 3apfu，OH+F = 4apfu。"—"代表低于检测限。

由表 6-1 可知，不仅不同类型电气石的化学成分组成不同，相同类型不同亚类的电气石之间也存在成分差异。GT、BT 和 TT 电气石 Na 平均含量分别为 0.71apfu、0.89apfu 和 0.76apfu；$^{X}\square$ 分别高达 0.32apfu（平均 0.10apfu）、0.20apfu（平均 0.06apfu）和 0.26apfu（平均 0.11apfu）；Ca 平均含量分别为 0.1apfu、0.05apfu 和 0.11apfu。GT、BT 和 TT 的 Fe/(Fe+Mg) 值平均分别为 0.95、0.78 和 0.91；Al 含量平均分别为 6.11apfu、5.91apfu 和 5.94apfu。Fe+Mg 值分别为 2.7apfu、2.8apfu 和 2.83apfu。部分凝灰岩中电气石 Al 含量（<6apfu）较低，以及 Fe_{tot}+Mg 含量（>3apfu）较高的现象说明 Z 位置上的 Al 被 Fe^{3+} 取代，这是去质子化的结果。不同类型电气石的 Fe/(Fe+Mg) 和 Na/(Na+Ca) 值明显不同（图 6-2d）。从玄武岩（0.71～0.86），到凝灰岩（0.86～0.97）和花岗斑岩（0.91～0.99），电气石的 Fe/(Fe+Mg) 值逐渐增加，但是同一类型亚类之间值的变化范围不大，而 Na/(Na+Ca) 值变化范围较大，分别是 0.80～1.00、0.71～1.00 和 0.76～1.00（图 6-2d）。

不同类型电气石 Fe/(Fe+Mg) 值的变化反映其在物质成分上存在 $FeMg_{-1}$ 的矢量替换（图 6-3a）。由于锰和钛的含量低，$\sum$(Fe+Mg) <3apfu 表明在 Y 位置存在过量的铝。电气石铝含量超过理想的黑电气石–镁电气石铝的含量（6apfu）也说明了这一现象（图 6-3b）。电气石的 AFM 图和 Fe-Mg 二元图显示电气石中存在两种替代机制（图 6-2a，图 6-

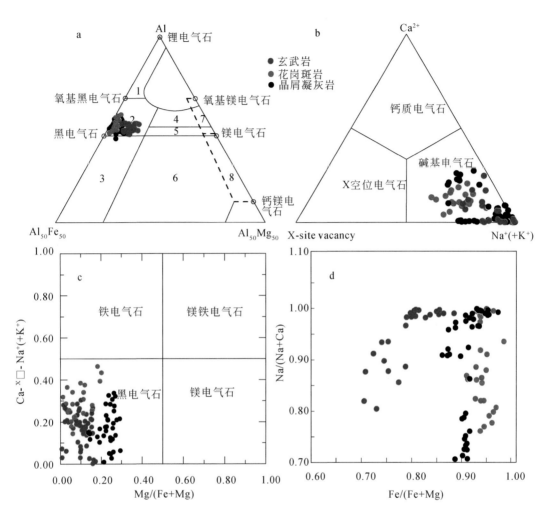

图6-2　白杨河铀铍矿床电气石的分类图及 Al-Fe-Mg 和 Ca-Fe-Mg 三角图解

a. Al-Al$_{50}$Fe$_{50}$-Al$_{50}$Mg$_{50}$ 三角图（据 Henry and Guidotti, 1985）；b. Ca-^{X}□-Na$^+$(+K$^+$) 三角图（Hawthorne and Henry, 1999）；c. 电气石分类图解（Henry et al., 2011）；d. Fe/(Fe+Mg) 与 Na/(Na+Ca) 二元图。图 a 中1、2 区分别代表富 Li 和贫 Li 的花岗岩和伟晶岩、细晶岩；3区代表富 Fe^{3+}的石英–电气石岩；4、5 分别代表含 Al 与不含 Al 饱和相的变质泥质岩；6区代表富 Fe^{3+}石英–电气石岩，钙硅酸盐和变质沉积岩；7区代表低 Ca 变质超镁铁质岩和富 Cr、V 的变质沉积岩；8区代表变质碳酸盐和变质辉石岩

3a），花岗斑岩和玄武岩中的电气石主要存在 Fe^{3+}Al$_{-1}$ 以及部分 FeMg$_{-1}$ 替代机制，而凝灰岩电气石中主要存在 FeMg$_{-1}$ 替代。花岗斑岩电气石 Al 含量较高，存在（NaFe^{2+}）(^{X}□Al$_{-1}$）替代机制（图6-3a）。Al$_{tot}$与 X 空位呈正相关（图6-3c）表明，大量的 Al 通过缺碱替换 [^{X}□AlNa$_{-1}$(R^{2+})$_{-1}$] 和去质子化作用 [R^{2+}(OH$^-$, F$^-$)Al$_{-1}$O$_{-1}$]（R^{2+} = Mg^{2+}+Fe^{2+}+Mn^{2+}）进入电气石。

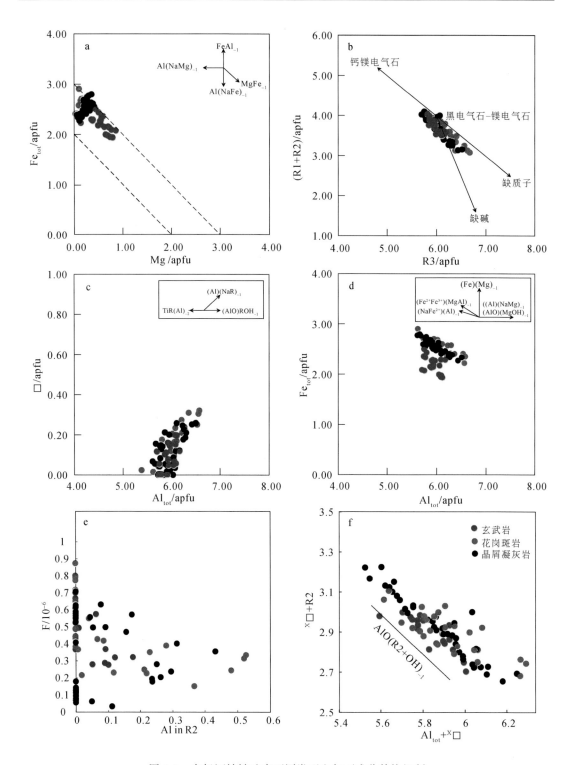

图 6-3 白杨河铀铍矿床不同类型电气石成分替换机制

a. 元素 Fe_{tot}-Mg 图解；b. R1+R2-R3 图解；c. 元素 Al_{tot}-□图解；d. 元素 Fe_{tot}-Al_{tot} 图解；e. 元素 F 和在 R2 位置

上 Al 图解；f. $Al_{tot}+{}^{X}$□和^{X}□+R2 图解。R1 = Na+Ca；R2 = Fe+Mg+Mn；R3 = Al+1.33Ti

Al-Fe 的负相关性表明电气石中的 Fe^{3+} 含量较高，这可能是在分类图解中部分数据点偏离的原因（图 6-3d）。八面体位置的 Al 含量（$^{VI}Al = {}^{Y}Al$）变化为 0 ~ 0.53apfu（图 6-3e）。根据 Medaris 等（2003）的研究结果，通过 R2 位置上 Al 含量来消除缺碱替换的相对影响，$Al_{total} + {}^{X}\square$ 与 $^{X}\square + R2$（图 6-3f）负相关表明大多数残余的 Al 含量变化是由于 $(R^{2+}OH^-)\,Al_{-1}O_{-1}$ 和 $FeAl_{-1}$ 替换引起的。通过 $R2 + {}^{X}\square$ 的含量可以大概估计 Fe^{3+} 的数量，表明大部分 Al 变化都是由去质子化引起的。

二、电气石化学成分 LA-ICP-MS 分析结果

白杨河不同类型电气石微量元素组成有很大差异（表 6-2）。大多数微量元素的含量均小于 100×10^{-6}，包括大离子亲石元素（LILE），如 Rb（$0 \sim 2.58 \times 10^{-6}$）、Cs（$0 \sim 33.39 \times 10^{-6}$）和 Ba（$0 \sim 7.29 \times 10^{-6}$），以及高场强元素（HFSE），如 Hf（$0 \sim 5.08 \times 10^{-6}$）、Th（$0 \sim 1.66 \times 10^{-6}$）和 U（$0 \sim 6.74 \times 10^{-6}$）。一些微量元素浓度较高（高达几百 $\times 10^{-6}$），如 Zn（$209.87 \times 10^{-6} \sim 551.60 \times 10^{-6}$）、Sr（$141.17 \times 10^{-6} \sim 233.95 \times 10^{-6}$）、Ga（$44.86 \times 10^{-6} \sim 281.37 \times 10^{-6}$）、V（$1.41 \times 10^{-6} \sim 731.23 \times 10^{-6}$），而部分微量元素含量很低（大多数 $<1 \times 10^{-6}$），如 Au、Cd、Ag 和 Tl。

表 6-2 白杨河铀铍矿床中电气石电气石化学成分 LA-ICP-MS 分析结果

成分	玄武岩中电气石（n=26）			凝灰岩中电气石（n=25）			花岗岩中电气石（n=9）		
	平均值	最小值	最大值	平均值	最小值	最大值	平均值	最小值	最大值
Li	11.12	4.48	18.23	11.00	3.60	22.26	40.13	26.73	53.22
Be	7.48	—	24.05	6.78	0.17	24.18	20.33	8.21	33.48
B	30540.34	21660.15	31951.35	31337.09	29995.41	32243.12	31451.54	30574.32	32975.14
Na_2O	2.56	1.47	3.00	2.40	1.75	2.80	1.95	1.78	2.13
MgO	2.16	1.40	3.37	0.97	0.44	1.50	0.59	0.19	0.79
Al_2O_3	29.51	20.80	31.55	29.49	27.78	31.92	30.99	29.46	32.84
U	0.05	—	0.27	0.04	—	0.60	2.33	0.18	6.74
SiO_2	38.13	35.13	56.81	36.78	35.88	37.89	36.25	35.72	36.99
P_2O_5	0.21	—	4.03	0.01	—	0.03	0.01	—	0.03
K_2O	0.02	—	0.04	0.05	0.03	0.07	0.06	0.05	0.09
CaO	0.33	—	2.42	0.36	0.01	1.35	0.81	0.53	1.23
Sc	134.37	13.36	444.29	7.24	3.39	23.74	28.28	2.95	59.25
TiO_2	0.41	0.16	1.34	0.18	0.01	0.66	0.70	0.11	1.62
V	470.82	148.97	731.23	17.29	1.41	53.23	99.33	5.16	137.42
Cr	12.70	—	220.27	3.98	—	22.09	207.22	—	882.45
MnO	0.18	0.10	0.24	0.17	0.09	0.24	0.14	0.12	0.19

续表

成分	玄武岩中电气石（n=26）			凝灰岩中电气石（n=25）			花岗岩中电气石（n=9）		
	平均值	最小值	最大值	平均值	最小值	最大值	平均值	最小值	最大值
FeO	16.05	9.67	17.41	18.87	17.31	20.50	17.66	16.44	19.00
Co	32.16	9.46	87.30	7.22	2.92	18.95	3.17	1.68	5.33
Ni	1.15	0.05	2.61	19.97	10.32	34.01	10.37	3.73	15.99
Cu	2.32	—	29.62	0.31	—	1.54	0.64	—	2.31
Zn	364.30	209.87	459.95	405.49	304.05	461.68	506.60	456.61	551.60
Ga	63.13	44.86	111.31	225.95	171.35	281.37	192.83	173.66	207.40
Ge	2.87	—	4.87	6.17	3.26	11.47	7.00	5.74	8.50
Rb	0.20	—	1.07	0.14	—	0.76	0.59	0.01	2.58
Sr	56.88	15.13	140.57	87.15	14.17	233.95	52.71	22.86	96.78
Y	0.96	—	17.09	0.06	—	0.41	3.89	1.21	10.43
Zr	8.92	—	110.05	1.21	0.07	12.17	16.65	0.50	77.81
Nb	0.22	0.01	0.87	8.70	1.80	58.12	26.70	9.94	68.01
Mo	0.16	—	0.64	0.52	—	9.88	19.32	0.92	52.79
Ag	0.07	—	0.59	0.04	—	0.24	0.21	—	0.68
Cd	0.11	—	0.58	0.11	—	0.41	0.11	—	0.38
In	1.88	0.39	5.28	6.94	3.36	23.10	2.58	1.47	4.62
Sn	13.10	2.90	44.64	9.31	3.84	25.99	35.17	20.70	56.66
Sb	0.53	—	2.07	0.56	—	2.35	5.40	1.61	10.78
Cs	0.35	—	2.26	0.17	—	0.83	6.51	—	33.39
Ba	0.72	—	7.29	0.16	—	1.70	2.57	0.14	6.90
La	1.09	0.01	12.00	2.08	0.07	8.43	36.53	10.33	57.74
Ce	2.18	0.01	26.68	4.53	0.16	17.27	86.69	32.25	133.93
Pr	0.27	—	4.18	0.31	—	1.19	8.38	4.04	12.86
Nd	1.29	—	21.83	0.92	0.05	3.26	31.02	18.17	47.85
Sm	0.23	—	4.71	0.09	—	0.36	5.89	3.77	7.84
Eu	0.70	—	3.83	0.22	0.01	0.51	0.30	0.17	0.46
Gd	0.25	—	4.36	0.07	—	0.38	3.55	1.77	4.74
Tb	0.03	—	0.71	0.00	—	0.01	0.28	0.15	0.38
Dy	0.24	—	4.69	0.02	—	0.15	1.27	0.35	2.62
Ho	0.04	—	0.80	0.00	—	0.03	0.20	0.07	0.63

续表

成分	玄武岩中电气石（$n=26$）			凝灰岩中电气石（$n=25$）			花岗岩中电气石（$n=9$）		
	平均值	最小值	最大值	平均值	最小值	最大值	平均值	最小值	最大值
Er	0.11	—	1.76	0.02	—	0.10	0.56	0.07	2.03
Tm	0.02	—	0.23	0.00	—	0.02	0.10	0.02	0.43
Yb	0.12	—	0.93	0.05	—	0.34	0.82	0.17	3.10
Lu	0.02	—	0.17	0.01	—	0.10	0.12	0.04	0.35
Hf	0.26	—	2.32	0.07	—	0.25	1.19	0.06	5.08
Ta	0.03	—	0.10	0.51	0.12	1.71	1.10	0.18	2.73
W	0.07	—	0.30	0.08	—	0.27	2.75	0.35	15.32
Au	0.01	—	0.04	0.01	—	0.03	0.01	—	0.03
Tl	0.01	—	0.07	0.04	—	0.16	0.02	—	0.05
Pb	16.64	2.50	29.59	5.79	1.09	15.97	17.10	7.30	26.46
Bi	0.01	—	0.06	0.01	—	0.05	3.39	0.32	12.03
Th	0.03	—	0.35	0.08	—	0.85	0.98	0.50	1.66

注：微量元素单位为 10^{-6}，氧化物单位为%；"—"代表低于检测限。

　　花岗斑岩中的电气石具有较高的 Li（$26.73\times10^{-6}\sim53.22\times10^{-6}$）、Be（$8.21\times10^{-6}\sim$ 33.48×10^{-6}）、U（$0.18\times10^{-6}\sim6.74\times10^{-6}$）、Cr（$0\sim882.45\times10^{-6}$）、Y（$1.21\times10^{-6}\sim$ 10.43×10^{-6}）、Nb（$9.94\times10^{-6}\sim68.01\times10^{-6}$）、Mo（$1.02\times10^{-6}\sim52.79\ 10^{-6}$）、Sn（$20.70\times$ $10^{-6}\sim56.66\times10^{-6}$）、Sb（$1.01\times10^{-6}\sim10.78\times10^{-6}$）和 Bi（$0.32\times10^{-6}\sim12.03\times10^{-6}$）。玄武岩中的电气石具有较高的 Co（$9.46\times10^{-6}\sim86.84\times10^{-6}$）、Cu（$0\sim29.62\times10^{-6}$）、Sc（$13.36\times10^{-6}\sim444.29\times10^{-6}$）和 V（$148.97\times10^{-6}\sim731.23\times10^{-6}$），而凝灰岩中的电气石具有较高的 Ni（$10.32\times10^{-6}\sim34.01\times10^{-6}$）、Ga（$171.35\times10^{-6}\sim281.37\times10^{-6}$）和 Sr（$14.17\times10^{-6}\sim233.95\times10^{-6}$）。在三种类型的电气石中，Nb 与 Ta、Zr 与 Hf、Li 与 Be、Mo 与 U 之间存在正相关性（图 6-4a~d），但在子类型之间几乎没有相关性。电气石的 U 和 Be 含量变化没有相关性，表明 U 和 Be 来源不同（图 6-4e）。玄武岩电气石中的 Sc 和 V 之间存在正相关关系，但花岗斑岩和凝灰岩电气石 Sc 和 V 没有明显的相关关系，这表明不同类型电气石在结晶过程中受不同的地球化学过程所控制（图 6-4f）。

　　三种类型的电气石中成矿元素（如 Be 和 U 等）含量明显不同。花岗斑岩电气石中 Li（$26.73\times10^{-6}\sim53.22\times10^{-6}$）和 Be（$8.21\times10^{-6}\sim33.48\times10^{-6}$）浓度较高，而玄武岩和凝灰岩电气石中 U（$<0.27\times10^{-6}$，只有一个分析数据为 1.82×10^{-6}）和 Be（$<24.18\times10^{-6}$）含量较低（图 6-4c、e）。三种类型的电气石 Be 与 Mg/（Mg+Fe）之间，U 与 Mg/（Mg+Fe）之间都没有相关性（图 6-4g、h）。

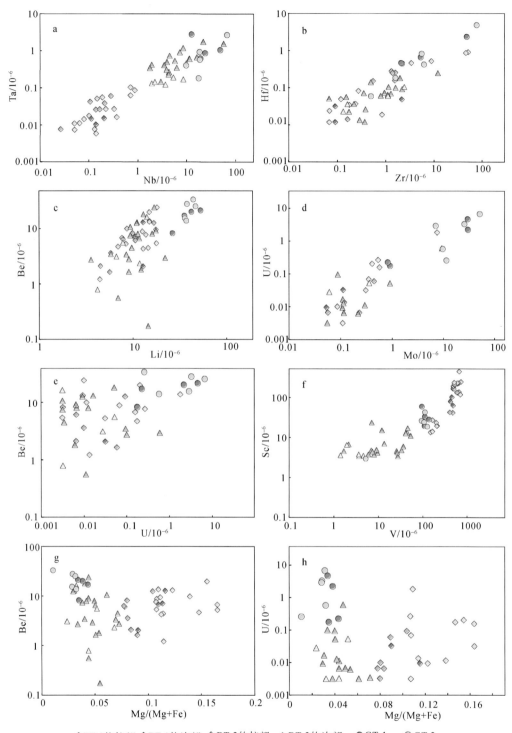

图 6-4　白杨河铀铍矿床电气石微量元素图解

a. 元素 Nb 和 Ta 图解；b. 元素 Zr 和 Hf 图解；c. 元素 Li 和 Be 图解；d. 元素 Mo 和 U 图解；e. 元素 U 和
Be 图解；f. 元素 V 和 Sc 图解；g. Mg/（Mg+Fe）值和元素 Be 图解；h. Mg/（Mg+Fe）值和元素 U 图解

三、稀土元素

白杨河铀铍矿床不同类型之间电气石稀土元素含量变化明显（表6-2）。花岗斑岩电气石的ΣREE含量最高（$77.56\times10^{-6}\sim266.73\times10^{-6}$），而玄武岩和凝灰岩电气石$\Sigma REE$含量较低，分别为$0.09\times10^{-6}\sim19.25\times10^{-6}$和$0.75\times10^{-6}\sim31.41\times10^{-6}$。玄武岩电气石中存在一个HREE含量（$103.87\times10^{-6}$）和Y含量相对较高（$17.09\times10^{-6}$）的数据点，且HREE富集，反映电气石中可能存在副矿物包裹体。三种类型电气石的REE配分模式不同（图6-5）。花岗斑岩电气石REE配分模式与围岩花岗斑岩相似，凝灰岩与玄武岩电气石的REE配分模式与它们的围岩截然不同。玄武岩电气石的REE配分模式趋势较平坦，显示出明显的Eu正异常（图6-5a）（$Eu/Eu^*=1.57\sim59.58$），$(La/Sm)_N$值为$1.77\sim119.75$，$(La/Yb)_N$值为$0.20\sim107.03$，$(Gd/Yb)_N$值为$0\sim8.29$。凝灰岩电气石的REE配分模式显示出凹向上模式，并有轻微的Eu正异常（图6-5b）（$Eu/Eu^*=1.54\sim89.07$）。$(La/Sm)_N$、$(La/Yb)_N$和$(Gd/Yb)_N$值分别为$3.87\sim37.10$、$2.58\sim119.40$和$0\sim5.97$。相反，花岗斑岩中电气石的REE配分模式表现出Eu负异常（图6-5c）（$Eu/Eu^*=0.09\sim0.40$），$(La/Sm)_N$值为$1.29\sim9.88$，而$(La/Yb)_N$和$(Gd/Yb)_N$值分别为$7.18\sim122.49$和$1.10\sim22.76$。

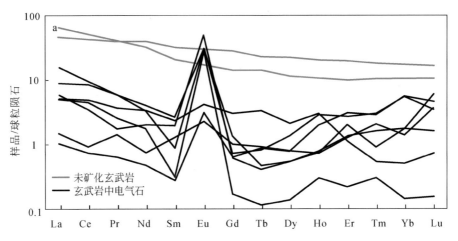

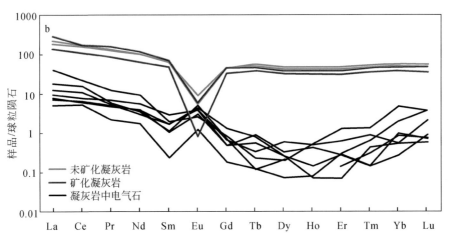

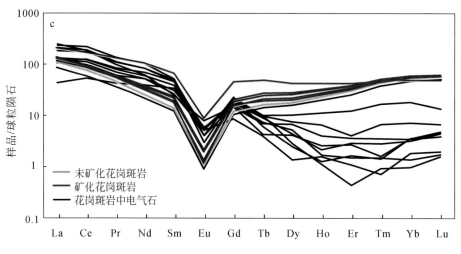

图 6-5　不同类型电气石与围岩的稀土元素配分图解

a. 未矿化玄武岩和玄武岩中电气石的稀土元素配分图；b. 未矿化凝灰岩、矿化凝灰岩和凝灰岩中电气石的
稀土元素配分图；c. 未矿化花岗斑岩、矿化花岗斑岩和花岗斑岩中电气石的稀土元素配分图

四、电气石硼同位素

白杨河铀铍矿床 3 种产状电气石硼同位素比值变化较小（-8.33‰ ~ -4.48‰），但也存在微小的差异（表 6-3，图 6-6）。花岗斑岩中电气石的 $\delta^{11}B$ 值为 -5.94‰ ~ -4.48‰（平均 -5.30‰）（13 个点），变化较小。而玄武岩中电气石的 B 同位素比值变化较大，为 -8.33‰ ~ -4.94‰（平均 -6.49‰）（14 个点）；BT-1 亚类电气石边部与核部的 $\delta^{11}B$ 值基本一致，而 BT-2 亚类电气石的核部 $\delta^{11}B$ 值低于边部。凝灰岩中电气石的硼同位素值变化不大，为 -8.01‰ ~ -6.93‰（平均 -7.60‰）（13 个点），TT-1 亚类电气石边部与核部的 $\delta^{11}B$ 值基本一致，而 TT-2 亚类电气石核部 $\delta^{11}B$ 值低于边部。

表 6-3　白杨河铀铍矿床电气石 LA-ICP-MS B 同位素组成

电气石产状	测点	类型	$\delta^{11}B$/‰	ISD（标准偏差）/‰
花岗斑岩中电气石	BYH18-2-1	GT	-5.38	0.17
	BYH18-2-2	GT	-5.23	0.16
	BYH18-2-3	GT	-4.48	0.16
	BYH18-2-4	GT	-5.03	0.18
	BYH18-2-5	GT	-5.39	0.15
	BYH18-2-6	GT	-4.49	0.15
	BYH18-2-7	GT	-5.59	0.17
	BYH18-2-8	GT	-5.08	0.16

续表

电气石产状	测点	类型	$\delta^{11}B/‰$	ISD（标准偏差）/‰
花岗斑岩中电气石	BYH18-2-9	GT	−5.34	0.18
	BYH18-2-10	GT	−5.79	0.17
	BYH18-2-11	GT	−5.94	0.16
	BYH18-2-12	GT	−5.44	0.15
	BYH18-2-13	GT	−5.74	0.16
凝灰岩中电气石	BYH18-4-1	TT	−7.48	0.16
	BYH18-4-2	TT	−7.49	0.14
	BYH18-4-3	TT	−7.81	0.17
	BYH18-4-4	TT	−7.52	0.15
	BYH18-4-5	TT	−6.93	0.16
	BYH18-4-6	TT	−7.48	0.15
	BYH18-4-7	TT	−7.29	0.14
	BYH18-4-8	TT	−7.74	0.17
	BYH18-4-9	TT	−7.51	0.17
	BYH18-4-10	TT	−7.90	0.15
	BYH18-4-11	TT	−8.01	0.15
	BYH18-4-12	TT	−7.66	0.16
	BYH18-4-13	TT	−8.00	0.16
玄武岩中电气石	BYHD-2-1	BT	−4.94	0.16
	BYHD-2-2	BT	−5.46	0.15
	BYHD-2-3	BT	−5.67	0.18
	BYHD-2-4	BT	−6.79	0.17
	BYHD-2-5	BT	−7.11	0.15
	BYHD-2-6	BT	−6.80	0.17
	BYHD-2-7	BT	−8.14	0.16
	BYHD-2-8	BT	−8.33	0.18
	BYHD-2-9	BT	−6.79	0.16
	BYHD-2-10	BT	−7.72	0.14
	BYHD-2-11	BT	−5.44	0.14
	BYHD-2-12	BT	−6.54	0.18
	BYHD-2-13	BT	−5.57	0.18
	BYHD-2-14	BT	−5.61	0.15

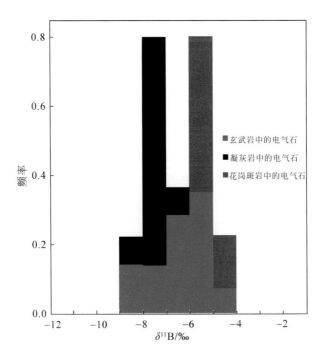

图 6-6 白杨河铀铍矿床电气石的硼同位素频率分布直方图

五、石英 Ti 温度计

石英颗粒中的微量元素含量都低于检测限，但是其中钛含量明显高于检测限。因此，可以利用石英 Ti 温度计来估算石英的结晶温度（Wark and Watson，2006；Thomas et al.，2010）（表6-4）。虽然石英样品的微量元素总含量非常低（$<20\times10^{-6}$），但是 Al 含量较高，且与 Li 含量相关。在晶洞中自形石英颗粒中 Al 含量为 $33.69\times10^{-6}\sim75.60\times10^{-6}$，而在石英斑晶中 Al 含量为 $140.05\times10^{-6}\sim777.96\times10^{-6}$。在自形石英颗粒中 Li 含量为 $1.06\times10^{-6}\sim7.02\times10^{-6}$，在石英斑晶中 Li 含量为 $15.04\times10^{-6}\sim26.82\times10^{-6}$。Be 含量均低于检测限。在自形石英颗粒中 Be 含量为 0.16×10^{-6}，在石英斑晶中 Be 含量为 $0.01\times10^{-6}\sim0.31\times10^{-6}$。B 含量在自形石英颗粒中为 $1.17\times10^{-6}\sim4.22\times10^{-6}$，在石英斑晶中为 $0.45\times10^{-6}\sim3.33\times10^{-6}$。Nb 含量在自形石英颗粒中为 $0\sim0.1\times10^{-6}$，在石英斑晶中为 $0.02\times10^{-6}\sim0.50\times10^{-6}$。Ti 在自形石英颗粒中的含量为 $6.71\times10^{-6}\sim10.76\times10^{-6}$，在石英斑晶中的含量为 $60.99\times10^{-6}\sim74.83\times10^{-6}$。

矿物组合和结构表明，白杨河铀铍矿床中石英、萤石和 Fe-Ti 氧化物与电气石是共生的，因此可以利用石英 Ti 温度计来估计电气石的结晶温度。虽然没有金红石矿物存在，但存在榍石和 Fe-Ti 氧化物，因此可以假定 α_{TiO_2} 为 $0.5\sim0.6$。本次共获得了 30 个石英中 Ti 元素分析数据。分别使用 Huang 和 Audétat（2012）以及 Wark 和 Watson（2006）的计算方法，计算了 2kbar① 和 4kbar 条件下的电气石的最低结晶温度（表 6-4）。结果表明，在相同压力条件下，使用 Huang 和 Audétat（2012）公式计算的温度在 10kbar 压力下明显高于 Wark 和 Watson（2006）计算得到的温度。但是使用 Wark 和 Watson（2006）公式在 10kbar 时的计算结果与使用 Huang 和 Audétat（2012）公式在 3kbar 下计算的温度相当。由 Wark 和 Watson（2006）以及 Huang 和 Audétat（2012）公式计算出的温度在不同压力下相差 20~100℃。因此，白杨河铀铍矿床花岗斑岩晶洞中自形石英颗粒和石英斑晶中石英的结晶温度范围在 10kbar 下分别为 509~544℃ 和 702~725℃，在 2kbar 下分别为 481~515℃ 和 670~691℃。

表 6-4　白杨河铀铍矿床花岗斑岩石英斑晶和晶洞中自形石英微量元素组成

样品	Li/10^{-6}	Be/10^{-6}	U/10^{-6}	B/10^{-6}	Ti/10^{-6}	Al/10^{-6}	Nb/10^{-6}	T_1/℃	T_2/℃	T_3/℃	T_4/℃	T_5/℃
晶洞中自形石英	4.04	0.08	—	1.50	8.80	64.13	—	529	500	549	426	464
	1.48	—	—	4.22	6.71	44.83	—	509	481	529	409	446
	1.06	—	—	2.07	8.18	60.52	0.07	523	495	544	421	459
	7.02	0.06	—	2.04	10.00	75.60	0.10	538	510	559	434	472
	2.25	0.16	—	1.97	8.14	33.69	0.01	523	495	543	421	459
	4.35	—	—	1.18	6.93	39.87	—	511	483	531	411	448
	4.96	—	—	1.60	8.91	48.06	—	530	501	550	427	465
	5.41	0.05	—	2.40	8.68	60.52	—	528	499	548	425	463
	6.15	—	—	1.41	10.76	68.04	—	544	515	565	439	477
	3.87	—	—	1.17	6.93	38.32	0.01	511	483	531	411	448
花岗斑岩中石英斑晶	26.82	0.31	0.07	3.33	74.83	777.96	0.50	725	691	752	575	621
	15.04	0.01	0.15	0.45	61.62	140.05	0.38	703	670	729	574	620
	12.35	0.08	0.03	2.48	60.99	217.62	0.02	702	669	728	593	640

注：温度 T_1 根据 Wark 和 Watson（2006）的公式计算；T_2 和 T_3 根据 Huang 和 Audétat（2012）的公式，以及 T_4 和 T_5 根据 Thomas 等（2010）的公式，压力分别在 2kbar 和 4kbar 条件下计算的结果。在温度的计算中采用 $\alpha_{TiO_2}=0.6$ 计算。"—"代表低于检测限。

第三节　流体成矿作用的电气石矿物学示踪

一、电气石成分分带及其控制因素

电气石的化学成分主要受围岩和流体成分控制。常用以下几种形成机制来解释矿物中振荡环带形成的原因：①流体成分的周期性变化；②晶体生长速度的变化；③矿物生长晶

---

① 1bar = 10^5 Pa。

面及周围环境的变化引起的元素扩散。Lussier 和 Hawthorne（2011）指出，这些模型可能不适用于解释电气石的振荡环带结构。白杨河铀铍矿床花岗斑岩中电气石化学成分相对均一，没有振荡环带结构，贫 Mg，富 $Fe^{\#}$、U、Th、Nb、Y、Zn、Zr、Mo、Li 和 Be。相反，玄武岩中电气石化学成分不均一，有明显的振荡环带结构；高 V 和 Mg、低 Al 指示其可能为热液成因。凝灰岩中电气石也显示有振荡环带结构，在 Y 位置贫铝，且边部 F 含量较高，与热液成因电气石类似（Jiang et al.，2008；Trumbull et al.，2011）。因此，可以认为玄武岩和凝灰岩中的电气石是在热液过程中形成的，这一点也可以从玄武岩和凝灰岩中电气石周围普遍发育的蚀变晕得到证实。

玄武岩和凝灰岩电气石中的蚀变晕的大小指示了电气石沉淀过程中水岩反应的程度和规模大小。不同类型电气石中 V 和 Sc 元素含量明显不同。玄武岩电气石的 V 和 Sc 含量较高并具有相关性，而凝灰岩和花岗斑岩中电气石中的 V 和 Sc 则没有相关性（图 6-4f）。V 是一种对氧化还原反应非常敏感的元素，随着氧逸度的变化，可以以 V^{3+}、V^{4+} 和 V^{5+} 等不同形式存在于硅酸盐熔体中（Toplis and Corgne，2001），因此，V/Sc 值被用作熔体中氧逸度的指示剂（Li and Lee，2004；Lee et al.，2005）。玄武岩和凝灰岩电气石中存在不同的 V/Sc 值。例如，BT-1 和 BT-2 类型电气石从核部到边部 V/Sc 值分别由 6.06~11.63 变化为 4.49~7.76，以及由 2.69~11.46 变化为 1.50~2.86。这种现象可能是不同类型电气石在沉淀过程中氧逸度变化造成的，但这不能解释为什么玄武岩电气石中 V 和 Sc 的含量最高。玄武岩中电气石异常高的 V 和 Sc 的含量可能与较低的水岩比有关。在电气石沉淀过程中，玄武岩电气石中高含量的 V 和 Sc 可能来自围岩玄武岩。玄武岩不同类型电气石中具有相对恒定的 V/Sc 值说明玄武岩中电气石的形成处于流体组成相对稳定的物理化学条件。

电气石振荡环带的另一个成因可能是热液系统的降温过程。白杨河铀铍矿床的石英 Ti 测温结果表明花岗斑岩结晶的温度较高，但是从矿化萤石中获得的流体包裹体温度较低（150~200℃）（Li et al.，2015）。von Goerne 等（2011）合成镁电气石的实验表明，固定成分的流体从 700℃冷却到 500℃过程中，电气石的 Na 含量增加了 0.1~0.3apfu，具体增加的数值取决于流体的盐度。虽然，这些实验结论并不能完全适用于自然界体系，但是白杨河电气石从核部到边部 Na 含量从 0.19apfu 增加到 0.3apfu（表 6-1），这个数据在实验估算的冷却范围内。Mlynarczyk 和 Williams-Jones（2006）也认为电气石从核部到边部 Fe/（Fe+Mg）和 Na/（Na+Ca）值增加的关键因素是流体的冷却。白杨河 BT-1 亚类电气石从核部到边部 Fe/（Fe+Mg）和 Na/（Na+Ca）值增加，TT-1 和 TT-2 亚类电气石从核部到边部 Na/（Na+Ca）值增加（图 6-1i，6-2d）的现象，也可能是流体的降温过程造成的。因此，可以认为白杨河铀铍矿床电气石的形成受流体化学成分、冷却过程，以及围岩化学成分和水岩反应的程度等因素共同控制。

二、成矿流体来源的硼同位素示踪

硼同位素是岩浆热液系统中硼和流体来源的灵敏示踪剂（Jiang and Palmer，1998；2009；Tonarini et al.，1998；Trumbull et al.，2008，Marschall et al.，2009）。在岩浆演化过程中，电气石可以直接从熔体或出溶热液中结晶，其 $\delta^{11}B$ 值变化范围很大（-30‰~

+9‰) (Chaussidon and Albarede, 1992; Jiang and Palmer, 1998)。硼同位素的变化受不同相态中硼配位结构、化学成分和分馏过程的控制。B 由两种同位素组成: ^{11}B 和 ^{10}B。由于 ^{11}B 是三次配位的, 较轻的同位素 ^{10}B 更倾向于四面体位置 (Palmer and Swihart, 1996)。电气石中的三次配位 B 位置是 B 的主要配位, 但在四面体配位 T 位中, 少量的 B 位可以替代 Si^{4+} (Ertl et al., 2006)。在电气石能够稳定存在的酸性流体中, 在不同的温压范围内, ^{11}B 优先以 [B(OH)$_3$] 的形式络合 (Palmer and Swihart, 1996; Schmidt et al., 2005)。目前还没有熔体和电气石之间 B 同位素分馏的实验数据, 但是由于 ^{11}B 优先进入电气石和流体相, 因此, 电气石的结晶和流体出溶都会导致残余岩浆中亏损 ^{11}B。将熔体和流体 (Hervig et al., 2002) 以及流体和电气石 (Meyer et al., 2008; Marschall et al., 2009) 之间的分馏计算值结合起来可以近似计算熔体和电气石之间的分馏。但 Gurenko 等 (2005) 认为在共存的不混溶富 B 熔体和硅酸盐熔体之间没有发生明显的 B 同位素分馏, 含水硅酸盐熔体和含水富 B 熔体的初始 B 同位素组成相似。

白杨河铀铍矿床花岗斑岩中电气石中的 δ^{11}B 值比较均一, 可以近似代表岩浆电气石的 B 同位素组成, 而凝灰岩和玄武岩电气石中的 δ^{11}B 值代表热液流体的 B 同位素组成。在一定的温度下, 与岩浆电气石平衡的含水流体的 δ^{11}B 组成为 -5‰。石英中 Ti 温度计结果表明, 从岩浆中出溶的流体温度约为 500℃, 利用 Meyer 等 (2008) 的分馏法计算得到流体的 δ^{11}B 值为 -3‰。

B 同位素在熔流体之间的分配取决于三配位和四配位硼的比例。因为 ^{11}B 优先分配在三配位的流体相中, 而 ^{10}B 主要分配在四配位的固体相中。假设熔体中三配位和四配位 B 是均匀混合 (Kaliwoda et al., 2011; Trumbull et al., 2013), 低压固相、富 F 的含水花岗质熔体温度为 650℃, 利用分子动力学计算得到的 B 同位素分馏系数 (Kaliwoda et al., 2011) 表明花岗质熔体和流体之间的 δ^{11}B 分馏值约为 -5‰。因此, 白杨河铀铍矿床热液流体可能来自 δ^{11}B 组成为 -8‰ 的花岗岩, 比 S 型花岗岩 (δ^{11}B = -11‰) 稍重, 比 I 型花岗岩 (δ^{11}B = -2‰) 轻 (Codeço et al., 2017; Trumbull and Slack, 2018) (图 6-7)。前人对 A 型花岗质岩和高分异花岗岩 B 同位素组成的研究很少。Tonarini 等 (2009) 报道了碱性玄武岩-粗面岩-响岩的 δ^{11}B 值为 -10‰ ~ -7‰。白杨河铀铍矿床花岗斑岩为高分异花岗岩, 因此, 我们可以近似认为高分异的 S 型花岗岩的 B 同位素范围为 -6‰ ~ -5‰。

白杨河铀铍矿床中电气石的 B 同位素组成接近地壳平均值的硼同位素组成, 因此, 不能区分 B 到底是来自花岗岩, 还是来自变质沉积物。前人报道白杨河地区的硼含量较低 (<40×10^{-6}) (赵振华等, 2001), 因此, 该区域变质沉积岩可能无法提供在热液蚀变带形成电气石所需要的足够 B。考虑到白杨河花岗斑岩具有高分异演化花岗岩元素组合 (Li、Be、Mn、Sn、Nb、F 和 Rb), 再对比蚀变和未蚀变岩石中的 B 含量, 我们发现蚀变后的岩石中 B 的浓度明显增高, 且杨庄花岗斑岩富 B (> 30.8×10^{-6})。因此, 我们认为花岗斑岩中电气石的硼一部分可能来源于杨庄花岗斑岩, 而凝灰岩和玄武岩电气石中的硼可能来自热液流体。

凝灰岩和玄武岩中一些具有环带的电气石 δ^{11}B 值从核部到边部略有增加 (图 6-8), 但是总体来看 δ^{11}B 同位素的变化相对较小。总的来说, 从核部到边部电气石 δ^{11}B 变化是其生长过程中热液流体逐渐冷却造成的, 而部分凝灰岩电气石振荡环带中 δ^{11}B 值的增加反映了流体的周期性注入和流体成分变化的结果。

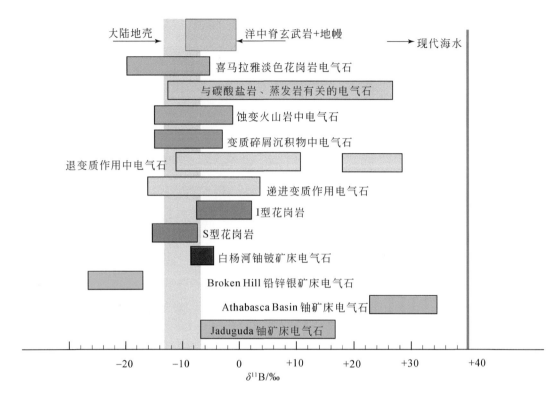

图 6-7　白杨河铀铍矿床电气石 $\delta^{11}B$ 值与其他矿床 $\delta^{11}B$ 值以及全球 B 储库的对比图

数据来源：Pal et al.，2010，Mercadier et al.，2012；Codeço et al.，2017；Cheng et al.，2021

三、多期次流体来源及其混合过程

凝灰岩和玄武岩中电气石的形成与花岗质岩浆密切相关。电气石中 $MgO/(MgO+FeO)$ 相对于 MgO 浓度的变化（Pirajno and Smithies，1992），可以作为与花岗岩相关的岩浆热液系统中电气石的距离指数。尽管三种产状的电气石微量元素成分和 $\delta^{11}B$ 值略有差异，但是揭示凝灰岩和玄武岩中电气石形成过程中均有岩浆成分的参与。

花岗斑岩中电气石具有典型岩浆电气石特征，微量元素组成相对均一，并且 $\delta^{11}B$ 同位素组成相差不大（-5.94‰ ~ -4.48‰），且具有高分异演化花岗岩的元素组合（Al、Li、Be、W、Sn、Nb、Zr、Nb、Ta 和 U），其 REE 配分模式与花岗斑岩的 REE 配分模式相同（图 6-5），进一步证实花岗岩中电气石是岩浆成因的。

玄武岩和凝灰岩中的电气石具有与花岗斑岩电气石完全不同的特征。花岗斑岩中电气石富含稀土元素，而玄武岩和凝灰岩中的电气石稀土元素含量较少。玄武岩和凝灰岩中的电气石具有 δEu 正异常，而花岗斑岩电气石具有 δEu 负异常，表明凝灰岩和玄武岩中的电气石与花岗斑岩电气石成因不同。玄武岩中的电气石富 Mg、Sc、V、Ti、Co、Cu、Sn 和 Pb，凝灰岩中的电气石富 Fe、Ni、Ga、Rb、Nb、Ta 和 Sn，反映它们电气石成分的差异是由热液流体和围岩相互作用引起的。凝灰岩和玄武岩中的电气石中较高的锡含量和 $\delta^{11}B$ 同位素表明形成电气石的流体来自岩浆热液，其元素组合与花岗斑岩电气石有很大的不同，指示形成玄武岩和凝灰岩中电气石的热液与形成花岗斑岩中电气石的热液流体来源不同，可能表明存在另一种来自更深部岩浆房的热液流体。

相同类型不同亚类电气石中的微量元素和稀土元素含量也有细微的变化，例如从核部到边部，BT-1 亚类电气石的 Be 含量从 $1.21 \times 10^{-6} \sim 6.76 \times 10^{-6}$ 变化到 $2.06 \times 10^{-6} \sim 12.88 \times 10^{-6}$；BT-2 亚类电气石的 Be 含量从 $1.64 \times 10^{-6} \sim 12.59 \times 10^{-6}$ 变化到 $4.29 \times 10^{-6} \sim 13.72 \times 10^{-6}$。不同亚类电气石中的 U 含量也是如此，反映了流体的周期性活动。TT-1 和 BT-1 亚类中电气石 $\delta^{11}B$ 和 Fe/(Fe+Mg) 值（图6-8）具有相似的变化趋势表明它们有可能是在同一阶段沉淀，而 TT-2 和 BT-2 亚类电气石在另一热液阶段沉淀。虽然很难确定玄武岩和凝灰岩中电气石与花岗斑岩电气石的关系，但是凝灰岩电气石中 Z 位置的 Al 被 Fe^{3+} 的替代表明电气石沉淀过程中体系氧化性的增加，而造成这种现象的原因是外来流体的加入。体系氧化性增强有利于 U 矿物的沉淀。因此，电气石的环带结构是岩浆热液和外来氧化性流体的周期性注入造成的。

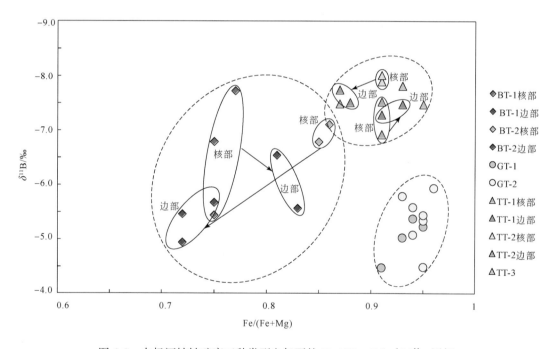

图6-8　白杨河铀铍矿床三种类型电气石的 Mg/(Mg+Fe) 与 $\delta^{11}B$ 图解

以上事实说明，电气石化学成分和结构特点可以示踪白杨河铀铍矿床的岩浆热液系统电气石沉淀的物理化学条件。流体周期性的注入，以及不同程度的水岩反应是形成白杨河铀铍矿床的关键。形成白杨河铀铍矿床电气石的流体有三种不同的来源：①杨庄花岗斑岩结晶分异作用；②深部岩浆房结晶分异产生的流体；③外来流体。

总之，电气石的微量元素和 $\delta^{11}B$ 组成可用于指示电气石沉淀过程中流体的来源及其水岩反应程度。不同类型电气石微量元素含量差异及特征元素的解耦性表明，某些特定的岩浆过程流体来源以及水-岩反应程度控制着成矿系统的演化。前人在相山铀矿床、Jaduguda 铀矿床和 McArthur River 不整合铀矿床的研究也能够证实这一观点（图6-9）。因此，电气石的结构、化学成分和硼同位素组成可以示踪铀铍成矿中的复杂岩浆热液过程。

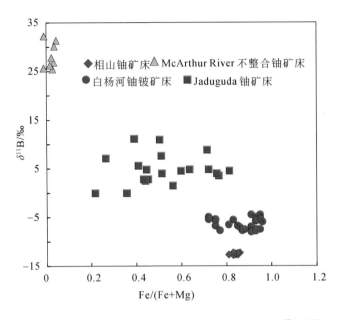

图 6-9　不同类型铀矿床电气石的 Fe/(Fe + Mg) 与 δ^{11}B 图解

数据来源：相山铀矿床（Yang and Jiang, 2012）；Jaduguda 铀矿床（Pal et al., 2010）；

McArthur River 不整合铀矿床（Mercadier et al., 2012）

第七章 成矿流体与矿质沉淀

成矿流体是成矿物质富集成矿最重要的介质。在成矿物质的活化、迁移和沉淀过程中起着极其重要的作用。成矿流体的来源和演化研究对揭示矿床成因和矿质沉淀的控制因素具有重要的作用。本章利用萤石流体包裹体测温、萤石微量元素、绿泥石矿物化学以及白云母氢氧同位素等手段探讨了白杨河铀铍矿床成矿流体演化以及铍铀沉淀机制。萤石样品采自钻孔岩心和地表露头；白云母样品采自含白云母–羟硅铍石–沥青铀矿的萤石脉；绿泥石样品采集蚀变的和矿化的杨庄花岗斑岩和泥盆纪凝灰岩。样品描述见表7-1，这些样品被用来进行岩相学观察、矿物化学分析、全岩主微量分析以及萤石微量元素分析。

表7-1 样品采集和描述

样品	描述
BY10-3	矿化花岗斑岩中的紫黑色萤石脉
ZK7702-17	矿化凝灰岩中的紫黑色萤石脉
ZK7702-19	矿化凝灰岩中的紫黑色萤石脉
ZK7702-21	矿化凝灰岩中的紫黑色萤石脉
BY10-26	矿化花岗斑岩和火山岩地层接触带的紫黑色萤石脉
BYP1-02	蚀变流纹岩
ZK7702-25	蚀变凝灰岩
BYP1-04	矿化凝灰岩
ZK7702-23	矿化凝灰岩
BYP2-8	矿化花岗斑岩
BYP1-18	矿化花岗斑岩
ZK7702-11	矿化花岗斑岩
BYP1-28	矿化花岗斑岩
BY12-29	含U矿物、羟硅铍石、萤石、石英和白云母等矿物矿石
BY10-7	蚀变花岗斑岩
ZK12-10	蚀变花岗斑岩
ZK0124-3	蚀变花岗斑岩
ZK12-37	蚀变花岗斑岩
B11-8	蚀变花岗斑岩
BYH17-12	含U矿物、羟硅铍石、萤石、石英和绿泥石等矿物矿石
ZK12-32-2	含U矿物、羟硅铍石、萤石、石英和绿泥石等矿物矿石
BYH17-20	含U矿物、羟硅铍石和萤石等矿物矿石

第一节　萤石矿物学与矿物化学

　　白杨河铀铍矿床铀、铍成矿作用与萤石化密切相关。野外露头观察和室内分析测试表明，萤石具有多期次特征，不同期次之间的萤石不但相互穿插，而且颜色、结构构造等特征有一定的差别，其中紫黑色萤石和浅紫色萤石与铀铍成矿有密切的关系。本次研究在杨庄花岗斑岩与南北两侧凝灰岩接触带部位及杨庄花岗斑岩内部采集了大量萤石样品，样品主要为花岗斑岩和凝灰岩中的萤石脉；少量样品来自钻孔 ZK1002 中 155.27m 处花岗斑岩中的萤石脉。首先，将所采集的萤石样品磨制成光薄片和流体包裹体薄片，进行萤石矿物学和流体包裹体岩相学观察，而后开展流体包裹体研究。

　　萤石颜色有紫黑色、浅紫色、绿色和无色，以深紫色为主，多充填在花岗斑岩或凝灰岩颗粒间隙中，少量呈细脉状产出。原生铀矿物主要赋存于该期萤石中。镜下发现部分紫黑色萤石具有条带状结构，该类萤石自形程度较好，解理清晰，条带严格与解理平行，呈脉状产出。浅紫色萤石稍晚于紫黑色萤石。绿色萤石和无色萤石切割紫色萤石，主要是成矿晚期的热液产物。

　　流体包裹体测温在中国地质科学院矿产资源研究所流体包裹体实验室完成，实验仪器为 Linkam THMSG600，工作范围为 $-196 \sim 600℃$，温度精度为 $0.1℃$。冰点温度附近升温速率为 $0.5℃/min$，均一温度附近升温速率为 $1℃/min$。

一、萤石流体包裹体岩相学

　　萤石中包裹体较为发育，但个体普遍较小。原生包裹体形状规则，多呈圆形或椭圆形，粒径相对较大。绝大多数包裹体类型为气相 CO_2–水溶液两相（V-L）包裹体，气液比为 $5\% \sim 20\%$。少量包裹体为气相 CO_2–液相 CO_2–水溶液三相（V-L-L）包裹体，液相 CO_2 所占比例很小（图7-1）。

　　紫黑色萤石中流体包裹体发育程度最差，多呈单个包裹体出现。多数包裹体粒径小于 $8μm$，少量包裹体粒径可达 $15μm$，气液比为 $5\% \sim 12\%$。条带状紫色萤石流体包裹体较发育，多呈单个包裹体出现，局部区域呈群体包裹体出现。包裹体粒径约 $10μm$，少量包裹体粒径超过 $20μm$。部分包裹体的长径方向与萤石紫色条带方向平行，气液比为 $5\% \sim 20\%$。无色萤石中流体包裹体最为发育，而且多呈群体包裹体出现。包裹体粒径变化范围较大，从小于 $5μm$ 到大于 $20μm$ 均有分布，气液比集中在 10% 左右。次生包裹体也十分发育，沿裂隙定向分布，粒径多小于 $5μm$，气液比小于 5% 或为纯液相。浅紫色萤石包裹体较为发育，多呈单个包裹体出现，局部区域呈群体包裹体出现。包裹体粒径约 $10μm$，少量包裹体粒径超过 $20μm$。气液比为 $5\% \sim 20\%$。不同类型萤石中均有少量包裹体被拉长或出现"卡脖子"的现象，气液比也往往随之改变，可能是受到了后期地质作用叠加的影响，测试过程排除了该类包裹体。

　　包裹体中含有 CO_2 等挥发性成分时，在冷冻包裹体的过程中会形成笼合物（Roedder，1963）。一般情况下，笼合物在高于冰点温度时仍能够稳定存在，因而会影响用冰点温度计算流体盐度的准确性（Roedder，1963；Collins，1979；Diamond，1992；Barton and

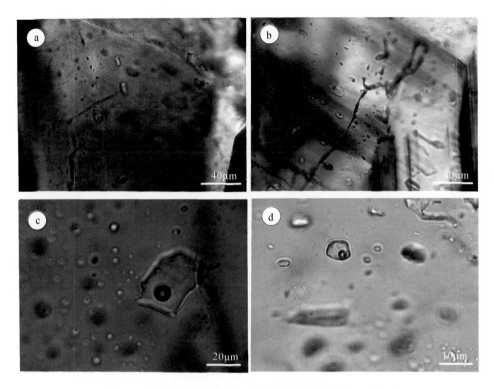

图 7-1　白杨河铀铍矿床不同类型萤石中流体包裹体特征

a, b. 紫色萤石中的流体包裹体；c, d. 无色萤石和绿色萤石中的流体包裹体

Chou，1993；Fall et al.，2011）。因此，Takenouchi 和 Kennedy（1965）提出用 CO_2 笼合物的熔化温度取代冰点温度来计算含 CO_2 流体包裹体的盐度。此后，这种计算流体盐度的方法不断被发展和完善（Bozzo et al.，1973；Collins，1979；Darling，1991；Diamond，1992，1994）。然而，所有这些方法都是只适用于气相 CO_2－液相 CO_2－水溶液三相（V-L-L）共存的流体包裹体。缺乏气相 CO_2 或液相 CO_2 的两相包裹体在降温过程中也会形成 CO_2 笼合物，但是这类包裹体的研究程度较低，目前还没有很好的针对气相 CO_2－水溶液两相（V-L）包裹体和液相 CO_2－水溶液两相（L-L）包裹体盐度的计算方法。

　　萤石中的包裹体绝大多数为气相 CO_2－水溶液两相（V-L）包裹体，仅观察到很少量的气相 CO_2－液相 CO_2－水溶液三相（V-L-L）包裹体。实验共测得 112 组均一温度组数据和 100 组 CO_2 笼合物熔化温度数据，条带状紫黑色萤石中有 6 组 CO_2 笼合物熔化温度数据小于 0℃，这一特征表明包裹体在降温过程中的确形成了 CO_2 笼合物，但由于气相 CO_2 不饱和，未形成三相包裹体。紫黑色萤石中，有两组 CO_2 笼合物熔化温度数据大于 10℃（20.7℃ 和 41.4℃）；浅紫色萤石中，有三组 CO_2 笼合物熔化温度数据大于 10℃（40.4℃、26.2℃ 和 19.7℃）。表明包裹体中可能存在其他气相成分，而 CH_4 是流体包裹体中最常见的引起笼合物熔化温度升高的气体（Collins，1979）。

　　由于本次实验所测量的绝大多数流体包裹体为气相 CO_2－水溶液两相（V-L）包裹体，到目前为止，该类型的包裹体还没有很好的计算方法。Fall 等（2011）尝试用拉曼测量 CO_2 笼合物熔化时 CO_2 两个特征峰之间的距离计算流体包裹体的盐度。然而，由于萤石的

拉曼特征峰会掩盖 CO_2 的特征峰，致使这一方法不适用于萤石流体包裹体盐度的计算。结合两相（V-L）流体包裹体中存在少量三相（V-L-L）包裹体的特征，本书参考三相包裹体盐度的计算方法，认为气相 CO_2-水溶液两相（V-L）包裹体中气相 CO_2 接近饱和，因此假设两相包裹体中液相 CO_2 含量无限接近于 0。由此盐度便可以用三相包裹体盐度的计算方法获得。根据 Roedder（1984）提出的计算方法：$w(NaCl)_{eqv} = 15.52022 - 1.02342 \times T - 0.05286 \times T^2$ 来计算流体的盐度。式中 $w(NaCl)_{eqv}$ 为水溶液中 NaCl 的质量分数，T 为 CO_2 笼合物的熔化温度（℃），应用范围为 $-9.6℃ \leqslant T \leqslant +10℃$。

二、流体包裹体测温结果

萤石流体包裹体测温结果见表 7-2，由表可知，萤石流体包裹体均一温度总体分布在 90 ~ 176℃，每种类型萤石均一温度都有显著的主峰，代表了该期萤石形成时温度的峰值。萤石流体包裹体盐度变化范围为 4.69% ~ 19.72%。紫黑色萤石流体包裹体均一温度主峰为 120 ~ 125℃，平均盐度为 9.49%；浅紫色萤石流体包裹体均一温度主峰为 130 ~ 140℃，平均盐度为 12.23%；绿色和无色萤石流体包裹体均一温度主峰为 120 ~ 125℃，平均盐度为 11.37%。萤石流体包裹体研究表明：白杨河铀铍矿床的成矿流体为中低温、中低盐度的热液流体。

表 7-2 流体包裹体数据统计表

萤石	均一温度/℃	CO_2 笼合物熔化温度/℃	CO_2 笼合物熔化温度/℃	盐度/%	平均盐度/%
紫黑色	120 ~ 125	14	0.5 ~ 6.1	7.31 ~ 15.00	9.49
浅紫色	130 ~ 140	28	-5.9 ~ 6.6	6.46 ~ 19.72	12.23
无色或绿色	120 ~ 150	32	0.1 ~ 6.7	4.69 ~ 15.42	11.37

三、萤石微量元素地球化学

白杨河铀铍矿床不同类型萤石微量元素见表 7-3。由表可知，紫黑色萤石：$\sum REE = 50.05 \times 10^{-6} ~ 347.22 \times 10^{-6}$，LREE/HREE = 0.81 ~ 2.15，U/Th = 0.04 ~ 0.33，$(La/Yb)_N = 0.42 ~ 0.73$，$\delta Eu = 1.01 ~ 1.25$。浅紫色萤石：$\sum REE = 126.51 \times 10^{-6} ~ 278.84 \times 10^{-6}$，LREE/HREE = 0.34 ~ 0.77，U/Th = 0.03 ~ 0.07，$(La/Yb)_N = 0.09 ~ 0.74$，$\delta Eu = 0.98 ~ 1.12$。无色萤石：$\sum REE = 55.26 \times 10^{-6} ~ 81.73 \times 10^{-6}$，LREE/HREE = 0.34 ~ 0.77，U/Th = 0.94 ~ 1.19，$(La/Yb)_N = 1.37 ~ .178$，$\delta Eu = 1.11 ~ 1.13$。绿色萤石：$\sum REE = 186.16 \times 10^{-6} ~ 264.73 \times 10^{-6}$，LREE/HREE = 0.49 ~ 2.85，U/Th = 0.01 ~ 1.69，$(La/Yb)_N = 0.51 ~ 3.23$，$\delta Eu = 0.89 ~ 1.27$。在稀土元素球粒陨石标准化图解上（图 7-2），不同类型的萤石表现出不同的配分模式。除无色萤石和一个绿色萤石样品显示 δEu 正异常外，其余均为 δEu 负异常。绿色萤石样品分别表现出 δEu 正和负异常，与紫黑色的样品（ZK1432-1）表现出镜像的关系，可能代表了在流体过程中气液相的分离作用导致稀土元素在两相之间的差

异性分配。无色萤石表现出轻、重稀土的分馏作用不明显，而其他类型的萤石则表现出相对富集重稀土的特点，且 δEu 均为正的异常，这说明无色萤石的形成机制可能与其他类型的萤石有所不同。

表7-3　白杨河铀铍矿床萤石微量元素组成　　（单位：10^{-6}）

元素	ZK46-1	ZK46-2	ZK60-1	ZK13-1	ZK13-5	ZK13-6	ZK13-3	BY12-58	ZK1432-1	ZK4612-3
	无色	无色	绿色	绿色	绿色	浅紫色	浅紫色	紫黑色	紫黑色	紫黑色
Li	0.896	0.698	1.47	1.25	0.673	5.61	1.45	42.8	1.95	14.6
Be	0.152	0.144	0.26	0.66	0.448	0.53	2	10.2	0.612	233
Sc	1.01	1.05	1.25	0.964	2.27	1.11	3.11	174	1.03	7.69
V	0.166	0.124	0.199	0.055	0.089	0.088	0.034	16.1	0.357	4.52
Cr	1.72	0.305	0.623	0.404	1.31	2.31	0.422	0.567	0.427	2.33
Co	9.83	10.3	10.4	8.04	11	10.6	9	13.3	9.4	7.89
Ni	0.752	0.061	0.053	0.255	0.48	0.999	0.058	1.02	0.143	2.28
Cu	2.02	0.009	<0.002	0.339	2.09	0.153	0.159	2.4	0.461	2.15
Zn	7.66	3.24	3.75	5.34	1.71	2.65	2.15	65.5	2.01	63.2
Ga	0.251	0.185	0.738	0.435	0.387	0.319	0.371	2.8	0.297	5.22
Rb	0.219	0.13	0.427	0.242	0.124	0.419	0.418	23.3	0.741	36.2
Sr	250	262	174	964	1121	945	1906	339	214	3075
Y	102	43	102	433	387	159	312	159	52.1	189
Nb	0.079	0.04	0.123	0.077	0.191	0.041	0.153	3.13	0.654	12.9
Mo	0.214	0.111	0.159	0.182	0.444	0.448	0.047	9.18	0.196	3.44
Cd	0.116	0.027	0.071	0.042	0.028	0.018	0.014	0.091	0.008	0.401
Sb	0.351	0.161	0.248	0.234	0.098	0.583	0.313	2.37	0.313	0.586
Cs	0.154	0.127	0.324	0.294	0.011	0.516	0.387	9.71	0.482	4.19
Ba	0.994	0.814	2.02	2.68	2.36	2.98	7.82	35.9	1.38	28.8
La	9.59	7.55	13.3	10.9	10.1	7.7	9.19	35.7	7.53	13.9
Ce	19.4	14.5	39	26.7	24.8	19.5	31.3	114	15.8	30
Pr	2.46	1.82	7.57	4.27	4	2.9	4.44	15.6	1.55	3.33
Nd	11.7	8.42	44.2	25.3	23.6	15.7	16.4	53.8	4.6	11.4
Sm	4.43	2.85	20.3	18.8	17.2	8.75	9.55	15.1	1.28	5.6
Eu	5.35	2.82	13.5	1.46	1.3	0.676	0.537	2.67	0.188	0.564
Gd	4.83	3.01	16.9	32.1	28.5	12.3	10.2	13	1.39	7.32
Tb	1.17	0.711	3.29	10.5	9.25	3.95	4.29	3.04	0.353	2.21
Dy	9.15	5.39	17.3	77.7	70.6	30	47.9	23.9	3.28	19.8

元素	ZK46-1	ZK46-2	ZK60-1	ZK13-1	ZK13-5	ZK13-6	ZK13-3	BY12-58	ZK1432-1	ZK4612-3
	无色	无色	绿色	绿色	绿色	浅紫色	浅紫色	紫黑色	紫黑色	紫黑色
Ho	1.94	1.13	2.4	12.6	11.3	4.93	11.6	5.6	0.927	4.72
Er	5.1	3.03	4.59	24.3	22.2	10.3	41.1	19.6	3.52	15.4
Tm	0.844	0.508	0.481	3.08	2.86	1.44	9.98	4.67	0.911	3.39
Yb	5.03	3.05	2.95	15.1	14.2	7.43	73	35	7.4	23.6
Lu	0.74	0.467	0.381	1.92	1.84	0.938	9.35	5.54	1.32	3.59
Ta	0.109	0.067	0.084	0.285	0.403	0.134	0.269	0.275	0.096	1.23
W	0.46	0.325	0.278	0.67	0.721	0.335	1.02	2.19	0.281	1.01
Re	0.018	0.01	0.009	0.056	0.063	0.027	0.16	0.085	0.016	0.06
Tl	0.002	<0.002	<0.002	<0.002	0.008	0.003	<0.002	0.115	0.003	0.12
Pb	3.23	6.32	5.32	1.07	1.82	1.05	1.55	13.8	3.61	163
Bi	0.01	0.008	0.007	0.005	0.004	0.014	0.01	139	0.069	0.324
Th	0.027	0.018	0.126	5.88	6.77	1.3	13.7	136	1	17.6
U	0.032	0.017	0.213	0.086	0.069	0.089	0.359	5.73	0.332	2.51
Zr	0.275	0.279	11.3	0.623	7.41	1.18	3.12	0.702	4.12	55.4
Hf	0.321	0.191	0.796	2.44	2.77	0.962	1.61	0.795	0.309	3.22

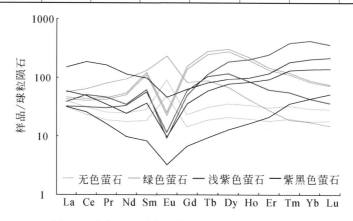

图 7-2　白杨河不同类型萤石稀土元素配分模式图

球粒陨石数据引自 Sun and McDonough, 1989

　　不同类型萤石之间微量元素具有明显的差异：紫黑色萤石具有较高的 U、Be、Mo 含量（U、Be、Mo 含量最高分别达到 $5.73×10^{-6}$、$233.00×10^{-6}$、$9.18×10^{-6}$），说明矿化主要与紫黑色萤石有关。而白色萤石中 U、Mo、Be 的含量均较低，说明白色萤石的形成与铀铍矿化关系不明显。而绿色萤石则表现出相对富 U、贫 Be 的特点，说明绿色萤石的形成主要与 U 有关（图 7-3）。从不同类型萤石中元素二元图解可以看出，元素 Be 和 Li、Be 和 U 在萤石中具有相似的地球化学行为。

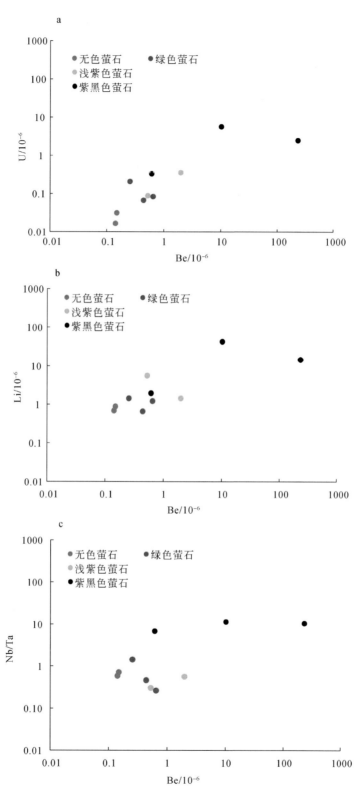

图 7-3　不同类型萤石中 Be 元素相关关系图

a. 元素 U 和 Be 图解；b. 元素 Be 和 Li 图解；c. Nb/Ta 值和元素 Be 图解

第二节　绿泥石矿物化学

绿泥石是岩浆热液矿床中重要的热液蚀变产物，人们常利用绿泥石成分来分析绿泥石示踪的环境（Walshe，1986；Bryndzia and Scott，1987；Zang and Fyfe，1995；Yuguchi，2015）。根据产状和化学成分特征，白杨河铀铍矿床中与矿化有关的绿泥石可分为两类：①杨庄花岗斑岩体岩石中铁镁质矿物蚀变产生的绿泥石（C1）；②矿石中从热液流体中直接沉淀的绿泥石（C2），绿泥石 C2 与紫色萤石、羟硅铍石共生。两种绿泥石的电子探针分析结果见表 7-4，两种类型的绿泥石结构均为三八面体，属于铁绿泥石（图 7-4a）（Zane and Weiss，1998）。在 Fe/（Fe+Mg）-Si 图解（图 8-7b）中，C1 绿泥石数据点投影点落于鲕绿泥石和铁镁绿泥石之间，而 C2 绿泥石主要集中在铁镁绿泥石区域。SiO_2、FeO 和 Al_2O_3 是 C1 和 C2 绿泥石最为重要的化学成分。C1 绿泥石的结构式为（$Al_{2.91}$ $Fe^{3+}_{0.24}$ $Fe^{2+}_{5.66}$ $Mg_{2.70}$）$_{11.38}$（$Si_{5.58}$ $Al_{2.42}$）$_8$ O_{20}（OH）$_8$。SiO_2 含量为 23.44%～27.24%、Al_2O_3 含量为 19.36%～23.30%、FeO 含量为 30.36%～34.66% 和 MgO 含量为 3.10%～8.32%。C2 绿泥石的结构式为（$Al_{2.96}$ $Fe^{3+}_{0.46}$ $Fe^{2+}_{6.98}$ $Mg_{1.22}$）$_{11.31}$（$Si_{5.91}$ $Al_{2.09}$）$_8$ O_{20}（OH）$_8$。SiO_2 含量为 25.45%～28.23%、Al_2O_3 含量为 17.51%～20.65%、FeO 含量为 38.25%～41.75%、MgO 含量为 2.11%～3.70%。除此之外，绿泥石中还含有 MgO、TiO_2、MnO、Na_2O 和 Cr_2O_3 等成分。

绿泥石的成分主要受其形成环境控制，如全岩成分、压力、温度和氧化还原作用等（Walshe，1986；Zang and Fyfe，1995；Xie et al.，1997；Vidal et al.，2001，2005；Inoue et al.，2009）。其成分主要受三个替换矢量所制约，即 $FeMg_{-1}$、Tschermak $Al^{IV}Al^{VI}Si_{-1}$（Mg，Fe）$_{-1}$（TK）和 di/trioctahedral 3（Mg，Fe^{2+}）= □+2Al^{VI}（DT），其中□代表八面体空缺（Zane and Weiss，1998）。在 R^{2+}-Si 图解（图 7-4c）中显示 C1 绿泥石成分主要受 DT 交换矢量影响，而 C2 受 $Si_{-1.25}$□$_{-0.75}$$R^{3+}$$R^{2+}$ 矢量（是 TK 和 3/5DT 的结合）控制。Fe 与 Mg 呈负相关（图 7-4d），表明 $FeMg_{-1}$ 矢量对绿泥石的形成也有控制。采用 Bourdelle 和 Cathelineau（2015）提出的绿泥石温度计来计算白杨河铀铍矿床绿泥石形成时的温度（图 7-4c）。C1 绿泥石的形成温度为 140～230℃，而 C2 绿泥石的形成温度为 125～200℃；采用了 Zang 和 Fyfe（1995）提出的绿泥石温度计，得到 C1 和 C2 绿泥石的形成温度分别集中在 180～225℃和 135～165℃。这两种计算方法在误差允许范围内计算结果基本一致。

表 7-4　白杨河铀铍矿床两类绿泥石（C1 和 C2）电子探针分析结果

（单位：%）

C1 绿泥石

成分	BY10-7-01	BY10-7-02	BY10-7-03	BY10-7-04	BY10-7-05	BY10-7-06	ZK12-10-01	ZK12-10-02	ZK12-10-03	ZK12-10-04	ZK12-10-05	ZK0124-3-01	ZK0124-3-02	ZK12-37-2-1	ZK12-37-2-2
SiO_2	26.18	26.37	26.59	25.26	26.64	25.90	26.17	26.97	27.24	26.59	26.86	26.42	26.68	24.96	25.15
TiO_2	0.05	0.00	0.00	0.02	0.03	0.00	0.03	0.00	0.01	0.04	0.01	0.60	0.07	0.36	0.04
Al_2O_3	22.14	22.16	20.85	23.15	19.39	21.56	23.11	23.30	21.55	22.70	23.14	22.60	20.64	20.89	19.77
FeO	33.31	34.66	33.42	34.15	32.63	33.47	30.64	30.47	33.03	33.41	30.45	30.36	33.26	33.81	33.72
MnO	0.45	0.47	0.25	0.46	0.20	0.42	0.47	0.44	0.36	0.47	0.35	0.76	0.92	0.77	0.71
MgO	4.67	3.10	7.03	4.73	7.54	6.64	6.50	6.46	6.70	5.73	6.29	7.52	6.83	7.07	7.32
CaO	0.01	0.17	0.17	0.24	0.30	0.30	0.14	0.17	0.31	0.22	0.36	0.05	0.09	0.00	0.05
Na_2O	0.13	0.07	0.08	0.06	0.12	0.09	0.14	0.15	0.12	0.11	0.21	0.06	0.11	0.01	0.02
K_2O	0.01	0.14	0.18	0.01	0.24	0.17	0.69	0.60	0.35	0.38	0.26	0.00	0.01	0.02	0.04
Cr_2O_3	0.09	0.44	0.17	0.28	0.58	0.17	0.06	0.03	0.01	0.03	0.01	0.15	0.23	0.01	0.07
总量	87.05	87.58	88.74	88.35	87.66	88.73	87.94	88.58	89.67	89.68	87.93	88.53	88.83	87.90	86.89
Si	5.70	5.74	5.71	5.47	5.80	5.58	5.58	5.67	5.75	5.62	5.68	5.58	5.73	5.48	5.60
Al^{IV}	2.30	2.26	2.29	2.53	2.20	2.42	2.42	2.33	2.25	2.38	2.32	2.42	2.27	2.52	2.40
Al^{VI}	3.45	3.51	3.03	3.43	2.81	3.10	3.45	3.52	3.17	3.35	3.53	3.26	3.00	2.91	2.81
Ti	0.01	0.00	0.00	0.00	0.00	0.00	0.00	0.00	0.00	0.01	0.00	0.10	0.01	0.06	0.01
Cr	0.02	0.08	0.03	0.05	0.10	0.03	0.01	0.00	0.00	0.01	0.00	0.03	0.04	0.00	0.01
Fe^{3+}	0.63	0.70	0.39	0.51	0.35	0.36	0.47	0.56	0.45	0.48	0.60	0.57	0.42	0.28	0.23
Fe^{2+}	5.44	5.61	5.61	5.67	5.59	5.68	4.99	4.80	5.38	5.43	4.79	4.79	5.56	5.93	6.05
Fe	6.07	6.31	6.00	6.18	5.94	6.03	5.46	5.36	5.83	5.91	5.39	5.36	5.98	6.21	6.28
Mn	0.08	0.09	0.05	0.08	0.04	0.08	0.08	0.08	0.06	0.08	0.06	0.14	0.17	0.14	0.13
Mg	1.52	1.01	2.25	1.53	2.45	2.13	2.06	2.02	2.11	1.81	1.98	2.37	2.19	2.31	2.43
Ca	0.00	0.04	0.04	0.06	0.07	0.07	0.03	0.04	0.07	0.05	0.08	0.01	0.02	0.00	0.01
Na	0.11	0.06	0.07	0.05	0.10	0.08	0.12	0.12	0.10	0.09	0.17	0.05	0.09	0.01	0.02
K	0.01	0.08	0.10	0.01	0.13	0.09	0.38	0.32	0.19	0.21	0.14	0.00	0.01	0.01	0.02

续表

成分	C1 绿泥石								C2 绿泥石						
	ZK12-37-2-3	ZK12-37-2-4	ZK12-37-2-5	ZK12-37-2-6	ZK12-37-2-7	ZK12-37-2-8	ZK12-37-2-9	ZK12-37-2-10	BYH17-12-01	BYH17-12-02	BYH17-12-03	BYH17-12-04	BYH17-12-05	BYH17-12-06	BYH17-12-07
SiO_2	25.92	25.91	25.09	24.53	24.63	24.19	23.44	25.25	25.82	26.15	26.28	26.93	27.29	26.74	26.73
TiO_2	0.02	0.05	0.03	0.17	0.07	0.08	0.06	0.14	0.05	0.03	0.04	0.00	0.03	0.02	0.00
Al_2O_3	20.60	21.49	21.62	20.31	22.31	22.29	22.47	20.94	19.95	20.22	19.50	18.11	17.51	18.14	18.90
FeO	32.41	33.37	32.04	32.52	32.72	32.42	33.55	32.37	40.99	40.29	39.23	39.25	39.04	39.46	40.87
MnO	0.30	0.34	0.33	0.43	0.45	0.56	0.49	0.46	0.03	0.09	0.00	0.09	0.03	0.10	0.10
MgO	7.25	8.16	7.61	7.63	7.17	7.55	7.41	8.32	2.40	2.29	2.25	2.48	2.37	2.28	2.65
CaO	0.07	0.04	0.09	0.09	0.12	0.00	0.00	0.03	0.05	0.00	0.31	0.31	0.22	0.09	0.00
Na_2O	0.02	0.07	0.04	0.09	0.09	0.04	0.00	0.09	0.09	0.03	0.16	0.20	0.17	0.14	0.02
K_2O	0.04	0.03	0.04	0.21	0.00	0.02	0.04	0.05	0.10	0.01	0.37	0.19	0.22	0.08	0.01
Cr_2O_3	0.05	0.09	0.10	0.14	0.06	0.06	0.01	0.07	0.01	0.02	0.03	0.00	0.01	0.00	0.02
总量	86.68	89.54	86.99	86.13	87.63	87.21	87.47	87.72	89.49	89.13	88.18	87.56	86.88	87.05	89.30
Si	5.69	5.53	5.49	5.48	5.38	5.31	5.18	5.50	5.73	5.79	5.87	6.06	6.17	6.05	5.93
Al^{IV}	2.31	2.47	2.51	2.52	2.62	2.69	2.82	2.50	2.27	2.21	2.13	1.94	1.83	1.95	2.07
Al^{VI}	3.06	2.96	3.10	2.86	3.15	3.11	3.06	2.91	3.00	3.11	3.06	2.91	2.89	2.95	2.91
Ti	0.00	0.01	0.00	0.03	0.01	0.01	0.01	0.02	0.01	0.00	0.01	0.00	0.01	0.00	0.00
Cr	0.01	0.02	0.02	0.02	0.01	0.01	0.00	0.01	0.00	0.00	0.01	0.00	0.00	0.00	0.00
Fe^{3+}	0.41	0.27	0.33	0.19	0.29	0.24	0.14	0.24	0.38	0.50	0.44	0.47	0.54	0.52	0.47
Fe^{2+}	5.54	5.68	5.53	5.89	5.68	5.71	6.07	5.66	7.23	6.96	6.88	6.91	6.85	6.95	7.12
Fe	5.95	5.96	5.86	6.08	5.97	5.96	6.21	5.90	7.61	7.46	7.33	7.38	7.38	7.47	7.58
Mn	0.06	0.06	0.06	0.08	0.08	0.10	0.09	0.08	0.01	0.02	0.00	0.02	0.01	0.02	0.02
Mg	2.37	2.60	2.48	2.54	2.33	2.47	2.44	2.70	0.79	0.76	0.75	0.83	0.80	0.77	0.88
Ca	0.02	0.01	0.02	0.02	0.03	0.00	0.00	0.01	0.01	0.00	0.07	0.07	0.05	0.02	0.00
Na	0.02	0.06	0.03	0.08	0.08	0.03	0.00	0.08	0.08	0.03	0.14	0.17	0.15	0.12	0.02
K	0.02	0.02	0.02	0.12	0.00	0.01	0.02	0.03	0.06	0.01	0.21	0.11	0.13	0.05	0.01

续表

C2 绿泥石

成分	BYH17-12-08	BYH17-12-09	BYH17-12-10	BYH17-12-11	BYH17-12-12	BYH17-12-13	BYH17-12-14	BYH17-12-15	ZK12-32-2-01	ZK12-32-2-02	ZK12-32-2-03	ZK12-32-2-04	ZK12-32-2-05	ZK12-32-2-06	ZK12-32-2-07
SiO_2	25.90	26.04	27.91	28.23	26.13	25.45	25.73	26.48	26.12	26.21	25.75	27.44	26.18	26.73	27.61
TiO_2	0.06	0.10	0.03	0.04	0.02	0.06	0.02	0.04	0.04	0.04	0.00	0.00	0.01	0.05	0.04
Al_2O_3	18.12	18.53	18.07	18.77	20.15	19.70	20.65	20.02	19.58	19.93	19.01	18.92	19.08	19.04	17.81
FeO	40.24	40.13	39.70	39.69	41.74	40.99	41.52	41.63	39.81	39.88	39.52	39.82	38.25	39.14	38.47
MnO	0.06	0.09	0.00	0.01	0.03	0.09	0.05	0.13	0.60	0.59	0.56	0.72	0.59	0.81	0.52
MgO	2.28	2.43	2.11	2.75	2.42	2.40	2.47	2.44	2.61	2.47	2.91	2.77	2.80	2.52	3.70
CaO	0.17	0.00	0.25	0.28	0.00	0.00	0.00	0.00	0.00	0.02	0.00	0.00	0.00	0.10	0.07
Na_2O	0.12	0.17	0.22	0.30	0.12	0.04	0.09	0.02	0.08	0.06	0.10	0.07	0.09	0.09	0.11
K_2O	0.17	0.10	0.20	0.24	0.00	0.02	0.00	0.09	0.00	0.04	0.02	0.00	0.07	0.03	0.03
Cr_2O_3	0.01	0.04	0.00	0.01	0.01	0.03	0.02	0.05	0.23	0.15	0.16	0.06	0.06	0.23	0.11
总量	87.14	87.61	88.50	88.32	90.61	88.78	90.55	90.90	89.07	89.37	88.05	89.80	87.13	88.73	88.47
Si	5.92	5.90	6.18	6.11	5.74	5.71	5.65	5.79	5.80	5.79	5.80	6.01	5.90	5.93	6.11
Al^{IV}	2.08	2.10	1.82	1.89	2.26	2.29	2.35	2.21	2.20	2.21	2.20	1.99	2.10	2.07	1.89
Al^{VI}	2.84	2.89	2.96	2.96	2.99	2.96	3.04	2.98	2.97	3.03	2.89	2.95	3.02	2.97	2.81
Ti	0.01	0.02	0.00	0.01	0.00	0.01	0.00	0.01	0.01	0.01	0.00	0.00	0.00	0.01	0.01
Cr	0.00	0.01	0.00	0.00	0.00	0.01	0.00	0.01	0.04	0.03	0.03	0.01	0.01	0.04	0.02
Fe^{3+}	0.39	0.41	0.57	0.52	0.38	0.38	0.37	0.42	0.44	0.46	0.38	0.53	0.49	0.51	0.50
Fe^{2+}	7.30	7.19	6.78	6.67	7.28	7.32	7.26	7.18	6.95	6.91	7.07	6.77	6.72	6.76	6.62
Fe	7.69	7.60	7.35	7.18	7.66	7.70	7.63	7.61	7.40	7.37	7.45	7.30	7.21	7.27	7.12
Mn	0.01	0.02	0.00	0.02	0.01	0.02	0.01	0.02	0.11	0.11	0.11	0.13	0.11	0.15	0.10
Mg	0.78	0.82	0.70	0.89	0.79	0.80	0.81	0.79	0.86	0.81	0.98	0.90	0.94	0.83	1.22
Ca	0.04	0.00	0.06	0.06	0.00	0.00	0.00	0.00	0.00	0.00	0.00	0.00	0.00	0.02	0.02
Na	0.11	0.15	0.19	0.25	0.10	0.03	0.08	0.02	0.07	0.05	0.09	0.06	0.08	0.08	0.09
K	0.10	0.06	0.11	0.13	0.00	0.01	0.00	0.05	0.00	0.02	0.01	0.00	0.04	0.02	0.02

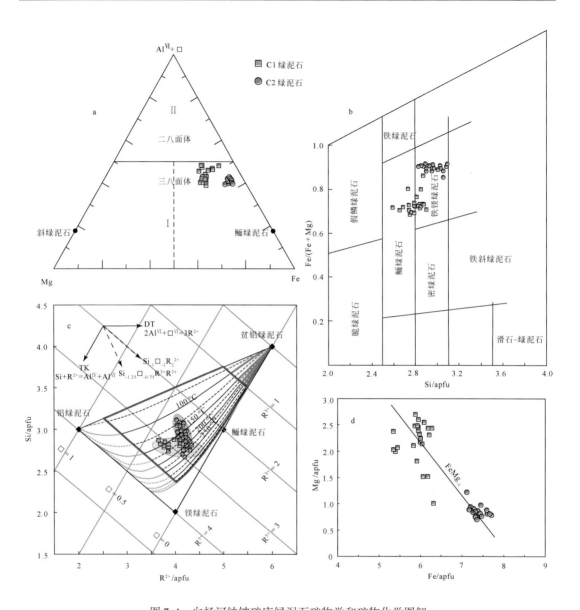

图 7-4　白杨河铀铍矿床绿泥石矿物学和矿物化学图解

a. 绿泥石 Fe-（Al^{VI}+□）-Mg 图（据 Zane and Weiss，1998）；b. 绿泥石分类图解（据 Hey，1954）；

c. 绿泥石温度计 T-R^{2+}-Si 相图（据 Bourdelle and Cathelineau，2015）；d. 绿泥石 Fe-Mg 图解

第三节　白云母氢氧同位素地球化学

　　成矿热液流体的来源包括海水、大气降水、建造水、岩浆水和变质水等。成矿流体的氢氧同位素组成是确定成矿热液来源的主要手段。成矿流体氢氧同位素的方法主要有直接测试和间接测试两种方法。直接测试法是指测试不含羟基或不含氧的热液矿物（如石英、萤石、闪锌矿等）包裹体中水的 δD 和 $\delta^{18}O$ 的方法。间接测试法是指测试热液矿物的氢氧

同位素，再根据已知的矿物-水同位素分馏方程来计算成矿热液的 δD 和 δ^{18}O。计算过程中成矿热液的温度需要通过流体包裹体测温或其他方法获得。通过计算获得的热液的 δD 和 δ^{18}O 值投影到热液的 δD-δ^{18}O 关系图上判断成矿流体的来源。

白杨河铀铍矿床的热液蚀变主要包括萤石化、绢云母化和赤铁矿化等。对白云母-羟硅铍石-萤石脉中的白云母样品进行氢氧同位素分析（表7-5）。萤石流体包裹体测温结果表明，成矿流体温度为 120～150℃，以 T=130℃ 计算矿物-水同位素分馏：

δ^{18}O：$1000\ln\alpha_{白云母-水} = 4.14 \times 106/T^2 - 7.36 \times 10^3/T + 2.21$

δD：T=130℃ 时，$1000\ln\alpha_{白云母-水} = 26.3$

热液蚀变白云母氢氧同位素分析结果见表7-5。由表可知，白云母 δ^{18}O 变化于 +6.3‰～+7.8‰，δD 变化于 -135.7‰～-81.0‰，计算获得的成矿流体 δ^{18}O 变化于 -4.7‰～-3.2‰，δD 变化于 -110.7‰～-56.0‰。

表 7-5　白杨河铀铍矿床热液蚀变白云母氢氧同位素特征

样品号	样品名	δ^{18}O$_{矿物}$/‰	δ^{18}O$_{H_2O}$/‰	δD$_{矿物}$/‰	δD$_{H_2O}$/‰
BY12-29	白云母	7.8	-3.2	-124.6	-99.6
BY12-58	白云母	7.2	-3.8	-135.7	-110.7
ZK6026-7	白云母	7.2	-3.8	-81.0	-56.0
ZK13101-3	白云母	6.3	-4.7	-115.6	-90.6

将计算获得的 δD-δ^{18}O 同位素数据投影于图7-5。由图可知，白杨河铀铍矿床成矿流体 δD 值具有异常低的负值，但与该地区其他金属矿床（如阿希金矿等）成矿流体的 δD

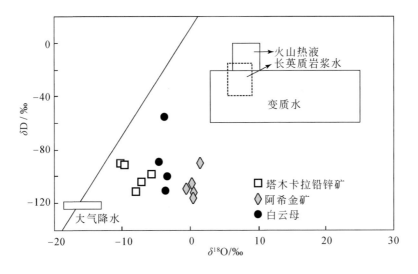

图 7-5　白杨河铀铍矿床成矿流体 δD-δ^{18}O 关系图

数据来源：变质流体据 Taylor，1974。幔源流体据 Sheppard，1981；Taylor，1974。火山热液、长英质岩浆水和变质水据 Hedenouist and Lowenstern，1994。当地古生代大气降水据 Wang et al.，2002

同位素值基本一致,说明该地区古生代大气降水 δD 同位素的独特性。白杨河所有的样品投影点均分布于原生岩浆水与雨水线之间的位置,表明成矿流体可能为岩浆水与大气降水的混合物,这一结论与通过萤石流体包裹体研究获得的结论一致。因此,白杨河白云母–羟硅铍石–萤石脉形成的流体是岩浆流体与大气降水混合的结果。

第八章 成矿物质来源的矿物学示踪

成矿物质来源的确定是金属矿床成因机制和成矿过程研究的重要组成部分，然而，成矿物质来源的直接证据往往难以获得，因而多采用间接证据（如矿物学、同位素地球化学和成矿年代学等），即使是间接证据其争论也往往比较大。成矿物质源区的正确确定可以有效圈定该类型矿床成矿最有潜力的地段，提出找矿方向，从而为找矿工作部署提供科学依据（Muntean et al., 2011；Lee and Koh, 2012；Tomkins, 2013；Tomkins and Evans, 2015）。

近年来，岩浆副矿物微区 LA-ICP-MS 微量元素、电气石 B-Li-Mg 同位素技术，以及微颗粒沥青铀矿 U-Th-Pb 定年技术的迅猛发展为发现铀铍等成矿物质来源的直接证据提供了可能性（Smith and Yardley, 1996；Xavier et al., 2008；Pal et al., 2010；Mercadier et al., 2012；Finger et al., 2017）。因此，在深入研究岩石成因类型和热液蚀变特征的基础上，本书利用现代测试技术和方法开展了白杨河铀铍矿床含矿岩石 U-Be 载体矿物组成的研究，力图为揭示白杨河铀铍富集成矿过程中铀和铍的主要来源提供直接的证据。

第一节 样品采集和分析方法

本书所用的样品均采自钻孔岩心和地表露头，详细的样品描述见表 8-1。在岩相学观察的基础上，对这些样品中的长石、Fe-Ti 氧化物、云母和含铀副矿物进行电子探针化学组成和 LA-ICP-MS 微量元素分析。

表 8-1　样品编号和描述

样品	描述
BYP1-12	弱蚀变花岗斑岩（露头样品）
BYP1-13	蚀变花岗斑岩（露头样品）
BYP1-14	蚀变花岗斑岩（露头样品）
BYP1-15	蚀变花岗斑岩（露头样品）
BYP1-17	弱蚀变花岗斑岩（露头样品）
BYP1-18	矿化花岗斑岩（露头样品）
BYP1-19	蚀变花岗斑岩（露头样品）
BYP1-20	弱蚀变花岗斑岩（露头样品）
BYP1-22	蚀变花岗斑岩（露头样品）
BYP1-26	弱蚀变花岗斑岩（露头样品）
ZK118-24-3	强蚀变花岗斑岩（露头样品）
ZK7702-1	弱蚀变花岗斑岩（钻孔样品，深 37m）
ZK7702-2	蚀变花岗斑岩（钻孔样品，深 46.4m）

样品	描述
ZK7702-3	弱蚀变花岗斑岩（钻孔样品，深54.9m）
ZK7702-4	蚀变花岗斑岩（钻孔样品，深70.8m）
ZK7702-5	蚀变花岗斑岩（钻孔样品，深78.7m）
ZK7702-6	蚀变花岗斑岩（钻孔样品，深92m）
ZK7702-7	弱蚀变花岗斑岩（钻孔样品，深99m）
ZK7702-8	蚀变花岗斑岩（钻孔样品，深117.5m）
ZK7702-9	蚀变花岗斑岩（钻孔样品，深124m）
ZK7702-10	弱蚀变花岗斑岩（钻孔样品，深132.9m）
BY10-7	蚀变花岗斑岩（露头样品）
ASD-2	弱蚀变花岗斑岩（露头样品）
ZK26607-1	弱蚀变花岗斑岩（露头样品）
ZK5432	矿石样品（含有沥青铀矿、羟硅铍石和萤石）
BYH17-20	矿石样品（含有沥青铀矿、羟硅铍石和萤石）
BYH18-1	弱蚀变花岗斑岩（露头样品）

电子探针（EPMA）分析在中国地质科学院矿产资源研究所电子探针实验室完成，仪器型号为 JXA-8230。长石、Fe-Ti 氧化物、云母和绿泥石元素定量分析的测试条件为加速电压为 15kV、束流为 20nA、束斑大小为 1~5μm、修正方法为 ZAF（原子序数、吸收效应和荧光效应校正）。所用标准样品及分析时间分别为 F-黄玉为 20s、Cl-NaCl 为 20s、Ti-TiO_2 为 10s、Mg-橄榄石为 10s、Al-钠长石为 10s、K-正长石为 10s、Ca-钙蔷薇辉石为 10s、Fe-Fe_2O_3 为 10s、Si-钠长石为 10s、Mn-蔷薇辉石为 10s 等。铀矿物元素定量分析的测试条件为加速电压为 15kV、束流为 50nA、束斑大小为 1~5μm、修正方法为 ZAF。所用标准样品及分析时间分别为 U-UO_2 为 20s、Y-钇铝榴石为 30s、Th-方钍石为 50s、Pb-UO_2 为 80s、稀土元素-合成稀土五磷酸盐为 20s、Ca-钙蔷薇辉石为 10s、Fe-Fe_2O_3 为 20s、Si-钠长石为 20s 等。U、Th、Pb 均选用 Mα 线，分别用 PET（U、Th）和 PETH（Pb）晶体测量。具体分析方法见葛祥坤等（2013）。元素 U、Th、Pb 的检测限分别为 $149×10^{-6}$、$88×10^{-6}$、$40×10^{-6}$。

EPMA 元素面扫描分析条件为加速电压为 15kV、束流为 100nA、每次停留时间为 50ms，获得 U、Th、Zr、Ca、Si、Fe、Mo、Nb、Ta、Mn、Ti、P、Hf 和 REE 等元素。每个区域测试时间约 10h。

云母原位微量元素、铌铁矿微量元素分析在中国科学院地质与地球物理研究所多接收电感耦合等离子体质谱实验室完成。所用仪器为 Agilent 7500a 四极电感耦合等离子体质谱仪连接 193nm 准分子 ArF 激光剥蚀系统。所有的分析都是从抛光的薄片获得的。在 40s 背景分析中，云母在 8Hz 的重复频率下被剥蚀 60s，能量密度为 $10J/cm^2$，光斑尺寸为 50μm。[7]Li、[9]Be、[11]B、[45]Sc、[51]V、[53]Cr、[85]Rb、[88]Sr、[89]Y、[90]Zr、[93]Nb、[95]Mo、[133]Cs、[137]Ba、[139]La、[140]Ce、[141]Pr、[146]Nd、[147]Sm、[151]Eu、[155]Gd、[159]Tb、[163]Dy、[165]Ho、[167]Er、[169]Tm、[173]Yb、[175]Lu、[178]Hf、[181]Ta、[182]W、[208]Pb、[232]Th 和 [238]U 等元素分别分析。具体的分析方法见 Xie 等（2008）的描述。NIST610、

NIST612 和 BIR-1G 用来做外标，^{29}Si 用来做内标。使用 GLITTER 程序进行数据处理和含量计算。

第二节　分析结果

一、长石

杨庄花岗斑岩中钾长石和斜长石化学成分见表 8-2。钾长石以斑晶和基质两种形式存在，其类型均为透长石（$An_{0.05}Ab_{5.09}Or_{94.87}$）（图 8-1）。斑晶和基质中的钾长石具有相似的化学组成，主要成分为 SiO_2（64.22% ~ 65.84%）、Al_2O_3（18.14% ~ 18.73%）和 K_2O（13.64% ~ 16.46%）等。斜长石主要以基质的形式存在，均为钠长石（$An_{0.19}Ab_{98.84}Or_{0.97}$）（图8-1）。主要由 SiO_2（66.80% ~ 68.81%）、Al_2O_3（19.75% ~ 21.54%）和 Na_2O（9.39% ~ 11.52%）等组成。

表 8-2　杨庄花岗斑岩长石电子探针分析结果　　　　（单位:%）

矿物	样品	SiO_2	Al_2O_3	FeO	MgO	CaO	MnO	K_2O	Na_2O	BaO	Cr_2O_3	总和	An	Or	Ab
钾长石	ZK7702-1-1	64.70	18.23	0.00	0.00	0.00	0.01	16.36	0.16	0.00	0.03	99.49	0.00	98.53	1.47
	ZK7702-1-2	64.43	18.18	0.00	0.00	0.00	0.00	16.17	0.15	0.03	0.04	99.04	0.02	98.59	1.40
	ZK7702-1-3	64.55	18.14	0.16	0.00	0.00	0.05	15.70	0.67	0.02	0.00	99.31	0.00	93.87	6.13
	ZK7702-1-4	64.90	18.22	0.08	0.00	0.00	0.00	15.83	0.60	0.00	0.00	99.64	0.00	94.56	5.44
	ZK7702-1-5	64.37	18.35	0.26	0.00	0.00	0.00	16.46	0.09	0.00	0.01	99.55	0.00	99.20	0.80
	BYP1-19-1	65.54	18.31	0.08	0.00	0.00	0.01	0.03	14.57	1.11	0.00	0.04	99.78	0.04	89.60	10.36
	BYP1-19-2	65.55	18.54	0.04	0.00	0.00	0.01	0.00	15.66	0.14	0.01	0.00	99.99	0.04	98.59	1.37
	BYP1-19-3	65.10	18.56	0.06	0.00	0.00	0.03	15.48	0.28	0.01	0.00	99.66	0.13	97.22	2.64
	BYP1-19-4	65.22	18.40	0.07	0.00	0.09	0.00	15.09	0.41	0.00	0.05	99.34	0.48	95.59	3.93
	BY12-29-1	65.50	18.40	0.04	0.00	0.00	0.01	14.01	1.62	0.00	0.00	99.80	0.05	84.99	14.97
	ZK7702-5-1	64.83	18.36	0.01	0.00	0.00	0.00	16.45	0.09	0.04	0.00	99.79	0.00	99.14	0.86
	ZK7702-5-2	65.23	18.39	0.23	0.00	0.00	0.01	15.30	0.19	0.02	0.07	99.44	0.00	98.16	1.84
	ZK7702-5-3	64.84	18.73	0.00	0.00	0.00	0.00	16.09	0.08	0.00	0.02	99.77	0.00	99.28	0.72
	ZK7702-5-4	64.22	18.62	0.22	0.00	0.02	0.03	14.94	0.30	0.03	0.14	98.52	0.11	96.89	3.00
	ZK7702-2-1	65.71	18.43	0.07	0.00	0.00	0.00	15.48	0.69	0.00	0.03	100.44	0.00	93.67	6.33
	ZK7702-2-2	64.47	18.31	0.06	0.00	0.00	0.00	14.28	0.48	0.03	0.60	98.26	0.01	95.12	4.87
	ZK7702-2-3	65.84	18.51	0.07	0.00	0.00	0.00	15.19	0.97	0.01	0.01	100.62	0.00	91.16	8.84
	ZK7702-2-4	65.01	18.62	0.04	0.00	0.00	0.00	15.92	0.34	0.01	0.07	100.00	0.00	96.86	3.14
	ZK7702-2-5	65.55	18.59	0.12	0.00	0.00	0.00	13.64	2.04	0.02	0.00	99.96	0.00	81.45	18.55

续表

矿物	样品	SiO$_2$	Al$_2$O$_3$	FeO	MgO	CaO	MnO	K$_2$O	Na$_2$O	BaO	Cr$_2$O$_3$	总和	An	Or	Ab
斜长石	ZK7702-1-1	67.95	19.99	0.20	0.00	0.00	0.00	0.15	9.94	0.00	0.01	98.26	0.00	0.98	99.02
	ZK7702-1-2	68.81	19.75	0.28	0.00	0.03	0.00	0.23	10.05	0.02	0.02	99.22	0.16	1.46	98.38
	ZK7702-1-3	67.94	20.60	0.04	0.01	0.00	0.02	0.11	11.12	0.06	0.04	99.93	0.00	0.67	99.33
	ZK7702-1-4	68.22	20.13	0.31	0.00	0.00	0.00	0.10	10.81	0.00	0.00	99.56	0.00	0.59	99.41
	ZK7702-1-5	67.39	20.20	0.07	0.01	0.01	0.01	0.15	11.34	0.02	0.01	99.23	0.04	0.85	99.11
	ZK7702-1-6	68.33	20.62	0.04	0.01	0.00	0.00	0.13	11.24	0.03	0.00	100.43	0.00	0.74	99.26
	ZK7702-1-7	68.06	20.64	0.07	0.01	0.00	0.01	0.14	10.61	0.02	0.00	99.57	0.00	0.88	99.12
	ZK7702-1-8	68.68	20.86	0.05	0.00	0.00	0.00	0.11	10.13	0.02	0.01	99.85	0.00	0.68	99.32
	ZK7702-2-1	67.45	20.47	0.11	0.02	0.00	0.00	0.10	11.30	0.00	0.00	99.45	0.00	0.57	99.43
	ZK7702-2-2	67.87	20.52	0.17	0.00	0.00	0.00	0.34	10.02	0.00	0.00	98.92	0.02	2.18	97.79
	ZK7702-2-3	66.80	20.73	0.04	0.00	0.00	0.00	0.14	11.52	0.01	0.00	99.27	0.00	0.81	99.19
	ZK7702-2-4	66.91	20.88	0.19	0.01	0.29	0.04	0.21	10.80	0.01	0.00	99.38	1.43	1.22	97.36
	ZK7702-2-5	67.29	21.18	0.20	0.00	0.18	0.00	0.21	9.69	0.00	0.06	98.83	1.02	1.38	97.60
	ZK7702-2-6	67.88	21.27	0.17	0.00	0.06	0.00	0.18	9.58	0.00	0.05	99.20	0.35	1.21	98.44
	ZK7702-4-1	67.78	20.85	0.31	0.00	0.04	0.00	0.16	10.56	0.00	0.01	99.78	0.21	0.98	98.81
	ZK7702-5-1	68.73	20.59	0.22	0.00	0.01	0.01	0.16	9.85	0.00	0.01	99.57	0.03	1.05	98.92
	BY10-7-1	68.12	20.55	0.11	0.00	0.00	0.00	0.08	9.89	0.00	0.00	98.96	0.01	0.54	99.45
	BYP1-19-1	68.60	20.28	0.14	0.00	0.00	0.01	0.10	10.21	0.00	0.00	99.33	0.00	0.61	99.39
	BYP1-19-2	68.07	20.42	0.08	0.01	0.01	0.00	0.18	10.02	0.00	0.01	98.82	0.04	1.16	98.79
	BY12-29-1	67.91	21.54	0.00	0.00	0.07	0.00	0.12	9.39	0.01	0.01	99.05	0.41	0.85	98.74

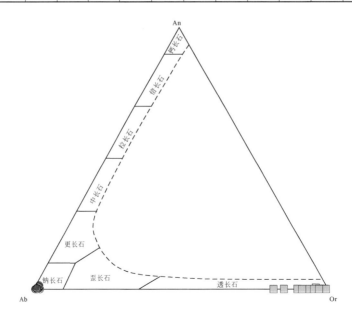

图 8-1　杨庄花岗斑岩长石分类图解

二、云母

云母的化学成分对岩浆和热液活动的温度、压力、pH、氧化还原状态和卤素活性等物理化学条件非常敏感，云母中的 F 和 Cl 对了解卤素元素岩浆分异结晶和热液流体演化过程有着重要的意义。利用云母化学成分能够反演其形成时的物理化学条件，指示岩石成因类型、岩浆－热液流体演化等信息（Abdel-Rahman，1994；Selby and Nesbitt，2000；Dahlquist et al.，2010；Bath et al.，2013）。

根据产出状态和化学成分等，白杨河铀铍矿床中与矿化有关的云母可分为两类：①花岗斑岩中的原生云母（M1），该类型的云母呈棕褐色，较自形；②与紫色萤石共生的热液白云母（M2）。两类云母的电子探针成分见表 8-3，将二者数据点投在 Al-R^{2+}-Si 图解（Monier and Robert，1986）上，云母数据点投影于富 Li 的云母区域内（图 8-2a～c），这与它们的高 F 含量一致（F 含量高达 7.78%）。由于 EPMA 无法检测 Li 元素，Tindle 和 Webb（1990）提出了估算三八面体云母 Li 含量的公式，$Li_2O^* = (0.287 \times SiO_2) - 9.552$，但该公式仅适用于 SiO_2 含量为 36%，MgO 含量小于 6%（Tischendorf et al.，1997）。因此，本书白云母中 Li 含量采用 Monier 和 Robert（1986）提出的经验公式。由表 8-3 可知，M1 云母富集 SiO_2（42.16%～46.36%）、MnO（6.98%～9.53%）、F（5.39%～7.78%）和 LiO_2（2.55%～3.75%），而亏损 TiO_2（0.20%～1.72%）、FeO（6.98%～9.53%）和 MgO（0.23%～1.12%）（图 8-3）。Fe-Li-Mn 三角图解（图 8-2d）显示，M1 云母属于富 Li、Fe、Mn 的三八面体云母（Brigatti et al.，2007）。M2 云母富集 SiO_2（53.88%～57.18%）、Al_2O_3（18.27%～23.04%）、F（4.22%～6.70%）和 FeO（5.13%～8.50%），而亏损 LiO_2（1.24%～2.01%）、MnO（0.24%～0.49%）和 MgO（0.09%～0.79%）。LA-ICP-MS 分析（表 8-4）获得 M1 黑云母的 Li_2O 含量为 2.27%～2.93%，与利用经验公式所获得结果基本一致。根据 Tischendorf 等（1997）提出的云母分类图解（图 8-2b），M1 云母属于铁锂云母，M2 云母属于锂多硅白云母。

这两种类型的云母在中间位置 [Σ（Ca+Na+K）] 表现明显的阳离子缺乏。M2 云母的八面体占位范围为 4.42～4.59，表明这种类型的云母可能是混合层形式，包括二八面体和三八面体结构（Du Bray，1994；Foord et al.，1995；Roda-Robles et al.，2006）。这种混合的特征可能指示不平衡结晶（Foord et al.，1995）。

两种类型的云母都具有较高的 Li 含量。Li 进入云母由多种替换机制所控制，包括二八面体和三八面体位置（Roda-Robles et al.，2006；Vieira et al.，2011）。图 8-4a～c 表明，Li 进入云母的替换机制为：M1 云母为 $AlLiR_{-2}$、$Li_3Al_{-1}\square_{-2}$、$SiLiAl_{-1}R_{-1}$ 和 Li_2SiR_{-3}，M2 云母为 $AlLiR_{-2}$ 和 Si_2LiAl_{-3}，其中，R=Fe+Mg+Mn。M1 云母含有较高的 MnO 含量（高达 9.17%）是白杨河铀铍矿床云母最显著的成分特征之一。图 8-4d 显示 Fe+Mn 与 Al+Li 呈明显的负相关关系，表明替换 $FeMnAl^{VI}Li_{-1}$ 机制可以解释 Mn 进入云母结构。M1 云母的 Mn 和 Fe 含量相当。云母 Mn 含量的富集可能与岩浆富 F 有关，F 与 Mn 的络合能力比 Fe 更强（Černý et al.，1986；Förster et al.，2005）。

表8-3　白杨河铀铍矿床两类云母（M1和M2）电子探针分析结果

（单位:%）

M1

成分	BYP1-17-1	BYP1-17-2	BYP1-17-3	BYP1-22-1	BYP1-22-2	BY10-17-1	BY10-17-2	BY10-17-3	BY10-17-4	BY10-17-5	BY10-17-6	BY10-17-7	ZK7702-5-1	ZK7702-8-1	ZK7702-8-2	ZK7702-8-3	ZK7702-8-4	ZK7702-8-5
SiO_2	45.10	44.56	43.66	44.64	43.61	43.21	43.18	43.99	43.60	44.30	44.46	44.79	44.85	43.60	44.41	43.90	43.88	43.11
TiO_2	0.88	1.16	1.67	0.34	1.59	1.55	1.70	1.72	1.56	1.30	0.99	1.62	0.77	1.37	0.75	0.83	1.03	1.11
Al_2O_3	19.46	19.49	18.55	19.93	19.31	18.16	18.41	18.91	17.22	18.45	19.11	18.17	18.17	18.97	19.20	19.15	18.76	18.96
FeO	7.92	8.34	8.90	6.98	9.01	8.24	8.18	8.05	8.85	7.85	7.62	7.80	8.22	9.11	8.33	8.63	8.37	8.54
MnO	8.33	8.56	8.74	8.49	9.17	7.64	7.65	7.85	7.58	7.17	7.55	7.48	6.87	7.99	8.38	8.74	7.76	7.84
MgO	0.39	0.35	0.34	0.43	0.45	0.32	0.32	0.31	0.46	0.33	0.38	0.36	1.05	0.59	0.67	0.87	0.81	0.61
Cr_2O_3	0.10	0.07	0.09	0.01	0.07	0.00	0.02	0.01	0.18	0.04	0.11	0.18	0.17	0.08	0.14	0.00	0.14	0.07
CaO	0.00	0.01	0.00	0.00	0.00	0.00	0.00	0.01	0.00	0.00	0.00	0.02	0.03	0.12	0.06	0.00	0.00	0.00
Na_2O	0.35	0.32	0.44	0.32	0.42	0.38	0.34	0.31	0.33	0.36	0.34	0.39	0.32	0.35	0.33	0.19	0.27	0.20
K_2O	9.49	9.42	8.91	9.57	9.43	9.47	9.61	8.94	9.23	9.46	9.63	9.39	9.43	8.87	9.21	9.47	9.35	9.43
F	6.52	7.33	6.50	6.80	6.44	5.98	6.17	5.87	6.15	6.49	6.26	6.96	6.56	5.97	6.75	6.63	5.88	6.18
Cl	0.00	0.02	0.02	0.00	0.01	0.01	0.02	0.02	0.01	0.02	0.00	0.02	0.01	0.00	0.00	0.00	0.00	0.00
Li_2O^*	3.39	3.24	2.98	3.26	2.96	2.85	2.84	3.07	2.96	3.16	3.21	3.30	3.32	2.96	3.19	3.05	3.04	2.82
H_2O^*	1.09	0.69	1.01	0.91	1.09	1.16	1.09	1.30	1.08	0.98	1.14	0.80	0.99	1.26	0.94	0.97	1.29	1.10
O=F,Cl	2.75	3.09	2.74	2.87	2.71	2.52	2.60	2.48	2.59	2.74	2.64	2.94	2.76	2.51	2.84	2.79	2.48	2.60
总量	100.26	100.46	99.06	98.80	100.82	96.45	96.93	97.89	96.62	97.17	98.15	98.36	97.99	98.71	99.50	99.64	98.12	97.38

续表

M1

成分	BYP1-17-1	BYP1-17-2	BYP1-17-3	BYP1-22-1	BYP1-22-2	BY10-17-1	BY10-17-2	BY10-17-3	BY10-17-4	BY10-17-5	BY10-17-6	BY10-17-7	ZK7702-5-1	ZK7702-8-1	ZK7702-8-2	ZK7702-8-3	ZK7702-8-4	ZK7702-8-5
Si	6.46	6.41	6.40	6.48	6.30	6.47	6.44	6.45	6.53	6.54	6.50	6.54	6.56	6.39	6.44	6.39	6.45	6.41
Al^{IV}	1.54	1.59	1.60	1.52	1.70	1.53	1.56	1.55	1.47	1.46	1.50	1.46	1.44	1.61	1.56	1.61	1.55	1.59
Al^{VI}	1.75	1.71	1.60	1.88	1.59	1.68	1.68	1.72	1.57	1.75	1.79	1.66	1.69	1.66	1.72	1.67	1.69	1.73
Ti	0.09	0.13	0.18	0.04	0.17	0.17	0.19	0.19	0.18	0.14	0.11	0.18	0.08	0.15	0.08	0.09	0.11	0.12
Cr	0.01	0.01	0.01	0.00	0.01	0.00	0.00	0.00	0.02	0.00	0.01	0.02	0.02	0.01	0.02	0.00	0.02	0.01
Fe	0.95	1.00	1.09	0.85	1.09	1.03	1.02	0.99	1.11	0.97	0.93	0.95	1.00	1.12	1.01	1.05	1.03	1.06
Mn	1.01	1.04	1.08	1.04	1.12	0.97	0.97	0.97	0.96	0.90	0.93	0.92	0.85	0.99	1.03	1.08	0.97	0.99
Mg	0.08	0.08	0.07	0.09	0.10	0.07	0.07	0.07	0.10	0.07	0.08	0.08	0.23	0.13	0.14	0.19	0.18	0.13
Li*	1.95	1.87	1.76	1.90	1.72	1.72	1.70	1.81	1.78	1.88	1.89	1.94	1.95	1.74	1.86	1.78	1.80	1.69
Ca	0.00	0.00	0.00	0.00	0.00	0.00	0.00	0.00	0.00	0.00	0.00	0.00	0.00	0.02	0.01	0.00	0.00	0.00
Na	0.10	0.09	0.12	0.09	0.12	0.11	0.10	0.09	0.10	0.10	0.10	0.11	0.09	0.10	0.09	0.05	0.08	0.06
K	1.73	1.73	1.66	1.77	1.74	1.81	1.83	1.67	1.76	1.78	1.79	1.75	1.76	1.66	1.70	1.76	1.75	1.79
OH*	1.04	0.66	0.99	0.88	1.05	1.16	1.08	1.27	1.08	0.97	1.11	0.78	0.97	1.24	0.91	0.95	1.27	1.09
F	2.96	3.34	3.01	3.12	2.95	2.83	2.91	2.72	2.91	3.03	2.89	3.21	3.03	2.76	3.09	3.05	2.73	2.91
Cl	0.00	0.00	0.00	0.00	0.00	0.00	0.00	0.01	0.00	0.01	0.00	0.01	0.00	0.00	0.00	0.00	0.00	0.00

续表

成分	ZK7702-8-6	ZK7702-8-7	ZK7702-8-8	ZK7702-8-9	BYP1-18-1	BYP1-18-2	BYP1-18-3	BYP1-18-4	BYP1-18-5	BYP1-20-1	BYP1-20-2	BYP1-20-3	BYP1-20-4	BYP1-13-01	BYP1-13-02	BYP1-13-03	BYP1-13-04	BYP1-13-05	BYP1-15-01
									M1										
SiO_2	43.73	43.95	42.39	44.07	44.28	44.00	43.18	43.46	43.46	42.16	42.61	43.29	44.30	46.36	45.30	46.12	44.69	43.75	45.09
TiO_2	0.92	0.66	0.72	0.88	0.91	1.52	1.19	1.43	1.58	1.48	1.02	1.40	0.90	0.29	0.61	0.20	0.36	1.18	0.81
Al_2O_3	19.12	19.48	18.04	19.18	19.89	19.10	19.40	19.42	19.48	19.17	20.10	19.41	19.79	19.26	19.69	20.58	20.21	19.07	18.51
FeO	8.43	8.96	9.53	8.33	8.26	8.67	8.85	8.86	8.79	8.55	8.17	7.60	7.01	6.99	7.53	7.29	7.18	9.51	9.41
MnO	7.64	8.34	8.00	8.14	7.77	7.97	8.09	7.64	7.64	8.71	9.11	8.15	8.32	7.60	8.06	8.00	8.23	7.51	8.76
MgO	0.82	0.80	0.93	0.88	0.27	0.34	0.23	0.25	0.28	0.33	0.35	0.33	0.36	0.40	0.43	0.48	0.35	0.48	0.45
Cr_2O_3	0.01	0.13	0.05	0.08	0.10	0.08	0.13	0.04	0.07	0.05	0.09	0.02	0.27	0.09	0.08	0.12	0.08	0.00	0.00
CaO	0.00	0.02	0.01	0.00	0.01	0.00	0.05	0.00	0.00	0.00	0.01	0.00	0.05	0.01	0.01	0.00	0.00	0.01	0.00
Na_2O	0.25	0.35	0.25	0.29	0.27	0.33	0.32	0.32	0.29	0.35	0.21	0.36	0.20	0.25	0.25	0.20	0.21	0.41	0.50
K_2O	9.36	9.22	9.21	9.61	9.36	9.09	9.32	9.27	9.40	9.31	9.48	9.22	9.54	9.59	9.76	9.87	9.65	9.26	9.01
F	6.14	6.94	6.09	6.31	6.66	5.39	6.00	6.55	6.24	5.65	6.21	5.84	6.98	6.76	6.98	7.78	6.96	6.30	6.58
Cl	0.00	0.00	0.00	0.00	0.00	0.01	0.02	0.01	0.00	0.02	0.00	0.01	0.00	0.00	0.00	0.00	0.00	0.01	0.01
Li_2O^*	3.00	3.06	2.61	3.10	3.16	3.08	2.84	2.92	2.92	2.55	2.68	2.87	3.16	3.75	3.45	3.68	3.27	3.00	3.39
H_2O^*	1.17	0.84	1.07	1.13	0.98	1.56	1.22	0.97	1.14	1.32	1.12	1.29	0.82	1.00	0.88	0.58	0.85	1.11	1.05
O=F, Cl	2.59	2.92	2.56	2.66	2.80	2.27	2.53	2.76	2.63	2.38	2.62	2.46	2.94	2.84	2.94	3.28	2.93	2.66	2.77
总量	98.01	99.81	96.33	99.35	99.10	98.87	98.28	98.37	98.66	97.25	98.54	97.31	98.76	99.51	100.09	101.63	99.11	98.92	100.80

续表

M1

成分	ZK7702-8-6	ZK7702-8-7	ZK7702-8-8	ZK7702-8-9	BYP1-18-1	BYP1-18-2	BYP1-18-3	BYP1-18-4	BYP1-18-5	BYP1-20-1	BYP1-20-2	BYP1-20-3	BYP1-20-4	BYP1-13-01	BYP1-13-02	BYP1-13-03	BYP1-13-04	BYP1-13-05	BYP1-15-01
Si	6.43	6.38	6.42	6.41	6.42	6.41	6.37	6.38	6.37	6.31	6.29	6.40	6.44	6.62	6.49	6.48	6.46	6.40	6.48
Al^{IV}	1.57	1.62	1.58	1.59	1.58	1.59	1.63	1.62	1.63	1.69	1.71	1.60	1.56	1.38	1.51	1.52	1.54	1.60	1.52
Al^{VI}	1.74	1.71	1.64	1.70	1.82	1.69	1.74	1.74	1.73	1.70	1.78	1.78	1.83	1.86	1.81	1.89	1.90	1.69	1.61
Ti	0.10	0.07	0.08	0.10	0.10	0.17	0.13	0.16	0.17	0.17	0.11	0.16	0.10	0.03	0.07	0.02	0.04	0.13	0.09
Cr	0.00	0.01	0.01	0.01	0.01	0.01	0.02	0.00	0.01	0.01	0.01	0.00	0.03	0.01	0.01	0.01	0.01	0.00	0.00
Fe	1.04	1.09	1.21	1.01	1.00	1.06	1.09	1.09	1.08	1.07	1.01	0.94	0.85	0.83	0.90	0.86	0.87	1.16	1.13
Mn	0.95	1.02	1.03	1.00	0.95	0.98	1.01	0.95	0.95	1.10	1.14	1.02	1.02	0.92	0.98	0.95	1.01	0.93	1.07
Mg	0.18	0.17	0.21	0.19	0.06	0.07	0.05	0.06	0.06	0.07	0.08	0.07	0.08	0.08	0.09	0.10	0.08	0.10	0.10
Li*	1.77	1.79	1.59	1.81	1.84	1.80	1.68	1.72	1.72	1.53	1.59	1.71	1.85	2.16	1.99	2.08	1.90	1.77	1.96
Ca	0.00	0.00	0.00	0.00	0.00	0.00	0.01	0.00	0.00	0.00	0.00	0.00	0.01	0.00	0.00	0.00	0.00	0.00	0.00
Na	0.07	0.10	0.07	0.08	0.08	0.09	0.09	0.09	0.08	0.10	0.06	0.10	0.06	0.07	0.07	0.05	0.06	0.11	0.14
K	1.76	1.71	1.78	1.78	1.73	1.69	1.75	1.74	1.76	1.78	1.78	1.74	1.77	1.75	1.78	1.77	1.78	1.73	1.65
OH*	1.14	0.82	1.08	1.10	0.95	1.51	1.20	0.95	1.11	1.32	1.10	1.27	0.79	0.95	0.84	0.54	0.82	1.08	1.01
F	2.86	3.18	2.92	2.90	3.05	2.48	2.80	3.04	2.89	2.68	2.90	2.73	3.21	3.05	3.16	3.46	3.18	2.92	2.99
Cl	0.00	0.00	0.00	0.00	0.00	0.00	0.00	0.00	0.00	0.00	0.00	0.00	0.00	0.00	0.00	0.00	0.00	0.00	0.00

成分	M1										M2								
	BYP1-15-02	BYP1-15-03	BYP1-15-04	BYP1-17-01	BYP1-17-02	BYP1-17-03	BYP1-17-04	BYP1-17-05	BYP1-22-01	ZK7702-9-01	BY12-29-1	BY12-29-2	BY12-29-3	BY12-29-4	BY12-29-5	BY12-29-6	BY12-29-7	BY12-29-8	BY12-29-9
SiO_2	43.51	44.61	43.99	43.90	43.86	45.23	43.84	44.42	44.92	44.03	54.23	55.68	55.03	53.88	54.15	55.25	56.21	54.09	57.18
TiO_2	1.29	0.23	1.35	1.22	1.06	1.21	0.98	0.84	1.56	0.52	0.00	0.00	0.07	0.01	0.03	0.00	0.01	0.04	0.08
Al_2O_3	18.43	20.39	18.33	18.75	20.04	19.07	18.75	19.63	18.63	19.52	19.78	18.27	18.66	18.94	22.34	19.07	20.85	23.04	18.40
FeO	9.08	8.03	9.40	8.19	8.26	8.17	8.38	7.56	7.00	8.55	8.50	6.93	7.93	7.78	7.68	7.74	5.13	8.37	5.50
MnO	8.58	9.07	8.20	8.30	8.43	8.49	7.76	8.98	8.08	6.83	0.24	0.29	0.33	0.36	0.38	0.49	0.39	0.32	0.45
MgO	0.40	0.30	0.39	0.33	0.29	0.33	0.36	0.28	0.41	1.12	0.23	0.10	0.13	0.09	0.09	0.10	0.57	0.27	0.79
Cr_2O_3	0.02	0.05	0.10	0.11	0.03	0.10	0.01	0.00	0.03	0.07	0.00	0.00	0.00	0.01	0.04	0.00	0.02	0.02	0.00
CaO	0.00	0.00	0.03	0.00	0.00	0.01	0.00	0.00	0.00	0.00	0.04	0.02	0.02	0.04	0.00	0.00	0.03	0.02	0.04
Na_2O	0.39	0.22	0.48	0.37	0.36	0.44	0.38	0.25	0.39	0.31	0.07	0.08	0.08	0.07	0.05	0.06	0.01	0.08	0.02
K_2O	9.27	9.44	8.92	9.16	9.52	9.30	9.33	9.48	9.56	9.67	10.13	10.38	9.89	10.41	10.10	10.25	8.81	9.44	9.40
F	5.92	7.33	5.46	6.31	6.43	6.04	6.53	7.12	7.08	5.96	5.87	6.70	6.28	6.15	4.70	6.27	5.03	4.22	5.99
Cl	0.02	0.00	0.01	0.02	0.02	0.01	0.00	0.00	0.02	0.00	0.00	0.00	0.00	0.01	0.01	0.00	0.01	0.00	0.00
Li_2O^*	2.93	3.25	3.07	3.05	3.04	3.43	3.03	3.20	3.34	3.09	1.75	2.01	1.88	1.84	1.39	1.88	1.49	1.24	1.79
H_2O^*	1.25	0.70	1.51	1.08	1.09	1.33	0.96	0.76	0.77	1.28	1.61	1.20	1.39	1.40	2.24	1.43	2.07	2.51	1.60
$O=F,Cl$	2.50	3.08	2.30	2.66	2.71	2.54	2.75	3.00	2.98	2.51	2.47	2.82	2.65	2.59	1.98	2.64	2.12	1.78	2.52
总量	98.58	100.54	98.92	98.13	99.72	100.60	97.56	99.54	98.79	98.43	99.97	98.85	99.04	98.37	101.22	99.89	98.49	101.86	98.70

续表

成分	M1										M2								
	BYP1-15-02	BYP1-15-03	BYP1-15-04	BYP1-17-01	BYP1-17-02	BYP1-17-03	BYP1-17-04	BYP1-17-05	BYP1-22-01	ZK7702-9-01	BY12-29-1	BY12-29-2	BY12-29-3	BY12-29-4	BY12-29-5	BY12-29-6	BY12-29-7	BY12-29-8	BY12-29-9
Si	6.42	6.40	6.44	5.46	6.36	6.47	6.48	6.43	6.52	6.43	7.40	7.63	7.55	7.47	7.26	7.52	7.57	7.20	7.73
Al^{IV}	1.58	1.60	1.56	1.54	1.64	1.53	1.52	1.57	1.48	1.57	0.60	0.37	0.45	0.53	0.74	0.48	0.43	0.80	0.27
Al^{VI}	1.62	1.85	1.60	1.70	1.78	1.68	1.75	1.79	1.70	1.79	2.58	2.58	2.56	2.57	2.79	2.58	2.87	2.81	2.66
Ti	0.14	0.02	0.15	0.13	0.12	0.13	0.11	0.09	0.17	0.06	0.00	0.00	0.01	0.00	0.00	0.00	0.00	0.00	0.01
Cr	0.00	0.01	0.01	0.01	0.00	0.01	0.00	0.00	0.00	0.01	0.00	0.00	0.00	0.00	0.00	0.00	0.00	0.00	0.00
Fe	1.12	0.96	1.15	1.01	1.00	0.98	1.04	0.92	0.85	1.04	0.97	0.79	0.91	0.90	0.86	0.88	0.58	0.93	0.62
Mn	1.07	1.10	1.02	1.03	1.03	1.03	0.97	1.10	0.99	0.84	0.03	0.03	0.04	0.04	0.04	0.06	0.04	0.04	0.05
Mg	0.09	0.06	0.09	0.07	0.06	0.07	0.08	0.06	0.09	0.24	0.05	0.02	0.03	0.02	0.02	0.02	0.11	0.05	0.16
Li^{*}	1.74	1.88	1.81	1.80	1.77	1.97	1.80	1.86	1.95	1.81	0.96	1.11	1.04	1.03	0.75	1.03	0.81	0.66	0.97
Ca	0.00	0.00	0.00	0.00	0.00	0.00	0.00	0.00	0.00	0.00	0.01	0.00	0.00	0.01	0.00	0.00	0.00	0.00	0.01
Na	0.11	0.06	0.14	0.11	0.10	0.12	0.11	0.07	0.11	0.09	0.02	0.02	0.02	0.02	0.01	0.02	0.00	0.02	0.01
K	1.74	1.73	1.67	1.72	1.76	1.70	1.76	1.75	1.77	1.80	1.76	1.81	1.73	1.84	1.73	1.78	1.51	1.60	1.62
OH^{*}	1.23	0.67	1.47	1.06	1.05	1.27	0.95	0.74	0.75	1.25	1.47	1.10	1.27	1.30	2.01	1.30	1.86	2.22	1.44
F	2.76	3.33	2.53	2.94	2.94	2.73	3.05	3.26	3.25	2.75	2.53	2.90	2.73	2.70	1.99	2.70	2.14	1.78	2.56
Cl	0.00	0.00	0.00	0.00	0.00	0.00	0.00	0.00	0.00	0.00	0.00	0.00	0.00	0.00	0.00	0.00	0.00	0.00	0.00

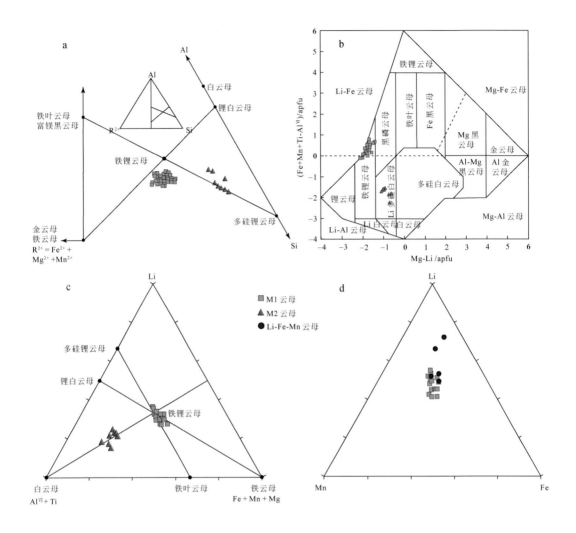

图 8-2 白杨河铀铍矿床两类云母矿物化学图解

a. 云母成分图解 Si-Al-R²⁺，其中 R²⁺=Fe²⁺+Mg²⁺+Mn²⁺（底图据 Monier and Robert，1986）；b. 云母（Mg-Li）-
（Fe+Mn+Ti-Al^IV）图解（底图据 Tischendorf et al.，1997）；c. 云母（Fe+Mg+Mn）-Li-（Al^VI+Ti）三元图解（底图
据 Rieder et al.，1998）；d. 云母 Li-Fe-Mn 图解，Li-Fe-Mn 云母数据来源于 Förster et al.，2005；Brigatti et al.，2007

　　M1 云母还有一个显著特征，即高 F（5.39%~6.98%）。当 Fe 占据云母的八面体位置，云母的 F 含量将降低，这是 F 和 Fe 的结合能力较弱，而 Fe 却优先与 OH 或 Cl 结合的缘故（Munoz，1984）。图 8-4e 显示 Fe 和 F 呈负相关关系，表明 M1 的高 F 含量可能是由于它们的低 FeO 特征，这有利于 F 被吸收。然而高 Li 和 Mg 可能促使 F 的进入（图 8-4f）。M1 云母的 F 富集指示杨庄花岗斑岩岩浆可能是富 F 的（Zhang et al.，2012）。

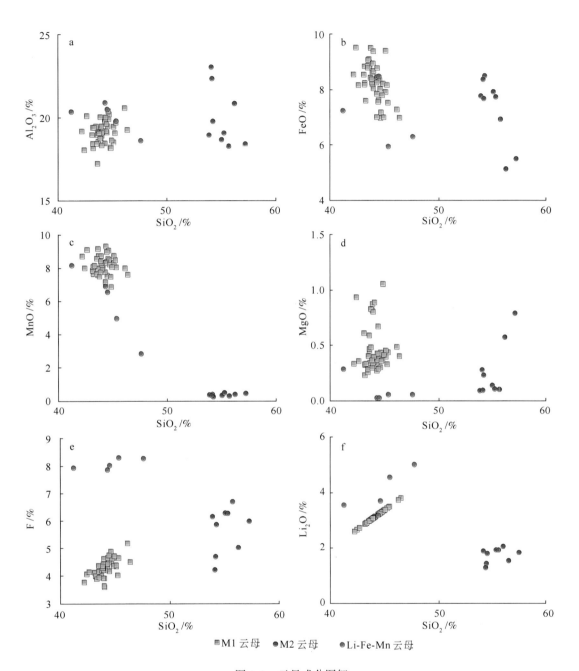

图 8-3　云母成分图解

a. SiO_2-Al_2O_3；b. SiO_2-FeO；c. SiO_2-MnO；d. SiO_2-MgO；e. SiO_2-F；f. SiO_2-Li_2O。

Li-Fe-Mn 云母数据来源于 Förster et al.，2005；Brigatti et al.，2007

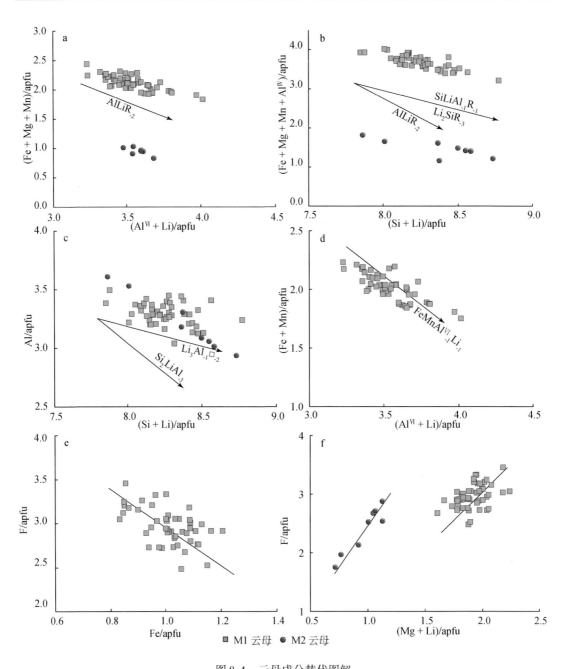

图 8-4　云母成分替代图解

a. Al^{VI}+Li-Fe+Mg+Mn；b. Si+Li-Fe+Mg+Mn+Al^{IV}；c. Si+Li-Al；d. Al^{VI}+Li-Fe+Mn；e. Fe-F；f. Mg+Li-F

M1 云母中含有较高的 Be（$50 \times 10^{-6} \sim 64 \times 10^{-6}$）、Nb（$134 \times 10^{-6} \sim 492 \times 10^{-6}$）、Ta（$10 \times 10^{-6} \sim 31 \times 10^{-6}$）、Rb（$2360 \times 10^{-6} \sim 3893 \times 10^{-6}$）和 Sc（$109 \times 10^{-6} \sim 177 \times 10^{-6}$），较低的 U（$0.28 \times 10^{-6} \sim 1.22 \times 10^{-6}$）和 Mo（$2.7 \times 10^{-6} \sim 4.5 \times 10^{-6}$）（表 8-4）。M1 云母的 Be 含量比全岩高近五倍，更明显高于 Spor Mountain 流纹岩中黑云母的 Be 含量，其平均值为 5.4×10^{-6}（Dailey et al., 2018）。此外，M1 云母中的 V、Cr、Zr、Cs、Ba、La、Pb、Ce、Y、Hf 和 B 等元素都高于检出限。

表8-4　杨庄花岗斑岩中 M1 云母微量元素分析结果

（单位：10⁻⁶）

元素	BYP1-26-1	BYP1-26-2	BYP1-26-3	BYP1-26-4	BYP1-26-5	BYP1-26-6	BYP1-26-7	BYP1-26-8	BYP1-26-9	BYP1-26-10	BYP1-26-11	BYP1-26-12	BYP1-26-13	BYP1-26-14	BYP1-26-15	BYP1-26-16	BYP1-26-17
Li	12935	12723	13614	13203	12755	12855	13041	13034	10541	12672	13322	12801	13152	12903	12970	12902	13269
Be	57	54	61	53	54	55	60	61	50	64	57	61	58	58	59	58	58
B	55	141	128	53	70	103	106	101	145	114	104	71	72	94	94	50	105
Sc	157	147	116	120	132	124	171	177	109	151	120	131	136	144	171	143	154
V	0.83	0.74	0.57	0.66	0.63	0.69	0.79	0.80	0.55	0.77	0.48	0.76	0.78	0.36	0.97	1.3	0.59
Cr	22	6.6	31	11	13	39	24	14	26	31	26	33	6.1	8.6	13	8.3	10
Rb	3511	3893	2687	2811	3487	2724	2548	3673	2850	2816	2627	2665	3133	2876	3648	2360	2971
Sr	0.43	0.86	0.53	0.70	0.74	2.6	2.2	0.7	2.5	1.4	0.88	1.8	0.65	1.2	0.48	0.09	0.78
Y	0.52	0.69	0.55	3.6	1.3	8.8	1.5	0.3	4.31	0.773	2.14	7.49	1.88	5.63	0.236	0.13	1.18
Zr	2.5	1.8	1.6	19	3.1	27	2.6	4.7	13	1.8	8.0	36	6.5	21	1.1	2.0	0.88
Nb	471	405	134	264	288	290	366	492	220	273	206	287	483	258	487	452	400
Mo	3.5	2.8	3.5	3.2	3.1	3.1	3.0	3.1	4.5	4.3	3.7	3.2	2.9	3.5	2.7	3.6	3.5
Cs	52	73	123	81	100	74	57	55	92	102	124	76	37	94	51	25	63
Ba	0.8	0.5	0.7	2.5	1.2	4.1	2.7	2.5	5.8	2.3	2.1	2.8	1.0	2.1	1.9	1.3	1.4
La	0.15	0.32	0.43	0.52	0.46	2.69	1.32	0.13	5.8	0.29	0.29	0.77	2.1	2.2	4.6	0.14	0.46
Ce	0.29	0.50	0.98	0.97	0.93	5.09	2.29	0.19	4.1	0.42	0.48	1.2	2.5	2.4	0.13	0.25	0.9
Pr	0.03	0.05	0.11	0.11	0.07	0.59	0.27	0.02	0.74	0.02	0.05	0.13	0.37	0.33	<0.01	<0.03	0.10

续表

元素	BYP1-26-1	BYP1-26-2	BYP1-26-3	BYP1-26-4	BYP1-26-5	BYP1-26-6	BYP1-26-7	BYP1-26-8	BYP1-26-9	BYP1-26-10	BYP1-26-11	BYP1-26-12	BYP1-26-13	BYP1-26-14	BYP1-26-15	BYP1-26-16	BYP1-26-17
Nd	<0.12	0.24	0.19	0.36	0.31	2.0	0.89	<0.08	2.48	<0.13	<0.14	0.56	1.32	1.35	<0.13	<0.38	<0.22
Sm	0.1	<0.22	0.08	<0.13	0.07	0.52	0.13	0.04	0.5	0.08	<0.14	0.23	0.25	0.25	0.04	<0.28	<0.18
Eu	<0.02	<0.03	<0.02	<0.02	<0.02	0.01	<0.04	0.00	<0.02	<0.02	<0.02	<0.04	<0.02	0.01	<0.02	<0.050	<0.05
Gd	<0.11	0.1	<0.08	<0.12	<0.09	0.50	<0.14	<0.09	0.50	<0.11	0.08	0.29	0.23	0.35	0.03	0.35	0.15
Tb	<0.01	<0.02	<0.02	0.04	<0.01	0.13	<0.02	0.01	0.07	<0.02	<0.02	0.07	0.02	0.06	<0.01	<0.037	0.01
Dy	0.04	<0.07	<0.05	0.32	0.11	0.86	0.14	<0.07	0.53	<0.05	0.20	0.78	0.24	0.48	0.02	<0.149	0.09
Ho	<0.01	0.02	0.01	0.12	0.03	0.21	0.03	<0.01	0.09	0.02	0.06	0.20	0.06	0.15	<0.01	<0.045	0.03
Er	0.07	0.05	0.04	0.44	0.09	0.85	0.13	0.02	0.37	0.05	0.23	0.86	0.14	0.59	<0.04	0.07	<0.08
Tm	0.01	0.02	0.01	0.06	0.02	0.15	0.01	0.01	0.05	0.01	0.03	0.16	0.03	0.10	<0.01	<0.04	<0.00
Yb	0.09	0.13	0.07	0.68	0.22	1.3	0.17	<0.09	0.60	0.08	0.33	1.5	0.32	1.0	0.04	<0.16	0.19
Lu	<0.01	<0.01	<0.01	0.10	0.03	0.23	0.03	0.01	0.08	0.01	0.05	0.20	0.04	0.14	<0.01	<0.00	0.03
Hf	0.24	0.20	0.15	0.98	0.25	1.4	0.30	0.17	0.70	0.16	0.44	2.0	0.39	1.0	0.22	0.22	0.14
Ta	15	20	31	23	24	19	14	16	19	17	26	16	11	19	15	10	12
Pb	3.5	3.4	7.1	5.7	4.6	8.8	6.9	3.4	15	7.8	9.8	8.3	3.3	6.5	3.2	6.0	5.1
Th	<0.10	0.23	0.21	0.40	0.24	2.0	0.30	0.16	0.62	0.24	0.22	1.04	0.22	0.61	<0.10	<0.19	<0.12
U	0.38	0.401	0.58	0.60	0.49	1.2	0.52	0.29	0.62	1.07	0.88	1.08	0.39	0.89	0.33	0.54	0.28

三、含铀副矿物

详细的岩相学观察表明杨庄花岗斑岩中的含 U 副矿物主要为晶质铀矿、锆石、铌铁矿、钍石和稀土-氟碳酸盐矿物（图 8-5a ~ d）。这些矿物主要存在于基质中，少量位于石英斑晶中。在显微镜下观察发现这些副矿物遭受了不同程度的蚀变，有的甚至完全蚀变，如：蚀变和未蚀变锆石（图 8-5a）、钍石（图 8-5b）和铌铁矿（图 8-5c、d）。基质中的锆石遭受了较强的蚀变作用，而石英斑晶中的锆石相对比较新鲜。锆石通常被蚀

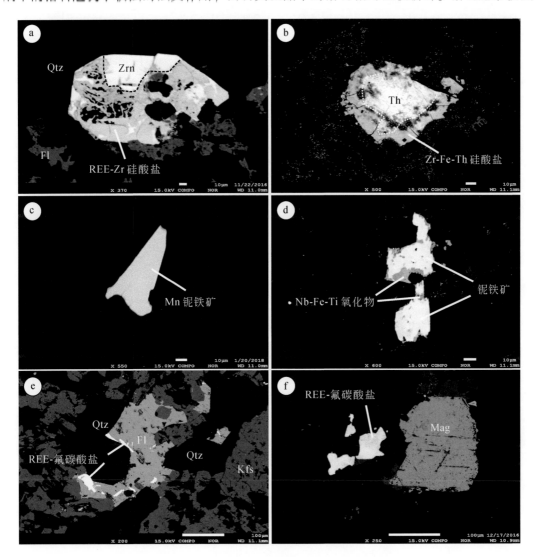

图 8-5　杨庄花岗斑岩含铀副矿物岩相学特征

a. 蚀变锆石；b. 蜕晶化钍石；c. 新鲜铌铁矿；d. 蚀变铌铁矿；e. 稀土-氟碳酸盐矿物和萤石共生，主要沿花岗斑岩造岩矿物的粒间充填；f. 稀土-氟碳酸盐矿物和磁铁矿。Fl. 萤石；Kfs. 钾长石；Mag. 磁铁矿；Qtz. 石英；Th. 钍石；Zrn. 锆石

变为 REE-Zr 硅酸盐相。当锆石晶体完全被蚀变时，它的残留产物 REE-Zr 硅酸盐相以独立的他形聚合体充填于造岩矿物颗粒边界或裂隙中（图 8-5a）。钍石主要蚀变成 Zr-Fe-Th 硅酸盐相（图 8-5b），铌铁矿的蚀变产物为 Nb-Fe-Ti 氧化物（图 8-5d）。

（一）锆石

新鲜锆石的 ZrO_2 含量为 59.04% ~ 64.16%、SiO_2 为 32.17% ~ 34.18%、HfO_2 为 0.74% ~ 3.28%、UO_2 为 0.51% ~ 1.43%，而 REE-Zr 硅酸盐相的元素含量变化较大，REE_2O_3 含量为 3.84% ~ 22.29%、ZrO_2 为 31.65% ~ 56.71%、SiO_2 为 18.08% ~ 30.74%、HfO_2 为 1.04% ~ 3.16%、UO_2 为 0.20% ~ 0.52%。如果锆石形成时具有较高的 U 和 Th 含量，那么它则容易通过辐射发生蜕晶化（Meldrum et al.，1998），从而随后与热液流体相互作用吸收非结构元素如 Ca、Fe 和 Al，释放 Zr、Si 和 U（Mathieu et al.，2001；Geisler et al.，2001，2002，2003a，2003b；Nasdala et al.，2010）。REE-Zr 硅酸盐矿物具有较高的 Mg、F、Al、P、Fe、Th 和 REEs，较低的 Si、Zr 和 U。CaO+FeO、Al_2O_3、P_2O_5 和 REE_2O_3 与 SiO_2+ZrO_2 呈负相关关系（图 8-6），表明这些非结构元素进入了锆石晶体，而 Zr 和 Si 则从锆石释放进入流体（Geisler et al.，2003a，2007）。REE-Zr 硅酸盐相的电子探针分析总量相对较低，表明该矿物存在水化作用（Geisler et al.，2007）。蚀变锆石电子探针元素面扫描图像（图 8-7，图 8-8）显示 REE-Zr 硅酸盐相含有较低的 Zr、U 和 Si，较高的 Y 和 Ca，表明锆石在蚀变过程中发生这些元素的丢失与获得。通过元素面扫描也可以获得锆石蚀变过程中的铀释放机制：首先锆石是富 U 的（UO_2 高达 1.43%），这种富 U 的特征可以使得锆石发生蜕晶化，从而使锆石的晶体结构遭受破坏；然后富 F 流体与蜕晶化锆石相互作用，使得 U 从锆石中萃取出来，这一过程可以通过图 8-8 得到证实。

（二）钍石

新鲜钍石的 ThO_2 含量为 65.24% ~ 77.63%、SiO_2 为 13.29% ~ 20.48%、UO_2 为 0.53% ~ 11.02%。在热液流体作用下钍石蚀变成 Zr-Fe-Th 硅酸盐相。Zr-Fe-Th 硅酸盐具有较高的 Zr、Fe、F、Ca、Nb 和 P，较低的 Th、U 和 REE 元素含量。Zr-Fe-Th 硅酸盐的 ThO_2 含量为 20.10% ~ 52.92%、SiO_2 为 11.19% ~ 39.90%、ZrO_2 为 0.54% ~ 26.04%、FeO 为 4.42% ~ 17.94%。除此之外，还有少量的 CaO、P_2O_5 和 F。钍石的蚀变矿物相电子探针分析总量较低可能是其结构中含水的缘故（Lumpkin and Chakoumakos，1988）。电子探针面扫描分析（图 8-9）显示钍石中的 Zr、U、Y 和 Yb 等元素发生活化，并沿着石英和钾长石颗粒边界进行迁移。

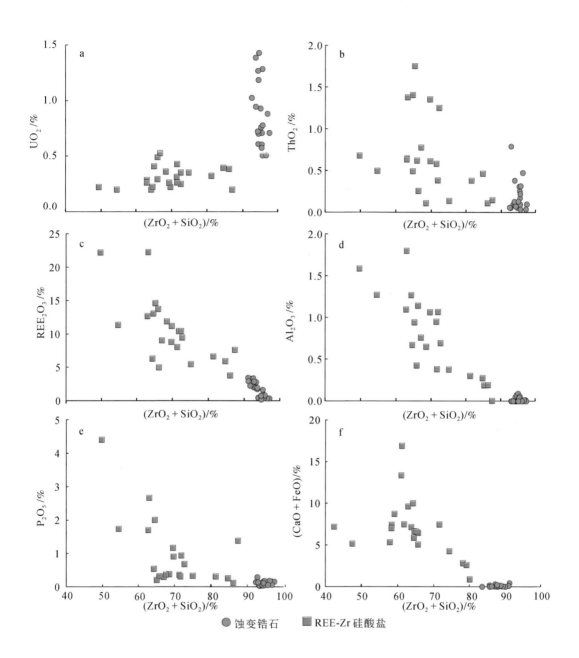

图 8-6　锆石及其蚀变产物 REE-Zr 硅酸盐元素相关图解

a. UO_2-(ZrO_2+SiO_2)； b. ThO_2-(ZrO_2+SiO_2)； c. REE_2O_3-(ZrO_2+SiO_2)； d. Al_2O_3-(ZrO_2+SiO_2)；

e. P_2O_5-(ZrO_2+SiO_2)； f. （CaO+FeO）-(ZrO_2+SiO_2)

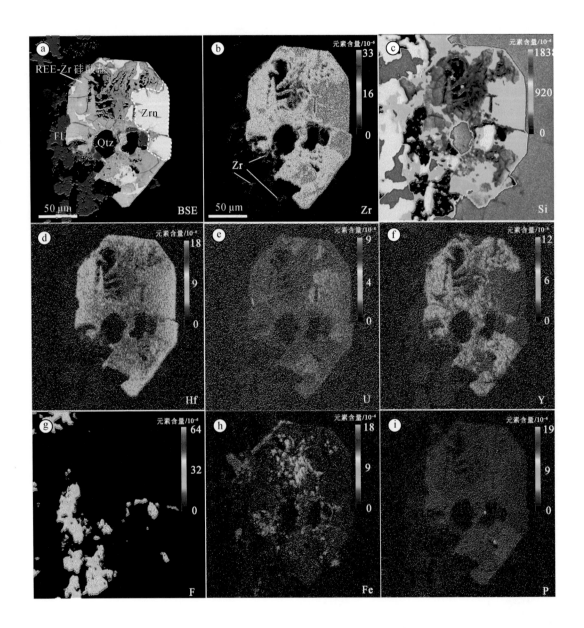

图 8-7　弱蚀变锆石电子探针元素面扫描图像

a. 强蚀变锆石的 BSE 图像；b. 元素 Zr 面扫描；c. 元素 Si 面扫描；d. 元素 Hf 面扫描；e. 元素 U 面扫描；f. 元素 Y 面扫描；g. 元素 F 面扫描；h. 元素 Fe 面扫描；i. 元素 P 面扫描。Fl. 萤石；Qtz. 石英；Zrn. 锆石

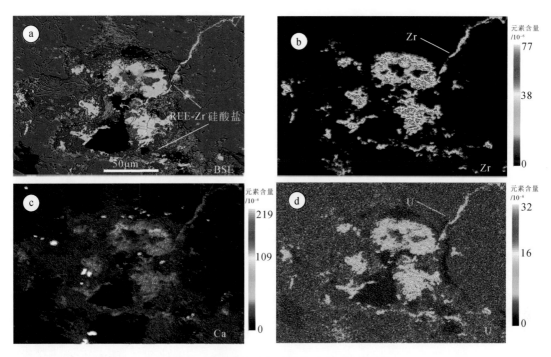

图 8-8 强蚀变锆石电子探针元素面扫描图像

a. 强蚀变锆石的 BSE 图像；b. 元素 Zr 面扫描；c. 元素 Ca 面扫描；d. 元素 U 面扫描

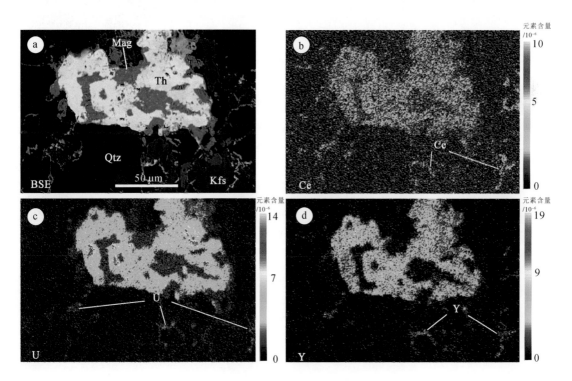

图 8-9 蜕晶化钍石电子探针元素面扫描图像

Kfs. 钾长石；Mag. 磁铁矿；Qtz. 石英；Th. 钍石

（三）铌铁矿

杨庄花岗斑岩铌铁矿是 Nb 和 Ta 的主要赋存矿物相。Nb_2O_5（71.43% ~ 76.46%）和 MnO（12.97% ~ 16.54%）是其主要成分。另外铌铁矿还含有 Ta_2O_5（0.82% ~ 3.12%）、FeO（2.94% ~ 6.23%）、TiO_2（1.79% ~ 5.88%）和 UO_2（0.20% ~ 0.88%）。由 Mn/（Mn+Fe）-Ta/（Ta+Nb）图解（图 8-10）（Beurlen et al., 2008）可以看出杨庄花岗斑岩的铌铁矿均属于富 Mn 铌铁矿。铌铁矿在热液过程中被蚀变成 Nb-Fe-Ti 氧化物。图 8-11 显示 Ti-Nb-Fe 氧化物具有较高的 TiO_2（71.94% ~ 91.42%）、FeO（1.48% ~ 14.03%）和 Al_2O_3（0.01% ~ 0.30%），较低的 Nb_2O_5（3.21% ~ 17.34%）、Ta_2O_5（0.30% ~ 1.09%）、UO_2（0 ~ 0.26%）、ZrO_2（0 ~ 0.25%）、Y_2O_3（0 ~ 0.08%）、ThO_2（0 ~ 0.15%）和 MnO（0.01% ~ 1.27%）。电子探针元素面扫描结果（图 8-12）表明铌铁矿在蚀变过程中，Nb、Mn、Ta、Mo 和 U 等元素被释放出来。表 8-5 表明铌铁矿含有较高的 Mo（290×10^{-6} ~ 566×10^{-6}）、Th（700×10^{-6} ~ 2647×10^{-6}）和 $\sum REE$（0.34% ~ 2.03%）。图 8-13 显示铌铁矿相对富集 HREE（$\sum LREE/\sum HREE = 0.08 ~ 0.19$），而 Eu 明显负异常（$\delta Eu = 0.04 ~ 0.08$），Ce 轻微正异常。

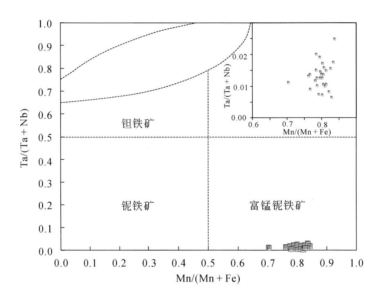

图 8-10　杨庄花岗斑岩中铌铁矿矿物分类图解

（四）稀土-氟碳酸盐矿物

稀土-氟碳酸盐矿物是杨庄岩体 REE 元素的主要赋存矿物相。稀土-氟碳酸盐主要由 La_2O_3（18.25% ~ 22.30%）、Ce_2O_3（28.05% ~ 36.52%）、Pr_2O_3（9.97% ~ 13.99%）、Nd_2O_3（2.52% ~ 9.13%）、Gd_2O_3（2.97% ~ 6.17%）和 F（4.02% ~ 8.88%）等组成（表 8-6）。

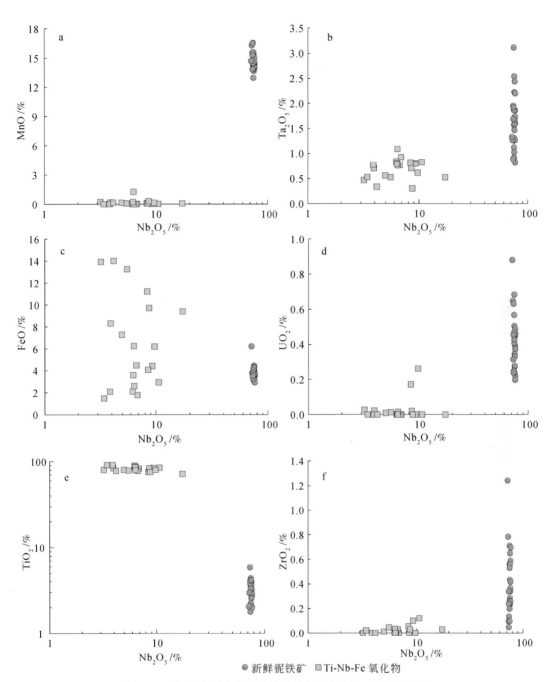

图 8-11　杨庄花岗斑岩中铌铁矿及其蚀变产物元素相关图解

a. MnO-Nb$_2$O$_5$；b. Ta$_2$O$_5$-Nb$_2$O$_5$；c. FeO-Nb$_2$O$_5$；d. UO$_2$-Nb$_2$O$_5$；e. TiO$_2$-Nb$_2$O$_5$；f. ZrO$_2$-Nb$_2$O$_5$

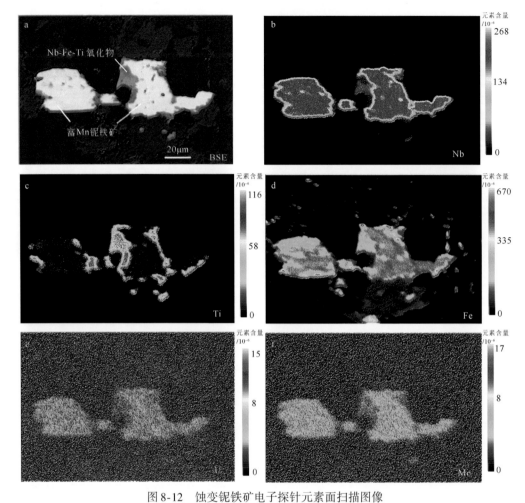

图 8-12　蚀变铌铁矿电子探针元素面扫描图像

a. 铌铁矿 BSE 图像；b. 元素 Nb 面扫描；c. 元素 Ti 面扫描；d. 元素 Fe 面扫描；e. 元素 U 面扫描；f. 元素 Mo 面扫描

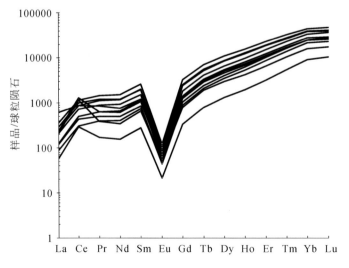

图 8-13　杨庄花岗斑岩中铌铁矿稀土元素标准化图解

数据来源：球粒陨石数据引自 Sun and McDonough, 1989

表 8-5　杨庄花岗斑岩中铌铁矿微量元素分析结果　　　　（单位：10^{-6}）

元素	ZK26607-1-1	ZK26607-1-2	ZK26607-1-3	ZK26607-1-4	ASD-2-1	ZK7702-2-1	BY10-7-1	BY10-7-2	BY10-7-3
Y	4193	3451	1312	5053	4663	4922	7908	9367	2936
Zr	1741	2028	1686	1824	2617	3382	1790	2067	1402
Nb	442552	428859	436140	444407	449776	425154	431145	429919	420996
Mo	328	290	306	304	365	566	347	356	369
La	29	51	14	57	30	146	59	85	21
Ce	263	712	178	802	306	529	535	710	189
Pr	47	37	16	59	60	80	108	139	38
Nd	236	162	74	286	312	354	553	713	191
Sm	129	102	43	163	181	184	309	402	114
Eu	2.6	3.2	1.3	3.6	3.1	3.6	5.7	7.0	2.6
Gd	214	164	69	260	293	288	519	675	183
Tb	91	71	30	110	126	118	209	267	79
Dy	1043	759	337	1184	1394	1300	2214	2803	890
Ho	358	241	111	389	459	420	729	894	305
Er	1691	1103	538	1771	2074	1893	3188	3872	1444
Tm	417	267	139	421	483	437	713	832	359
Yb	4285	2706	1547	4237	4730	4286	6781	7673	3661
Lu	731	444	266	692	741	662	1061	1207	596
Ta	9892	12404	13769	10956	9302	9931	8177	10052	13064
Pb	48	301	99	253	58	134	566	2385	349
Th	760	1873	700	2067	1364	1597	1756	2647	747
U	1822	2512	2489	1830	3830	4926	4304	6058	2557

表 8-6　杨庄花岗斑岩稀土-氟碳酸盐矿物电子探针分析结果　　　　（单位:%）

成分	BYP1-12-1-1	BYP1-12-1-2	BYP1-12-1-3	BYP1-17-1	ZK7702-1-1	ZK7702-1-2	ZK7702-1-3	ZK7702-1-4	ZK7702-1-5
F	6.09	5.59	4.15	5.06	7.47	6.03	6.33	6.20	5.53
ZrO_2	0.00	0.03	0.00	0.00	0.00	0.00	0.00	0.06	0.02
SiO_2	0.33	0.36	0.12	1.19	0.12	1.74	0.15	0.94	1.52
P_2O_5	0.04	0.02	0.04	0.09	0.00	0.03	0.00	0.11	0.20
CaO	0.73	1.07	1.36	2.85	0.71	1.95	0.55	2.32	3.60
Nb_2O_5	0.00	0.11	0.09	0.00	0.01	0.00	0.02	0.11	0.07

续表

成分	BYP1-12-1-1	BYP1-12-1-2	BYP1-12-1-3	BYP1-17-1	ZK7702-1-1	ZK7702-1-2	ZK7702-1-3	ZK7702-1-4	ZK7702-1-5
HfO_2	0.02	0.21	0.08	0.15	0.01	0.09	0.05	0.00	0.07
UO_2	0.05	0.05	0.06	0.76	0.13	0.18	0.06	0.15	0.19
ThO_2	2.53	2.55	3.40	2.42	2.17	2.24	1.86	2.91	2.18
Y_2O_3	0.11	0.06	0.09	0.21	0.12	0.22	0.08	0.19	0.15
La_2O_3	20.17	20.59	18.58	19.12	20.22	18.26	20.82	19.75	21.89
Ce_2O_3	35.52	35.12	36.10	34.43	34.49	32.15	35.47	33.51	33.09
Pr_2O_3	12.52	13.16	10.31	11.16	11.30	13.11	13.29	12.15	12.00
Nd_2O_3	3.99	3.92	4.96	4.28	3.00	3.18	5.06	6.21	5.21
Sm_2O_3	0.68	0.61	0.64	0.85	0.18	1.31	0.47	0.90	0.92
Eu_2O_3	0.00	0.00	0.00	0.00	0.00	0.00	0.00	0.00	0.00
Gd_2O_3	3.32	3.23	3.36	3.45	6.17	4.94	3.75	4.03	5.01
Tb_2O_3	0.00	0.00	0.00	0.00	0.00	0.00	0.00	0.00	0.00
Dy_2O_3	0.00	0.00	0.00	0.05	0.11	0.13	0.10	0.08	0.15
Ho_2O_3	0.04	0.09	0.30	0.22	0.02	0.12	0.04	0.02	0.04
Er_2O_3	0.02	0.02	0.15	0.09	0.02	0.12	0.00	0.00	0.00
Tm_2O_3	0.00	0.00	0.00	0.03	0.00	0.00	0.00	0.00	0.00
Yb_2O_3	0.00	0.00	0.00	0.00	0.01	0.00	0.00	0.00	0.00
Lu_2O_3	0.09	0.00	0.05	0.00	0.00	0.01	0.07	0.06	0.00
总量	86.25	86.78	83.82	86.42	86.26	85.79	88.16	89.67	91.84

成分	ZK7702-2-1	ZK7702-2-2	ZK7702-4-1	ZK7702-4-2	ZK7702-5-1	ZK7702-5-2	ZK7702-5-3	ZK7702-5-4	ZK7702-5-5	ZK7702-5-6
F	8.88	6.23	8.80	4.02	5.02	6.27	5.87	4.36	5.97	6.09
ZrO_2	0.02	0.06	0.00	0.04	0.00	0.01	0.04	0.04	0.08	0.00
SiO_2	0.07	0.30	0.26	0.26	0.27	0.05	0.07	0.23	0.89	0.16
P_2O_5	0.00	0.03	0.04	0.01	0.06	0.02	0.05	0.04	0.06	0.04
CaO	1.16	4.60	2.40	1.00	1.52	0.68	0.92	1.03	3.10	1.98
Nb_2O_5	0.01	0.01	0.00	0.00	0.01	0.01	0.01	0.09	0.13	0.00
HfO_2	0.14	0.03	0.13	0.08	0.11	0.15	0.00	0.09	0.00	0.31
UO_2	0.08	0.25	0.15	0.11	0.80	0.03	0.23	0.04	0.52	0.08
ThO_2	2.44	1.79	2.30	3.27	2.70	2.04	2.45	2.26	4.93	2.74
Y_2O_3	0.04	0.70	0.16	0.05	0.17	0.19	0.18	0.18	1.20	0.65
La_2O_3	18.25	19.19	21.44	21.13	19.98	22.30	21.22	21.44	19.78	21.42
Ce_2O_3	32.31	31.44	30.46	31.52	31.83	35.72	34.29	36.52	28.05	35.07
Pr_2O_3	12.87	12.50	12.40	11.36	11.37	13.99	13.42	13.09	10.06	9.97
Nd_2O_3	4.31	6.70	5.97	9.13	3.46	2.52	3.15	2.62	3.28	2.78

续表

成分	ZK7702-2-1	ZK7702-2-2	ZK7702-4-1	ZK7702-4-2	ZK7702-5-1	ZK7702-5-2	ZK7702-5-3	ZK7702-5-4	ZK7702-5-5	ZK7702-5-6
Sm_2O_3	0.50	0.93	0.75	1.16	0.91	0.53	0.63	0.69	0.69	0.74
Eu_2O_3	0.00	0.00	0.00	0.00	0.00	0.00	0.00	0.00	0.00	0.00
Gd_2O_3	3.85	4.01	4.45	5.21	3.06	3.56	3.45	3.13	2.97	3.53
Tb_2O_3	0.02	0.00	0.00	0.00	0.00	0.00	0.00	0.00	0.00	0.00
Dy_2O_3	0.14	0.10	0.16	0.04	0.00	0.00	0.00	0.00	0.28	0.05
Ho_2O_3	0.00	0.21	0.00	0.11	0.00	0.00	0.00	0.01	0.11	0.21
Er_2O_3	0.00	0.06	0.00	0.00	0.00	0.00	0.04	0.09	0.13	0.11
Tm_2O_3	0.00	0.00	0.00	0.00	0.00	0.01	0.03	0.00	0.00	0.00
Yb_2O_3	0.00	0.00	0.00	0.00	0.00	0.00	0.00	0.01	0.00	0.00
Lu_2O_3	0.06	0.00	0.00	0.00	0.00	0.00	0.00	0.16	0.09	0.00
总量	85.14	89.14	89.86	88.49	81.27	88.09	86.04	86.10	82.32	85.92

（五）晶质铀矿

我们首次在杨庄花岗斑岩中发现了晶质铀矿，虽然其数量很少，然而意义较大。背散射图像（图8-14a）显示晶质铀矿具有强烈的溶蚀现象，表明U发生了活化，有利于铀的成矿。通过对残留的晶质铀矿进行成分分析，结果表明，晶质铀矿的$CaO+FeO+SiO_2$含量较低，仅为0.2%～0.7%，表明晶质铀矿的未蚀变部分相对新鲜。表8-7表明，晶质铀矿的UO_2含量为66.42%～70.20%、ThO_2含量为15.12%～18.57%、PbO含量为2.79%～3.08%、REE_2O_3含量为0.16%～0.50%。晶质铀矿是最容易萃取出活性U的含铀矿物（Cuney and Friedrich，1987）。但是考虑到杨庄花岗斑岩中晶质铀矿数量极少，因此它可能不是白杨河铀铍矿床主要的铀源提供者。野外与镜下观察表明杨庄花岗斑岩遭受了不同程度的蚀变，也不排除晶质铀矿大部分被溶解-运移的可能。

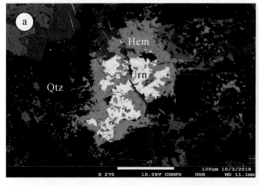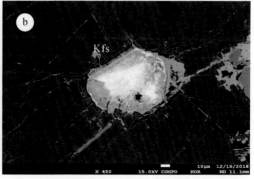

图8-14　铀矿物的背散射图像

a. 花岗斑岩中晶质铀矿背散射图像；b. 蜕晶化钛铀矿背散射图像。Hem. 赤铁矿；Kfs. 钾长石；Qtz. 石英；Urn. 晶质铀矿

表 8-7　杨庄花岗斑岩中晶质铀矿电子探针分析结果

项目	BYH18 -1-1	BYH18 -1-2	BYH18 -1-3	BYH18 -1-4	BYH18 -1-5	BYH18 -1-6	BYH18 -1-7	BYH18 -1-8	BYH18 -1-9	BYH18 -1-10	BYH18 -1-11
UO_2/%	68.75	66.88	69.93	68.14	67.92	69.57	69.04	66.42	69.23	69.28	70.20
ThO_2/%	15.63	17.12	15.40	15.12	17.18	15.88	17.07	18.57	15.97	15.95	15.68
PbO/%	2.88	2.97	2.79	2.97	3.00	3.02	2.95	2.97	2.99	3.05	3.08
Na_2O/%	0.04	0.04	0.00	0.10	0.00	0.00	0.39	0.03	0.10	0.11	0.00
MgO/%	0.02	0.02	0.03	0.05	0.02	0.03	0.04	0.02	0.03	0.01	0.00
SiO_2/%	0.14	0.05	0.00	0.29	0.02	0.00	0.11	0.00	0.10	0.13	0.06
K_2O/%	0.00	0.00	0.00	0.00	0.00	0.00	0.00	0.00	0.00	0.00	0.00
CaO/%	0.05	0.08	0.00	0.07	0.00	0.00	0.19	0.00	0.00	0.00	0.00
TiO_2/%	0.00	0.00	0.00	0.00	0.00	0.00	0.00	0.00	0.00	0.00	0.00
MnO/%	0.01	0.03	0.00	0.00	0.00	0.06	0.02	0.00	0.06	0.00	0.00
FeO/%	0.19	0.14	0.20	0.35	0.45	0.38	0.40	0.40	0.55	0.33	0.51
ZrO_2/%	0.09	0.00	0.00	0.00	0.00	0.02	0.03	0.09	0.00	0.04	0.00
总量/%	87.8	87.33	88.35	87.09	88.59	88.96	90.24	88.50	89.03	88.90	89.53
年龄/Ma	308	323	294	321	322	319	312	323	317	323	323
误差/Ma	13	14	13	14	14	14	14	14	14	14	14

（六）钛铀矿

杨庄岩体的原生铀矿物还有钛铀矿，和晶质铀矿一样，其中钛铀矿的含量也非常少。显微镜下发现钛铀矿多发生蜕晶化/蚀变（图8-14b，图8-15）。表8-8表明钛铀矿主要由

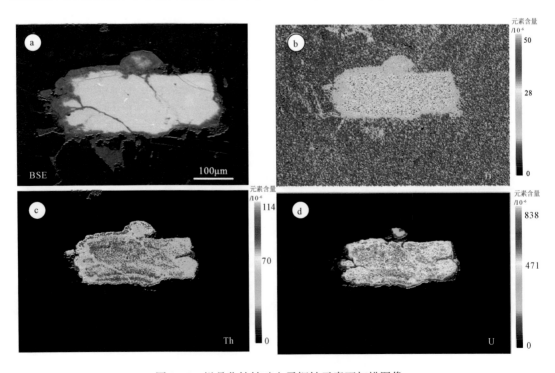

图 8-15　蜕晶化钛铀矿电子探针元素面扫描图像

a. 蜕晶化钛铀矿背散射图像，钛铀矿由外向内蚀变逐渐减弱；b. 元素 Ti 面扫描；c. 元素 Th 面扫描；d. 元素 U 面扫描

表8-8　花岗斑岩中钛铀矿电子探针分析结果

（单位:%）

成分	BY12-29-3-01	BY12-29-3-02	BY12-29-3-03	BY12-29-3-04	BY12-29-3-05	BY12-29-3-06	BY12-29-3-07	BY12-29-3-08	BY12-29-3-09	BY12-29-3-10	BY12-29-3-11	BYH18-1-01	BYH18-1-02	BYH18-1-03	BYH18-1-04	BYH18-1-05
Na_2O	0.08	0.00	0.00	0.06	0.01	0.01	0.03	0.08	0.05	0.01	0.03	0.10	0.08	0.03	0.06	0.00
MgO	0.01	0.00	0.02	0.00	0.00	0.02	0.06	0.02	0.01	0.00	0.00	0.04	0.05	0.08	0.12	0.13
Al_2O_3	0.08	0.07	0.07	0.09	0.08	0.04	0.04	0.05	0.11	0.05	0.11	0.11	0.04	0.46	0.69	0.48
Ta_2O_5	0.01	0.00	0.01	0.00	0.00	0.00	0.00	0.00	0.00	0.02	0.00	0.00	0.00	0.00	0.00	0.00
SiO_2	0.04	0.08	0.06	0.02	0.05	0.19	0.13	0.36	0.17	0.36	0.15	1.37	1.16	2.18	10.78	2.49
K_2O	0.00	0.00	0.00	0.00	0.00	0.00	0.00	0.00	0.00	0.00	0.00	0.00	0.00	0.06	0.15	0.05
CaO	7.09	6.99	6.95	7.44	7.49	3.87	4.89	5.40	6.22	5.45	6.12	2.96	3.15	3.44	3.68	4.26
TiO_2	33.99	36.33	34.67	34.30	35.51	36.72	33.39	37.94	35.62	34.84	33.69	33.28	32.84	31.60	38.01	34.55
UO_2	37.93	37.35	37.15	39.10	37.38	36.98	37.66	36.17	38.98	36.32	38.62	36.52	37.56	0.54	0.43	0.63
ThO_2	7.65	7.81	8.62	7.38	7.52	8.24	8.20	8.28	5.13	7.99	5.94	9.03	7.93	23.30	20.81	26.43
FeO	0.84	1.29	1.39	0.99	0.93	0.99	0.98	0.90	1.19	0.65	0.64	1.38	1.81	1.22	2.36	1.48
MnO	0.30	0.28	0.32	0.21	0.18	0.17	0.21	0.12	0.23	0.14	0.20	0.41	0.40	0.11	0.36	0.08
PbO	0.55	0.56	0.55	0.58	0.42	0.38	0.36	0.38	0.39	0.40	0.42	0.96	0.68	0.87	1.02	1.00
Y_2O_3	0.00	0.00	0.00	0.00	0.00	0.03	0.01	0.00	0.00	0.00	0.00	0.02	0.02	0.00	0.00	0.00
Nb_2O_5	0.29	0.34	0.30	0.39	0.34	0.34	0.24	0.27	0.29	0.17	0.09	0.23	0.20	0.23	0.22	0.23
MoO_3	0.00	0.00	0.00	0.00	0.00	0.00	0.00	0.00	0.00	0.00	0.00	0.03	0.00	0.00	0.00	0.00
Ce_2O_3	0.21	0.24	0.28	0.09	0.27	0.11	0.34	0.22	0.20	0.13	0.23	0.21	0.20	0.27	0.31	0.35
总量	89.08	91.33	90.37	90.65	90.18	88.09	86.55	90.20	88.58	86.53	85.74	86.69	86.13	64.39	78.98	72.13

TiO_2（32.84% ~ 37.94%）、UO_2（36.17% ~ 39.10%）、CaO（2.96% ~ 7.49%）、ThO_2（5.13% ~ 9.03%）等组成，还含有少量的 SiO_2（0.02% ~ 1.37%）、FeO（0.64% ~ 1.81%）、MnO（0.12% ~ 0.41%）、PbO（0.36% ~ 0.96%）、Nb_2O_5（0.09% ~ 0.39%）和 Ce_2O_3（0.09% ~ 0.34%）。钛铀矿在后期热液过程中发生了蚀变，蚀变产物主要为 Th-Ti 氧化物（图 8-15b）。该矿物主要由 TiO_2（31.60% ~ 38.01%）和 ThO_2（20.81% ~ 26.43%）组成，还含有少量的 UO_2（0.43% ~ 0.63%）、SiO_2（2.18% ~ 10.78%）、FeO（1.22% ~ 2.36%）、MnO（0.08% ~ 0.36%）、PbO（0.87% ~ 1.02%）、Nb_2O_5（0.22% ~ 0.23%）和 Ce_2O_3（0.27% ~ 0.35%）。相对于钛铀矿的未蚀变部分，Th-Ti 氧化物的 Th 和 Si 含量明显升高，而 Ti 含量则基本不变，U 含量明显降低（图 8-15）。Th 和 Ti 在低温环境中的活动性较弱，Th-Ti 氧化物可能继承了钛铀矿的 Th 和 Ti 含量。钛铀矿在蚀变过程中，Th/U 值明显升高（钛铀矿平均为 0.2，Th-Ti 氧化物为 44.3），钛铀矿在蚀变过程中，U 基本全部被释放出来，这表明钛铀矿是易被萃取的铀源。

（七）沥青铀矿

由表 8-9 可知，白杨河铀铍矿床中沥青铀矿的 UO_2 含量为 75.27% ~ 81.60%，平均为 78.57%，PbO 含量为 4.45% ~ 7.98%，平均为 5.84%，CaO 含量为 1.64% ~ 3.00%，Nb_2O_5 含量为 2.19% ~ 4.32%。还含有少量的 SiO_2（0.04% ~ 1.73%）、ZrO_2（0.32% ~ 1.19%）、Na_2O（0 ~ 0.44%）、MnO（0.09% ~ 0.66%）和 REE_2O_3（0.34% ~ 1.14%）。沥青铀矿电子探针分析总量相对较低，显示沥青铀矿中可能含有水，或者在测试过程中六价 U 被当做 UO_2 计数。沥青铀矿中 ThO_2 含量低于检出限，这可能是由于 Th 在中低温条件下为不活动元素（Cuney，2010）。UO_2 和 PbO 之间无明显相关关系（图 8-16），表明沥青铀矿中含有一定量的普通铅，可能是成矿流体中携带其他来源 Pb 所致。UO_2 与 ZrO_2 和 Nb_2O_5 呈负相关关系，这可能是由于 Zr 和 Nb 用来平衡沥青铀矿的负离子。$CaO+SiO_2+FeO+MnO$ 与 PbO 呈负相关关系（图 8-16d），表明 Ca、Si、Fe 和 Mn 进入沥青铀矿结构可能平衡了 Pb 丢失（Alexandre and Kyser，2005）。沥青铀矿边部有次生铀矿物（如硅钙铀矿）的出现指示沥青铀矿遭受表生蚀变。沥青铀矿颗粒裂隙充填着方铅矿，可能指示其 Pb 丢失。沥青铀矿富 Zr、Mn 和 Nb 的特征与杨庄岩体富 Nb、Ta、Zr 和 Mn 相吻合，岩体中的锆石、铌铁矿和 M1 云母可能是这些元素的主要来源。

（八）水锰矿

白杨河铀铍矿床的锰氧化物主要是水锰矿，它主要由 MnO 组成（68.74% ~ 72.71%，平均为 71.02%），还含有少量的 CaO（2.95% ~ 3.34%）、Na_2O（0.71% ~ 1.22%）、MgO（0.27% ~ 0.74%）、Al_2O_3（0.25% ~ 0.80%）、SiO_2（0.07% ~ 0.17%）、K_2O（2.88% ~ 3.46%）、FeO（0.03% ~ 0.13%）。部分测试点的 U 高于检出限，表明可能存在少量的 U 吸附在水锰矿中。水锰矿很可能是杨庄岩体中的富 Mn 黑云母和铌铁矿遭受蚀变后，Mn 被活化而在低温条件下形成的（表 8-10）。

表 8-9　白杨河铀铍矿床沥青铀矿电子探针分析结果　　　　　　　　　　　（单位：%）

成分	BYH17-20-01	BYH17-20-02	BYH17-20-03	BYH17-20-04	BYH17-20-05	BYH17-20-06	BYH17-20-07	BYH17-20-08	BYH17-20-09	BYH17-20-10	BYH17-20-11	BYH17-20-12	BYH17-20-13	BYH17-20-14
UO_2	80.88	80.22	81.60	81.43	80.40	80.83	78.98	80.56	77.67	75.27	77.88	77.52	80.85	79.87
SiO_2	0.06	0.18	0.04	0.13	0.15	0.09	0.06	0.16	0.13	0.04	0.11	0.09	0.12	0.10
CaO	1.64	2.25	1.77	1.82	2.15	1.97	1.68	2.01	2.13	2.39	2.32	1.83	1.90	1.82
PbO	5.44	5.37	6.22	5.81	5.70	6.01	6.83	5.82	6.48	7.05	5.88	7.69	5.91	6.56
Na_2O	0.25	0.36	0.32	0.35	0.35	0.35	0.27	0.33	0.44	0.02	0.01	0.42	0.31	0.37
MnO	0.23	0.47	0.28	0.35	0.36	0.49	0.32	0.45	0.24	0.09	0.16	0.45	0.36	0.54
FeO	0.10	0.06	0.10	0.09	0.05	0.10	0.03	0.09	0.03	0.06	0.06	0.00	0.05	0.11
Nb_2O_5	3.42	4.32	3.81	3.39	3.85	3.63	3.86	3.67	3.36	2.42	3.36	4.09	4.07	3.41
ThO_2	0.00	0.00	0.00	0.00	0.00	0.00	0.00	0.00	0.00	0.00	0.00	0.00	0.00	0.00
ZrO_2	1.14	0.77	1.00	1.17	0.84	1.16	1.09	1.06	0.59	0.54	0.46	0.72	0.85	1.19
F	0.14	0.02	0.13	0.04	0.00	0.12	0.00	0.07	0.05	0.13	0.09	0.00	0.17	0.04
La_2O_3	0.00	0.00	0.00	0.00	0.00	0.00	0.00	0.00	0.00	0.00	0.00	0.01	0.00	0.00
Ce_2O_3	0.08	0.04	0.05	0.09	0.06	0.13	0.06	0.03	0.01	0.09	0.07	0.08	0.04	0.05
Pr_2O_3	0.00	0.05	0.00	0.00	0.00	0.00	0.00	0.06	0.00	0.00	0.05	0.04	0.00	0.02
Nd_2O_3	0.00	0.00	0.00	0.00	0.00	0.00	0.00	0.01	0.00	0.00	0.00	0.00	0.00	0.00
Sm_2O_3	0.00	0.00	0.00	0.00	0.00	0.01	0.00	0.00	0.01	0.00	0.00	0.00	0.00	0.00
Eu_2O_3	0.06	0.00	0.00	0.04	0.00	0.00	0.00	0.00	0.09	0.00	0.06	0.00	0.01	0.00
Gd_2O_3	0.02	0.00	0.00	0.03	0.00	0.00	0.00	0.00	0.00	0.00	0.00	0.00	0.00	0.00
Tb_2O_3	0.00	0.00	0.00	0.00	0.00	0.00	0.00	0.00	0.00	0.00	0.02	0.01	0.00	0.00
Dy_2O_3	0.27	0.20	0.20	0.23	0.22	0.32	0.20	0.17	0.16	0.01	0.07	0.26	0.28	0.33
Ho_2O_3	0.00	0.00	0.05	0.00	0.00	0.01	0.00	0.03	0.00	0.00	0.10	0.00	0.00	0.00
Er_2O_3	0.00	0.00	0.05	0.07	0.00	0.00	0.02	0.01	0.00	0.00	0.07	0.02	0.02	0.04
Tm_2O_3	0.00	0.00	0.00	0.00	0.02	0.05	0.00	0.11	0.21	0.06	0.00	0.09	0.00	0.00
Yb_2O_3	0.00	0.00	0.05	0.00	0.00	0.00	0.05	0.12	0.08	0.00	0.09	0.06	0.00	0.00
Lu_2O_3	0.00	0.01	0.00	0.16	0.09	0.05	0.00	0.12	0.11	0.15	0.09	0.01	0.06	0.03
Y_2O_3	0.00	0.04	0.01	0.02	0.02	0.01	0.01	0.00	0.06	0.05	0.07	0.02	0.03	0.05
总量	93.72	94.34	95.61	95.22	94.27	95.33	93.44	94.87	91.84	88.37	91.02	93.41	95.05	94.50

续表

成分	BYH17-20-15	BYH17-20-16	BYH17-20-17	BYH17-20-18	BYH17-20-19	BYH17-20-20	BYH17-20-21	BYH17-20-22	BYH17-20-23	BYH17-20-24	BYH17-20-25	BYH17-20-26	BYH17-20-27	BYH17-20-28	BYH17-20-29
UO_2	77.71	79.58	80.45	78.59	79.10	78.69	76.10	76.40	78.07	75.77	78.55	77.56	76.19	75.91	75.78
SiO_2	0.04	0.24	0.20	0.19	0.23	0.24	1.35	1.73	0.19	0.33	0.31	0.18	0.28	0.19	0.33
CaO	2.39	2.99	2.89	2.90	2.61	2.59	2.72	3.00	1.75	1.85	2.38	2.15	1.78	1.82	1.81
PbO	6.29	4.87	4.84	4.74	4.98	5.00	4.45	4.93	6.19	7.01	5.02	4.92	6.96	7.98	4.56
Na_2O	0.30	0.33	0.31	0.37	0.36	0.42	0.29	0.28	0.27	0.36	0.32	0.34	0.25	0.00	0.21
MnO	0.41	0.50	0.65	0.55	0.51	0.52	0.41	0.60	0.66	0.62	0.59	0.59	0.55	0.18	0.51
FeO	0.06	0.00	0.00	0.56	0.00	0.24	0.00	0.00	0.08	0.00	0.00	0.00	0.00	0.23	0.00
Nb_2O_5	3.88	3.43	3.42	3.63	3.47	3.76	2.76	3.57	3.51	2.19	3.74	3.53	3.38	2.81	3.63
ThO_2	0.00	0.00	0.00	0.00	0.00	0.00	0.00	0.00	0.00	0.00	0.00	0.00	0.00	0.00	0.00
ZrO_2	0.85	0.94	0.97	0.85	0.82	0.69	0.91	0.32	0.83	0.48	0.81	0.80	0.74	0.71	0.78
F	0.00	0.17	0.11	0.31	0.02	0.31	0.01	0.21	0.02	0.01	0.02	0.12	0.00	0.00	0.05
La_2O_3	0.00	0.00	0.00	0.00	0.00	0.00	0.00	0.00	0.00	0.00	0.00	0.00	0.00	0.00	0.00
Ce_2O_3	0.04	0.16	0.09	0.01	0.13	0.01	0.13	0.14	0.05	0.06	0.21	0.11	0.04	0.12	0.00
Pr_2O_3	0.00	0.04	0.00	0.00	0.00	0.13	0.00	0.00	0.00	0.03	0.08	0.07	0.07	0.00	0.05
Nd_2O_3	0.00	0.00	0.00	0.00	0.00	0.00	0.00	0.00	0.00	0.00	0.00	0.00	0.00	0.01	0.02
Sm_2O_3	0.03	0.05	0.05	0.00	0.04	0.04	0.08	0.00	0.00	0.05	0.00	0.00	0.11	0.09	0.00
Eu_2O_3	0.02	0.03	0.02	0.10	0.11	0.13	0.10	0.02	0.07	0.02	0.04	0.00	0.00	0.09	0.00
Gd_2O_3	0.00	0.02	0.00	0.00	0.00	0.00	0.00	0.01	0.00	0.00	0.04	0.00	0.00	0.03	0.00
Tb_2O_3	0.04	0.00	0.04	0.00	0.00	0.01	0.08	0.00	0.06	0.00	0.00	0.02	0.00	0.00	0.00
Dy_2O_3	0.10	0.23	0.27	0.33	0.27	0.27	0.20	0.35	0.23	0.26	0.20	0.29	0.41	0.16	0.16
Ho_2O_3	0.01	0.05	0.04	0.09	0.03	0.04	0.00	0.02	0.12	0.12	0.00	0.03	0.00	0.03	0.00
Er_2O_3	0.00	0.03	0.00	0.00	0.00	0.11	0.00	0.00	0.07	0.08	0.00	0.05	0.05	0.00	0.10
Tm_2O_3	0.06	0.10	0.05	0.00	0.12	0.00	0.00	0.00	0.00	0.00	0.02	0.00	0.02	0.03	0.00
Yb_2O_3	0.07	0.02	0.12	0.05	0.15	0.08	0.08	0.00	0.04	0.14	0.07	0.10	0.00	0.00	0.00
Lu_2O_3	0.00	0.00	0.09	0.00	0.08	0.23	0.00	0.00	0.02	0.01	0.03	0.00	0.01	0.10	0.12
Y_2O_3	0.01	0.07	0.07	0.04	—	0.09	0.11	0.11	0.06	0.00	0.09	0.09	0.05	0.03	0.04
总量	92.29	93.82	94.62	93.30	93.03	93.58	89.77	91.68	92.29	89.36	92.52	90.95	90.88	90.51	88.16

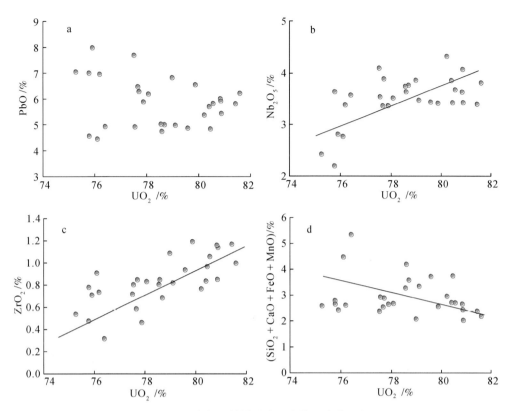

图 8-16 白杨河铀铍矿床沥青铀矿成分图解

a. UO_2-PbO 图解；b. UO_2-Nb_2O_5 图解；c. UO_2-ZrO_2 图解；d. UO_2-(SiO_2+CaO+FeO+MnO）图解

表 8-10 白杨河铀铍矿床水锰矿电子探针分析结果 （单位:%）

成分	B11-8-1	B11-8-2	B11-8-3	B11-8-4	B11-8-5	B11-8-6	B11-8-7
F	0.07	0.00	0.00	0.00	0.03	0.00	0.19
Na_2O	0.93	0.71	1.21	0.85	0.98	1.22	0.89
MgO	0.32	0.27	0.58	0.74	0.65	0.63	0.57
Al_2O_3	0.31	0.25	0.59	0.32	0.27	0.26	0.80
SiO_2	0.07	0.11	0.15	0.16	0.17	0.17	0.17
CaO	3.21	2.95	3.34	3.16	3.28	3.33	3.15
MnO	68.74	70.76	70.15	71.85	72.71	71.88	71.03
K_2O	2.88	3.14	3.19	2.94	3.07	3.28	3.46
FeO	0.13	0.04	0.07	0.11	0.11	0.11	0.03
MoO_3	0.06	0.01	0.00	0.00	0.00	0.00	0.00
TiO_2	0.00	0.00	0.01	0.01	0.03	0.00	0.00
Cr_2O_3	0.10	0.07	0.00	0.03	0.00	0.00	0.03

续表

成分	B11-8-1	B11-8-2	B11-8-3	B11-8-4	B11-8-5	B11-8-6	B11-8-7
UO_2	0.03	0.00	0.09	0.01	0.00	0.00	0.00
总量	76.83	78.31	79.37	80.17	81.27	80.87	80.33

第三节　U、Be 和 Mo 迁移富集规律

杨庄花岗斑岩中发育晶质铀矿，其锆石 U-Pb 年龄为 313.4±2.3Ma（Zhang and Zhang, 2014），晶质铀矿年龄为 316±8Ma，这说明在岩浆结晶阶段就存在铀的初始富集。白云母 Ar-Ar 年龄为 302.99±1.58Ma，说明至少在晚石炭世就存在铀铍的成矿作用，而沥青铀矿 U-Pb 年龄为 229±26Ma（夏毓亮，2019）和 240±7Ma（Bonnetti et al., 2021），表明白杨河铀铍矿床至少在三叠纪可能存在两期铀成矿作用。一般认为，蜕晶化明显的富 U 和 Th 的硅酸盐矿物（如钍石和锆石）是最有可能成为铀源的（Pagel, 1982；Cuney, 2014；McGloin et al., 2016）。杨庄花岗斑岩中的钍石和锆石都具有较高的 Th 或 U 含量，这些矿物发生了明显的蜕晶化（Murakami et al., 1991；Meldrum et al., 1998；Palenik et al., 2003；Nasdala et al., 2005）。因而在随后的热液循环过程中有利于发生活化、迁移（Lee and Tromp, 1995；Nasdala et al., 2005, 2010；McGloin et al., 2016），它们的矿物结构也证实了这一点。

花岗斑岩在蚀变过程中 CaO、MgO 和烧失量（LOI）明显升高，而 U、Be、F、Ba、Sr、Pb、Zr、Mo、Nb、Ta 和 Hf 等元素发生丢失。凝灰岩在蚀变过程中，K_2O、Ba 和 Sr 等元素发生丢失，而 Al_2O_3、Na_2O、Be、U、Mo 和 Nb 等元素含量升高。岩相学观察表明锆石、铌铁矿、钍石和稀土–氟碳酸盐相是杨庄花岗斑岩的主要含铀副矿物。这些副矿物发生了不同程度的热液蚀变，伴随元素含量的带入和带出。蚀变铌铁矿的 Nb、Mn 和 U 含量降低，并且蚀变铌铁矿颗粒周围没有含 Nb-Ta-Mn 矿物的存在，表明这些元素是从铌铁矿中萃取出来的。花岗斑岩中的 U-Zr-REE 微细脉指示 U、Zr、REE 等元素的局部活化。微细脉与蜕晶化钍石和锆石的密切关系表明这些元素源自钍石和锆石。矿物中微裂隙和矿物颗粒边界是元素迁移的良好通道，沿这些微裂隙和矿物颗粒边界发育的 U-Zr-REE 矿脉则说明了元素 U、Zr、REE 萃取和迁移过程（Bea, 1996；Seydoux-Guillaume et al., 2012；Montel and Giot, 2013）。

锆石蚀变成 REE-Zr 硅酸盐相导致其中 U 被萃取出，这从锆石至 REE-Zr 硅酸盐的 Th/U 值（0.26, 2.43）可以得到证实。造岩矿物颗粒边界或裂隙的 U-Zr-REE 硅酸盐细脉表明这些元素在花岗斑岩中局部活化和迁移（图 8-8a，图 8-9a，图 8-14b）。锆石、钍石和铌铁矿 EPMA 面扫描图像显示 U、Zr 和 REE 等元素发生活化，并沿着造岩矿物颗粒边界或裂隙进行迁移（图 8-7，图 8-9，图 8-12），这为成矿物质铀等从杨庄花岗斑岩中萃取提供了直接证据。假设岩石中的 Zr 全部赋存于锆石中（Zr=45.79%），则全岩中对应的锆石最大含量为 473×10⁻⁶。假如 Th 在热液蚀变过程中活动性较弱，以此可以作为参照用来进行质量平衡计算（Cuney and Mathieu, 2000；Hecht and Cuney, 2000；Chabiron et al.,

2003）。锆石蚀变成 REE-Zr 硅酸盐的 Th/U 值从 0.26 变化至 2.43，表明锆石在蚀变过程中约 89% 的 U 被释放出来。假设花岗斑岩的密度为 $2.6g/cm^3$，那么仅仅锆石在蚀变过程中就可以释放出 U 约 8500t/km^3。杨庄花岗岩体面积约 6.9km^2（王谋等，2012）。假设平均厚度为 0.3km，以及成矿流体中 U 的溶解和沉淀效率为 100%，那么仅锆石释放的 U 质量为 17000t，这远远超过白杨河铀铍矿床目前已知的 U 储量（500~1500t）（Dahlkamp，2009）。该值是假设 Zr 全部赋存于锆石为前提所获得，因此可能会略高于锆石的真实释放量。但是锆石是花岗斑岩 Zr 最主要的载体，因此计算值可粗略代表锆石蚀变过程的 U 释放量。而且如果再加上针石、铌铁矿、稀土-氟碳酸盐矿物、晶质铀矿和钛铀矿的 U 释放量，杨庄花岗斑岩完全可以作为主要的铀源提供者。

在杨庄岩体中尚未发现岩浆 Be 矿物（如绿柱石）的存在。在准铝质-过铝质岩浆岩中，Be 通常以分散元素赋存于造岩矿物（如长石和云母）中（Kovalenko et al.，1977；London，1997；Evensen and London，2002）。杨庄花岗斑岩中黑云母含有较高的 Be（50×10^{-6}~64×10^{-6}），说明 Be 主要赋存于造岩矿物（如黑云母和长石）中。前文所述杨庄岩体岩石遭受强烈的围岩蚀变，导致 Be 可从这些矿物中释放出来。

白杨河铀铍矿床局部地段可见钼矿化，虽然 Mo 储量不大，但也达到了工业品位。铌铁矿中的 Mo 含量比杨庄花岗斑岩全岩和黑云母中的 Mo 含量高出几个数量级，这表明铌铁矿可能是 Mo 的重要载体。铌铁矿在热液过程中，其蚀变产物为 Nb-Fe-Ti 氧化物。从蚀变铌铁矿 EPMA 元素面扫描结果可以看出，铌铁矿在蚀变过程中不仅 U 被释放出来，Mo 也被释放出来。

矿床地质、岩石学、矿物学和成矿年代学等证据都表明白杨河铀铍矿化是多期次热液流体叠加的结果。铀铍矿化严格分布在杨庄岩体与泥盆纪火山岩的接触带，以及杨庄花岗斑岩体内部，这表明白杨河铀铍矿床除了岩浆热液外，可能还有其他来源的流体参与成矿，然而成矿物质主要来自杨庄花岗斑岩（Li et al.，2015）。Webster 等（1989）研究表明在压力高于 0.5kbar，温度为 800~950℃条件下，Be 不能通过岩浆热液从岩浆中运输出来，这是因为在这样的条件下 Be 优先进入熔体。反之，只有当压力低于 0.5kbar，温度低于 800℃条件下，Be 才能被岩浆热液从岩浆中移出。杨庄花岗斑岩是极端分异演化的花岗岩，其中富含 F、B、Li 等挥发分，降低了熔体的结晶温度，有利于 Be 在岩浆演化的晚期阶段富集，并转移到岩浆热液流体中。当岩浆富 F 时，U 的分配系数 D（U）$_{流体/熔体}$ 将会明显增加，从而 U 可以大量进入流体（Keppler and Wyllie，1990，1991）。但是 Peiffert 等（1996）研究表明在富 F 岩浆体系中，当 F 浓度为 0.02~0.22mol/L，D（U）$_{流体/熔体}$ 值仅为 2.4×10^{-2}~4.2×10^{-2}。Streltsovka 铀矿床——世界上最大的火山岩型铀矿床，其流纹岩岩浆富 F（1.4%~2.7%）、呈过碱性，其中 U 含量平均为 19×10^{-6}（Chabiron and Alyoshin，2001）。Chabiron 等（2003）研究表明，虽然岩浆流体对 Streltsovka 矿床铀源有贡献，但其意义很小，进入岩浆流体的 U 含量低于 1×10^{-6}。杨庄花岗斑岩岩浆 F 含量为 0.87%~2.62%，因此进入岩浆流体中的 U 含量同样很低，表明 U 还是基本都进入熔体相。由于没能获得杨庄花岗斑岩原始岩浆中的 U 含量，所以无法估算岩浆流体所携带的 U 的质量。由岩浆过程直接形成的铀矿床通常是 U-Th 共生，尤其是富 F 的碱性岩浆（Keppler and Wyllie，1990），如巴西的 Osamu Utsumi（Cathles and Shea，1992）、加拿大的 Rexspar（Cuney and Kyser，2008）和澳大利亚的 Crockers Well 等矿床（Ashley，1984）。但是白杨河铀铍矿床矿石中没有 Th 矿化，而且沥青铀矿的 Th 很低，普遍低于检出限，即使存在含 Th 的钛铀矿，但是其含量非常少。上述结果表明虽然杨庄花岗斑岩岩浆分异的岩浆流体参与成矿，但一次的岩浆热液本身携带的成矿物质并不足以形成白杨河这样的大型铀铍矿床。

泥盆纪火山岩对成矿的贡献也是白杨河铀铍矿床成因研究中需要考虑的问题。雪米斯坦火山岩的 U 含量为 $2.2×10^{-6}$ （Shen et al.，2012），低于上地壳 U 平均含量 （$2.7×10^{-6}$）（Rudnick and Gao，2003）。白杨河矿区相对新鲜的泥盆纪火山岩的 Be 含量平均为 $3.2×10^{-6}$、U 含量平均为 $3.1×10^{-6}$，略高于克拉克值。但是这些样品是采自距离铀铍矿化几米远的位置，并无法排除这些岩石有微弱的铀铍矿化。采自距离白杨河矿区约 2km 的凝灰岩样品 （BY18-18A，BY18-18B） 的 Be （平均为 $2.4×10^{-6}$） 和 U （平均为 $2.3×10^{-6}$） 含量均较低。白杨河泥盆纪火山岩 （尤其是凝灰岩） 含有较高的 Zr （$487×10^{-6}$ ~ $546×10^{-6}$），这与沥青铀矿富 Zr 特征一致。当火山岩玻璃发生脱玻化，其中的 Zr 易被热液流体萃取出 （Chabiron et al.，2003）。因此沥青铀矿的 Zr 更有可能来源于泥盆纪火山岩。火山岩玻璃脱玻化，其中的 U 容易被释放，因而是优良的铀源 （Leroy and George- Aniel，1992；Cuney，2014）。上述结果表明泥盆纪火山岩对白杨河铀铍矿床成矿物质可能有贡献，但是其意义相对较小。

第九章 矿床成因机制与成矿模型

现阶段的各种成矿理论，实际上均是假说，都是在一定的空间根据一定的现象和事实所得出的认识。现有的矿床类型、矿床分类、成矿模型和成矿理论等在实质上都是历史的概念，它们将随着地质工作的深入和地质科学的发展而不断改进，必将逐渐接近最终的真理。一个成功的矿床模型主要包括以下几个方面：①描述成矿作用的全过程；②反映各成矿过程之间的内在联系；③揭示形成矿床过程中最本质的特点；④搞清成矿物质的来源；⑤了解成矿流体的运移过程；⑥掌握成矿元素沉积富集条件；⑦认识成矿后期的改造作用（程裕淇和闻广，1981）。

第一节 含矿岩体岩石类型及其成因

白杨河铀铍矿床的形成与杨庄花岗斑岩密切相关。杨庄花岗斑岩主要由石英、长石及少量的黑云母、磁铁矿和锆石组成。斑晶及基质中的长石主要为碱性长石，CIPW 标准矿物计算结果中几乎不含钙长石，同时具有高 SiO_2、Na_2O+K_2O、Fe/Mg、F、Mn、Nb、Ga、Sn、Y 和稀土含量，低 CaO、Ba、Sr、P、Ti 含量的特征，Eu 负异常显著，$10000Ga/Al = 3.23 \sim 3.84$，明显大于 A 型花岗岩的下限值 2.6（Whalen et al., 1987），然而在地球化学图解上却落在 A 型花岗岩的范围内。A 型花岗岩还可以进一步划分为 A1 和 A2 型两种类型（Eby, 1992），在 A1-A2 花岗岩分类图解上，杨庄花岗斑岩落入 A1 型花岗岩的区域，而区域内其他碱长花岗岩落入 A2 型花岗岩的区域（苏玉平和唐红峰，2005），这说明杨庄花岗斑岩的岩石地球化学特点与区域上花岗岩明显不同（图 9-1）。虽然杨庄花岗斑岩投影点落在 A1 区域，但并不意味着它属于 A1 型花岗岩，其投影点落入 A1 型花岗岩范围内的原因在于其异常富集 Nb。那么杨庄花岗斑岩的岩石类型究竟是什么？什么原因导致其中 Nb 的异常富集？

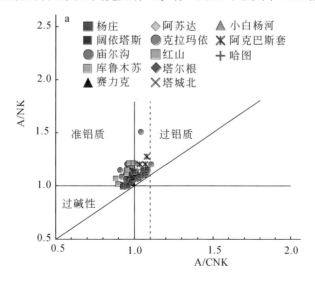

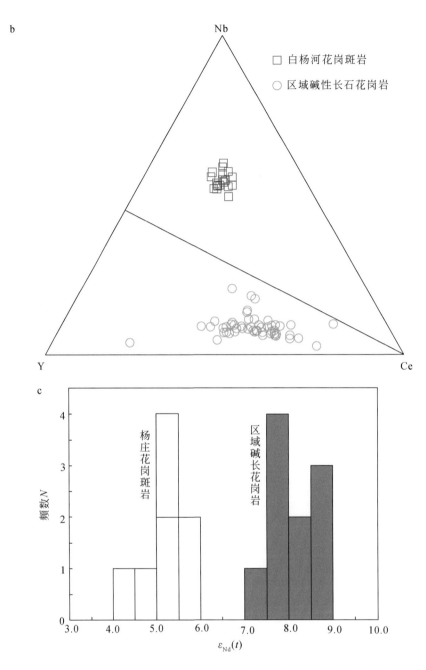

图 9-1　白杨河铀铍矿床杨庄花岗斑岩与区域上花岗岩地球化学对比图解

a. A/CNK-A/NK 图解；b. Nb-Y-Ce 三角图解；c. $\varepsilon_{Nd}(t)$ 直方图

自从 1979 年 Loiselle 和 Wones 将 A 型花岗岩的概念引入地质科学以来，该类型花岗岩的分类、岩石成因和构造背景得到了广大地质学家的关注和研究（Harris and Marriner，1980；Clemens et al.，1986；Whalen et al.，1987；Eby，1992；魏春生，2000；苏玉平和唐红峰，2005；吴锁平等，2007；李小伟等，2010）。实验岩石学研究表明，A 型花岗岩原始岩浆熔融温度在 830℃ 以上，甚至可能超过 900℃（Clemens et al., 1986）。Bailey（1978）提出地幔去气作用可以产生贫水、富 F、Cl、CO_2、碱质和不相容元素的流体，这种流体交代下地壳从而形成 A 型花岗岩的原始岩浆。Harris 和 Marriner（1980）提出高流量的富卤素挥发分诱发下地壳熔融，并为非造山花岗岩提供了高浓度的碱金属和高场强元素。Collins 等（1982）认为 A 型花岗岩是富集高场强元素和挥发分的岩浆经历了第一次熔融事件后的残余相长英质麻粒岩再次熔融而形成。Creaser 等（1991）提出 A 型花岗岩岩浆可直接由英云闪长质岩石在水不饱和条件下的部分熔融产生，但这一理论无法解释 Eby 划分的 A1 亚类具有与 OIB 相似的地球化学特征的成因。虽然已有大量的关于 A 型花岗岩的理论模式提出，但至今仍没有一个理论模型可以为大家广泛接受。众多模型中地幔物质和能量的参与被认为是 A 型花岗岩形成的重要因素之一（Bailey，1978；Harris and Marriner，1980；Clemens et al., 1986；Eby，1992；魏春生，2000；Shen et al., 2011）。在实际研究工作中，A 型花岗岩与高分异的 S 型或者 I 型花岗岩很难区分，特别是铝质 A 型花岗岩。那么杨庄花岗斑岩到底属于 A 型花岗岩还是极端分异演化花岗岩呢？Whalen 等（1987）认为 A 型花岗岩具有低 Al 高 Ga 和 Zr 的特点，从而提出 $10000Ga/Al=2.6$ 与 $Zr=250\times10^{-6}$ 作为 A 型与其他类型花岗岩的分界。即 A 型花岗岩的 $10000Ga/Al$ 值要大于 2.6，$Zr>250\times10^{-6}$。从这两个地球化学指标来看，虽然杨庄花岗斑岩中 $10000Ga/Al$ 值普遍大于 2.6，但是其中 Zr 含量均 $\leq250\times10^{-6}$。吴福元等（2017）认为尽管 A 型花岗岩也存在分异，但其演化趋势是向高分异花岗岩区演化，而 I 型或者 S 型花岗岩在分异过程中，其 $10000Ga/Al$ 值逐渐升高，显示出与 A 型花岗岩相反的趋势。从 $10000Ga/Al$-Zr 图解（图 9-2a）可以看出，杨庄花岗斑岩应属于高分异的花岗岩，而不是 A 型花岗岩。很显然，花岗质岩浆在结晶分异过程中将导致 Cr、Ni、Co、Sr、Ba 和 Zr 等微量元素的显著降低，以及 Li、Rb 和 Cs 等含量的显著升高（Gelman et al., 2014；Lee and Morton，2015），这些特点与杨庄花岗斑岩的地球化学特点是一致的。A 型花岗岩的放射性元素 U 和 Th 的总量往往大于 8×10^{-6}，属于高产热型花岗岩（Jackson et al., 1985），而杨庄花岗斑岩中 U 含量均小于 8×10^{-6}，Th 的含量大多数在 20×10^{-6} 左右。因此，从其中 U 的含量来看，也不应该划归于 A 型花岗岩的范畴。全岩的 Zr/Hf 和 Nb/Ta 值被视为花岗岩浆结晶分异程度的标志（Pérez-Soba and Villaseca，2010；Ballouard et al., 2016），如 Bea（1996）就提出 $Zr/Hf=26$ 可作为花岗岩体系岩浆-热液的分界。Ballouard 等（2016）提出以 $Nb/Ta=5$ 可将过铝质花岗岩划分为正常结晶分异成因和岩浆-热液相互作用成因。这些都可能是高分异花岗岩与超分异花岗岩的地球化学界限。从 Nb/Ta-Zr/Hf 图解（图 9-2b）可以看出，小白杨河花岗斑岩具有较低的 Zr/Hf 值（16.26~22.09）和 Nb/Ta 值（9.19~15.34），应是岩浆极端分异作用的结果。但相对来说，美国 Spor Mountain 火山岩型铀铍矿床的分异程度更为彻底（Dailey et al., 2018）。赵振华等（2001）以北美页岩作为白杨河地区花岗斑岩岩浆源区物质进行了岩石成因模拟实验，结果表明它是地壳源区物质经 15% 的部分熔融形成的母岩浆经两阶段分离结晶作用（第一阶段 50%，第二阶段 25%）形成的花岗质熔体结晶而成，因此，白杨河地区杨庄花岗斑岩应是岩浆极端分异的产物。

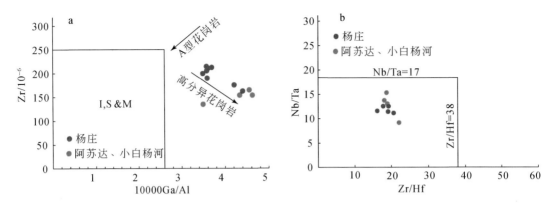

图 9-2　白杨河铀铍矿床花岗斑岩地球化学图解

a. 10000Ga/Al 和 Zr 二元图解；b. Nb/Ta-Zr/Hf 值图解

第二节　矿床成因机制

一、成矿物质铀、铍和钼的来源

在矿床成因研究中，成矿物质来源的确定是矿床成因研究的基础。一般情况下，铍通常赋存于长石和云母等火成岩造岩矿物中，而铀一般赋存于火山玻璃或副矿物中。这些源岩发生蚀变和脱玻化是成矿物质活化、迁移和富集的关键。与火山岩型铀铍矿床有关的岩石多为碱性、准铝质至弱过铝质、具有高度分异演化的特征。因此，富 U、Be 碱性流纹岩和富 U、Be 亚碱性花岗岩是大型铀铍矿的主要铀源（Chabiron et al.，2003）。

花岗岩的 U、Be 和 Mo 平均含量分别约为 3.5×10^{-6}、3.5×10^{-6} 和 1×10^{-6}，而新鲜的杨庄花岗斑岩具有较高的 U（$3.5 \times 10^{-6} \sim 6.5 \times 10^{-6}$）、Be（$5.8 \times 10^{-6} \sim 9.0 \times 10^{-6}$）和 Mo（$1.5 \times 10^{-6} \sim 22.9 \times 10^{-6}$），明显高于一般花岗岩的平均含量。杨庄花岗斑岩还具有很高的 Nb（$81.9 \times 10^{-6} \sim 100 \times 10^{-6}$）和 Ta 含量（$8.04 \times 10^{-6} \sim 8.53 \times 10^{-6}$），Nb 和 Ta 的含量是区域内同时代发育碱长花岗岩的 10 倍左右。这些说明白杨河成矿物质 U、Be 和 Mo 可能主要来自花岗斑岩。对比蚀变花岗斑岩和未蚀变花岗斑岩，以及蚀变凝灰岩和未蚀变凝灰岩地球化学数据，可以发现花岗斑岩在蚀变过程中 CaO、MgO 和烧失量（LOI）明显升高，而 U、Be、F、Ba、Sr、Pb、Zr、Mo、Nb、Ta 和 Hf 等元素发生丢失。凝灰岩在蚀变过程中，K_2O、Ba 和 Sr 等发生丢失，而 Al_2O_3、Na_2O、Be、U、Mo 和 Nb 等含量升高，说明在成矿作用过程中花岗斑岩提供了成矿物质，而凝灰岩提供成矿物质的证据不明显。对花岗斑岩中锆石、铌铁矿、钛石等副矿物的精细矿物学研究结果表明，这些副矿物在蚀变过程中释放出了成矿物质 U、Be 和 Mo。锆石、铌铁矿、钛石和稀土-氟碳酸盐相释放其中的 U，而长石和云母的蚀变造成其中的 Be 被释放出来。铌铁矿是杨庄花岗斑岩中 Mo 的主要载体，其蚀变过程不仅释放了其中的 U，而且释放了其中的 Mo。赋存于花岗斑岩、凝灰岩以及玄武岩中的电气石微量元素和硼同位素研究表明，不仅花岗斑岩提供了 U、Be 和

Mo 成矿物质，而且下伏深部岩浆房岩浆可能也提供了部分成矿物质。因此，白杨河铀铍矿床 U、Be 和 Mo 等成矿物质主要来自杨庄花岗斑岩，但不排除部分来自下伏的岩浆房分异的岩浆流体携带成矿物质参与成矿。

二、成矿流体来源及性质

成矿流体是成矿元素活化、迁移、富集和沉淀的媒介。流体的物理化学性质，如温度、压力及其组成影响着成矿元素活化和迁移的能力、迁移方式和沉淀机制。白杨河铀铍矿床矿体主要产于花岗斑岩与凝灰岩接触带附近，以及花岗斑岩体内，主要受这些地质体中的裂隙构造控制。这些特征表明成矿过程可能有大气降水或者地下水的参与，萤石流体包裹体盐度（4.69%～19.72%）的特征表明成矿流体不仅仅是大气降水或者地下水，而必须有其他高盐度流体参与成矿。变质流体的盐度一般小于 3%（肖荣阁等，2001），与大气降水的混合不足以形成盐度达到 10% 的成矿流体。因此，可以排除变质流体或者建造水参与成矿所引起的成矿流体具有中等盐度的可能性，由此推测高盐度的流体为岩浆水。白杨河铀铍矿床铀铍矿体蚀变矿物组合、流体包裹体地球化学，以及白云母的氢氧同位素特征表明该矿床的成矿流体主要为岩浆流体和大气降水。

杨庄岩体中的原生黑云母（M1）富 F、Mn 和 Li。黑云母发生绿泥石化可使得这些元素被释放出来，进入流体中。水锰矿以细脉的形式位于花岗斑岩和矿石中。云母的成分可以用来估算硅酸盐熔体或水溶液卤素氧逸度比值，即 $\lg f_{H_2O}/f_{HF}$ 和 $\lg f_{H_2O}/f_{HCl}$（Munoz，1984，1992；Ague and Brimhall，1988）。采用锆石饱和温度计（804℃）来计算 M1 云母的卤素逸度，成矿流体温度 150℃ 来计算 M2 云母的卤素逸度。得到 M1 和 M2 云母的 $\lg f_{H_2O}/f_{HF}$ 分别为 1.66～2.65 和 5.58～6.15，表明成矿流体是富 F 的。大量的萤石等脉石矿物的存在和岩浆富 F 特征也表明白杨河成矿流体是富 F 的。矿石中热液石英的出现指示热液流体是硅饱和的。Be 可以从造岩矿物如原生云母和长石在热液蚀变过程中被释放出来，U 从蜕晶化的副矿物中释放出来。沥青铀矿具有富集 Pb、Nb、Ca、Dy 和 Zr 的特征，这表明这些元素可被热液流体所携带，随后与沥青铀矿同时沉淀下来（Fayek et al.，1997）。综上所述，白杨河成矿流体富 F，且 Be、U、Si、Pb、Nb、Mn、Zr 和 REE 等元素在热液过程中发生了活化、再分配。

羟硅铍石是白杨河铀铍矿床主要的 Be 矿石矿物，而它在 250℃ 条件下才稳定存在，这表明白杨河矿化可能是发生在浅成低温的环境中（Barton，1986；Foley et al.，2012）。绿泥石是在许多地质环境中广泛存在的一种矿物，特别是在变质岩和不同类型岩浆-热液矿床的蚀变带中（Laird，1988；Hillier and Velde，1991；Vidal et al.，2001）。绿泥石的成分可以为其形成时的环境提供重要信息（Walshe，1986；Bryndzia and Scott，1987；Inoue et al.，2009；Bourdelle and Cathelineau，2015）。由绿泥石矿物化学成分计算两类绿泥石形成温度分别为 180～225℃ 和 135～165℃（图 7-4c）。Romberger（1984）认为矿石、脉石特征和蚀变矿物组合可以有效地指示热液铀矿床成矿流体的 pH 和氧化还原状态，由此可以推测白杨河成矿流体的氧逸度 $\lg f_{O_2}$ 为 –30～–25，pH 为 4.5～5.2（图 9-3）。

白杨河铀铍矿床萤石化、蛋白石化等围岩蚀变比较发育，说明成矿流体是富 F 的成矿流体。花岗斑岩、凝灰岩以及玄武岩中大量电气石的发育，说明成矿流体是富 B 的流体。

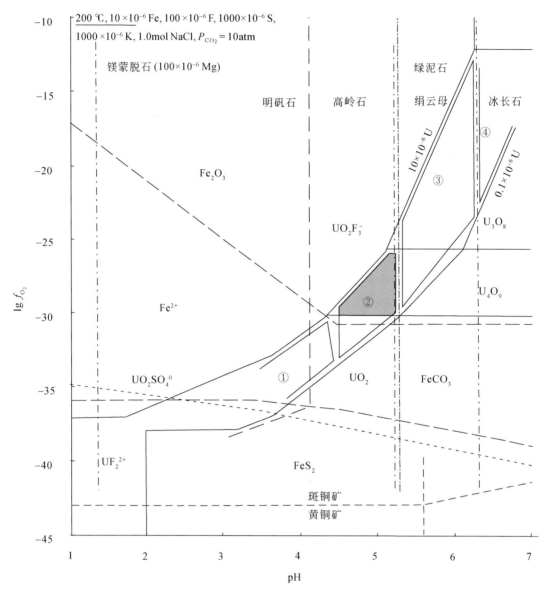

图 9-3　$\lg f_{O_2}$ 和 pH 相图（据 Romberger，1984）

白杨河铀铍矿床位于灰色区域

萤石流体包裹体地球化学研究表明流体包裹体中含有 CO_2 和 CH_4 等挥发分。电气石微量元素地球化学表明成矿流体富 Li、Be、Mn、Sn、Nb、F 和 Rb 等元素。花岗斑岩中矿物颗粒边部 U-Zr-REE 微细脉的发育说明 U、Zr、REE 等元素的局部活化，钍石蚀变成 Zr-Fe-Th 硅酸盐相，这些现象再次说明成矿流体是高温高盐度的流体。实验研究表明在 2kbar 和 750℃的条件下 U 和 Th 主要以 F 络合物的形式从熔体高效转移到流体中（Keppler and Wyllie，1991）。但在相同条件下，CO_2 的加入能抑制 Th 迁移，同时 CO_2 与 U 形成络合作用。锆也能与 F 在类似的热液条件下形成 Zr 的氟络合物 [如 $ZrF(OH)_3$ 和 $ZrF_2(OH)_2$]

（Migdisov et al., 2011），高钠的热液流体能够导致 Zr 的迁移（Ayers et al., 2012；Wilke et al., 2012）。因此，白杨河铀铍矿床的成矿流体主要是高盐度，富 F、B、Na 以及 CO_2 的流体。萤石流体包裹体较低的均一温度和较低的盐度是成矿过程中岩浆流体与大气降水来源的流体混合作用的结果。两类绿泥石可能是在岩浆流体与大气降水来源的流体混合作用过程中形成的。

三、铀铍沉淀机制

铍在水溶液中已知的唯一氧化状态为 +2 价的，Be^{2+} 离子半径为 0.31Å（Wood，1992）。Be^{2+} 通常表现为硬酸（Pearson，1963），优先与硬配位体如 F^-、CO_3^{2-}、SO_4^{2-} 和 OH^- 形成络合物，可以大大提高 Be 在水溶液中的溶解度。流体中 Be 浓度超过 $1×10^{-6}$ 是形成许多铍矿床（Be 品位 $>1000×10^{-6}$）的必要条件（Wood，1992；Barton and Young，2002）。Wood（1992）研究表明在温度为 25～300℃ 和一定的 pH 条件下，只有 F^-、F^--CO_3^{2-} 和 F^--OH^- 络合物可以生成与硅铍石或羟硅铍石平衡的大于 $1×10^{-6}$ 的 Be 浓度。氟络合物 [BeF^+、BeF_2（aq）、BeF^- 和 BeF_4^{2-}] 在较低 pH（2～5）条件下占主导地位，而 F^--CO_3^{2-} 和（如 $BeCO_3F^-$）可能在较高 pH（5～7）条件下占主导地位，特别是当总氟化物和总碳酸盐超过 0.01mol/L 时。

铍沉淀机制包括温度降低、流体混合、pH 升高和 F 含量降低（Lindsery et al., 1973a，1973b；Wood，1992；Barton and Young，2002）。图 9-4 表明仅流体冷却只会沉淀少量的萤石，虽然会有少量羟硅铍石生成，但是由于 Be-F 络合物的溶解度随着温度降低而有所增加，因此羟硅铍石处于不稳定状态；假设温度固定在 150℃，当热液流体与碳酸盐碎屑相互作用，Be-F 络合物溶解度降低，从而导致萤石和羟硅铍石沉淀。Spor Mountain 矿床的成矿过程大致是热液流体将 Be 从黄玉流纹岩中萃取出来，以氟络合物的形式迁移，当成矿流体与凝灰岩中的碳酸盐碎屑相遇，导致 F 络合物变得不稳定，从而萤石和羟硅铍石沉淀。可以看出在火山岩型铀铍矿床中，Be 沉淀需要一个致使 F 含量降低的富钙环境（如方解石）。白杨河铀铍矿床萤石非常发育，并且羟硅铍石多发育于萤石脉，与浸染状紫黑色萤石关系密切，表明 Be 主要以 F 络合物的形式迁移。因此有必要理清导致铍从成矿流体中以 CaF 形式沉淀所需的钙的来源。

铀的氧化态有 +3、+4、+5 和 +6（Hanchar，1999）。四价 U 具有低碱度，常形成一种不溶于稀酸含盐溶液的氧化物。相反六价 U 通常形成铀酰离子（UO_2^{2+}），这种氧化物在酸性和碱性溶液中高度溶解。因此 U 通常在溶液中以六价铀酰离子进行迁移，而不是四价 U。由于多数热液铀矿床的矿石矿物为四价的沥青铀矿，因此铀矿石的形成主要取决于还原作用（Cuney，2009；Bastrakov et al., 2010）。U 在氧化条件下主要以六价铀酰离子（UO_2^{2+}）进行迁移，它可以与羟基、碳酸盐、硫酸盐、氯化物、磷酸盐、氟化物和硅酸盐形成超过 40 种络合物（Langmuir，1978；Romberger，1984）。影响 U 在热液系统中溶解度的因素有温度、压力、氧化状态、pH 和络合物阴离子活性等。在低温、中性至碱性以及中等至高氧逸度条件下，U 主要以碳酸盐络合物的形式迁移；在酸性至弱碱性条件下，U 主要以氟络合物形式迁移；在高氧逸度和中性条件下则以磷酸盐络合物的形式进行迁移。U 沉淀的机制主要有三种：①吸附作用；②还原-氧化作用；③微生物活动（Fayek et al.,

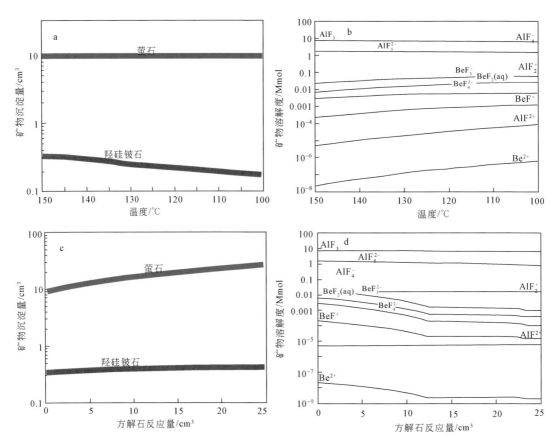

图 9-4　火山岩型铀铍矿床形成羟硅铍石和萤石反应途径模型（据 Foley et al.，2012）

a，b. 热液流体 150～100℃冷却模型，少量萤石沉淀，羟硅铍石却随着温度降低而不稳定；c，d. 温度
固定在 150℃条件下热液流体与碳酸盐碎屑反应模型，溶液中 Be-F 络合物的降低导致萤石和羟硅铍石沉淀

2011）。在多数铀矿床中铀的沉淀与氧逸度降低有关，通常是氧化性的含 U 流体与还原性物质（如碳质物质、H_2S、磁铁矿、钛铁矿和硫化物等）相互作用，从而 U 被沉淀下来。

　　在热液流体中 Be、U 有多种迁移形式，这主要取决于流体成分和物理化学条件（图 9-4，图 9-5）。在火山岩型铀铍矿床中萤石普遍发育，并且常与羟硅铍石和沥青铀矿共生，因此氟络合物离子的分解是影响 Be、U 沉淀的一个重要因素。萤石的沉淀机制主要是温度和压力变化、流体混合作用，以及流体–围岩之间的水岩作用（Richardson and Holland，1979）。由此可见，控制 Be、U 沉淀的机制既有相同点，也有不同之处。具备同时满足 Be、U 迁移和沉淀的环境是 Be、U 共生的重要因素。

　　虽然白杨河铀铍矿床 Be、U 元素精确的迁移形式和沉淀机制难以完全理清，许多问题还待进一步探究，但是从已有的研究成果来看，白杨河铀铍矿床 Be、U 可能以氟络合物的形式迁移，主要证据如下：①矿石中含有大量的萤石等富氟的脉石矿物；②羟硅铍石和沥青铀矿与萤石关系非常密切；③矿化凝灰岩的 F 含量明显升高，高达 5.4%。表明 Be 和 U 氟络合物的分解是导致成矿流体中 Be 和 U 矿物沉淀的关键因素。

　　白杨河铀铍矿床矿体主要位于杨庄花岗斑岩和泥盆纪凝灰岩的接触带及其附近，以及

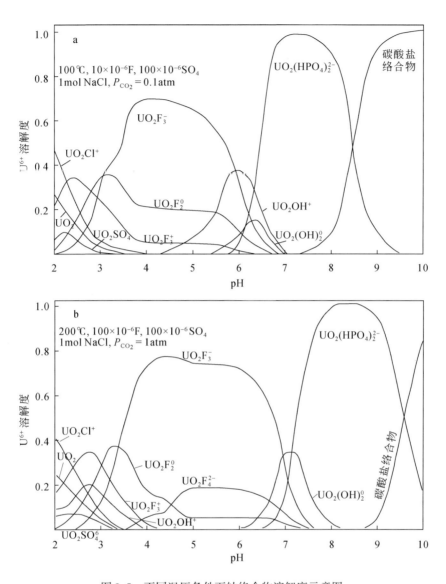

图 9-5 不同温压条件下铀络合物溶解度示意图

a. 在 100℃ 和 P_{CO_2} 为 0.1atm 条件下，流体含有 10×10^{-6} F、100×10^{-6} SO$_4$ 和 1mol NaCl；b. 在 200℃

和 P_{CO_2} 为 1atm 条件下，流体含有 100×10^{-6} F、100×10^{-6} SO$_4$ 和 1mol NaCl（据 Romberger，1984）

花岗斑岩内部，表明这些地段是 Be、U 等矿物沉淀的有利地段。通过详细的野外和岩相学观察，发现辉绿岩脉与花岗斑岩的接触部位也是 Be、U 矿体的赋矿地段。在一些矿点，Be、U 矿体空间上与辉绿岩脉关系密切。辉绿岩通常含有较多的富钙矿物，如辉石和斜长石等。这些矿物中钙质成分易与 F 发生反应形成 CaF（萤石），从而导致 Be 的氟络合物失稳，导致 Be 以羟硅铍石的形式沉淀下来。另外，岩脉通常比花岗斑岩更加还原，因为它含有较多的含铁物质，如辉石、角闪石和黑云母，这可以促使 U 的沉淀（Raffensperger and Garven，1995；Tappa et al.，2014；Wang et al.，2015）。野外观察表明越靠近矿体，赤铁矿化越发育，赤铁矿化可能是二价 Fe 与六价 U 氧化还原作用所致。

白杨河的火山岩成分为基性至酸性，玄武岩中含有较多的富钙矿物，如斜长石。在凝灰岩火山岩中发育有大量碳酸盐碎屑和硫化物（如黄铁矿和毒砂），在接触带也含有含碳岩石。因此，接触带不仅提供了矿体储存场所，也为 Be、U 矿物沉淀提供了有利因素。当热液流体运移到接触带时，其物理化学条件如温度、pH 和 Eh 等将发生明显变化。随着岩浆流体与大气降水和方解石碎屑相互作用，它们的 pH 将升高。pH 升高也可以使得 U 沉淀（Romberger，1984），这可能是 U 矿物在杨庄花岗斑岩内沉淀的原因。晶屑凝灰岩中可见电气石-萤石-羟硅铍石结核的发育，则说明由于 F 与 Ca 发生反应生成萤石沉淀，导致 Be 氧络合物失稳，并以羟硅铍石的形式沉淀下来。

四、U-Be-Mo 共生分离的机制

目前，铀的矿物学（如沥青铀矿）已取得了大量的研究成果，尤其是沥青铀矿稀土元素和原位 U-Pb 定年研究。沥青铀矿的 U-Pb 定年为矿床的形成时代提供了直接的年龄，而沥青铀矿的稀土元素研究为揭示铀矿床的形成及其矿床类型提供了重要的科学依据（Mercadier et al.，2011；Depiné et al.，2013；Eglinger et al.，2013；Pal and Rhede，2013；Frimmel et al.，2014；Skirrow et al.，2016；Bonnetti et al.，2018），如 Mercadier 等（2011）对世界范围内不同成因铀矿床中 U 氧化物的稀土元素研究表明，不同矿床类型的 U 氧化物 REE 含量的主要控制因素有所差别：岩浆型的控制因素是温度，不整合型和同变质型的控制因素是晶体学性质及其来源；脉型和卷状型的控制因素是 REE 来源。目前，铍的矿物学（如羟硅铍石和绿柱石）研究比较薄弱，在自然条件下，铍矿物沉淀富集的物理化学条件还不十分清楚，致使人们对火山岩型铀铍矿床中铀铍共生-分离的机制还不是十分清楚。

按照成矿元素分类，白杨河铀铍矿床可以分为 U、Be 和 Be-U 型等（王谋等，2012；Li et al.，2015），表明在成矿作用过程中存在 Be 和 U 共生和分离现象。新鲜杨庄花岗斑岩和泥盆纪火山岩中 Be 与 U、Nb 均呈正相关关系（图 9-6a ~ c），表明 Be、U 和 Nb 等元素的富集主要受岩浆作用过程的控制，它们在岩浆演化过程中可能具有相似的地球化学行为。虽然泥盆纪火山岩中的 Be 和 U 也呈正相关关系，但是其 Be、U 含量明显低于花岗斑岩。铀主要赋存于副矿物相和火山岩玻璃中（Pagel，1982；Cuney and Friedrich，1987；Friedrich and Cuney，1989；Förster，1999；Cuney，2009，2014），详细的岩相学观察表明锆石、钍石、铌铁矿和稀土-氟碳酸盐矿物是杨庄花岗斑岩主要的含 U 副矿物。而在准铝质-过铝质岩浆岩中，Be 主要赋存于云母和斜长石中（Kovalenko et al.，1977；London，1997；Evensen and London，2002）。热液过程可使得 Be、U 等元素发生活化、迁移。蚀变和矿化岩石的 Be-U、Nb-Be 和 Nb-U 未呈现明显的相关关系（图 9-3d ~ f），表明 Be 和 U 在成矿热液流体作用过程中发生分离。

萤石是白杨河铀铍矿床最重要和分布较为广泛的脉石矿物，其矿物化学可以为矿质的沉淀提供重要指示。不同颜色的萤石的 Be 和 U 含量具有一定的差异。无色和绿色萤石，以及具有较低的 Be 和 U 含量，这表明该阶段的萤石可能与铀铍矿化无关。浅紫色-紫色萤石具有较高的 Be 含量，但低 U，这表明该阶段的萤石可能仅仅与铍矿化有关。紫黑色萤石具有较高的 Be 和 U 含量，这指示铀铍矿化与这期萤石关系密切。这些现象表明白杨

河铀铍矿床可能存在多次与铀铍矿化有关的流体成矿事件。造成 U、Be 和 Mo 共生分离的原因可能在于流体组成的差异及其沉淀的物理条件的变化。

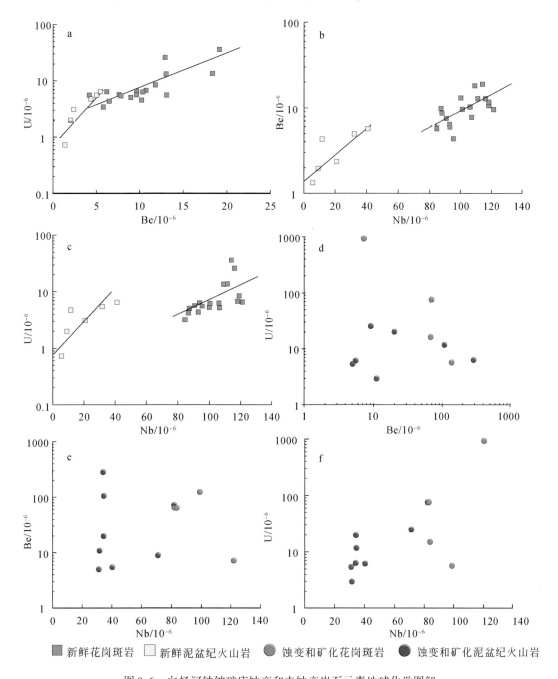

图 9-6　白杨河铀铍矿床蚀变和未蚀变岩石元素地球化学图解

新鲜花岗斑岩和泥盆纪火山岩：a. U-Be，b. Be-Nb，c. U-Nb 图解；蚀变或矿化花岗斑岩和泥盆纪火山岩：d. U-Be，e. Be-Nb，f. U-Nb 图解。数据来源：本书，Mao et al., 2014；Zhang and Zhang, 2014；衣龙升，2016

第三节　矿床成矿模型

　　白杨河铀铍矿床的形成是多种关键地质因素综合作用的结果，它是在特殊的地质背景条件下，壳源岩浆发生极端分异促使成矿元素 U、Be、Mo 在晚期残余岩浆中富集。成矿元素 U、Be、Mo 从熔体中转入成矿流体中，并沿有利的构造地段（如花岗岩与凝灰岩的接触部位，以及花岗岩分异冷凝产生的裂隙）运移并发生沉淀。铀铍富集成矿在伸展的构造背景中，因此，下伏深部岩浆房可以源源不断地提供成矿流体和部分成矿物质沿构造薄弱面向上运移，导致多期次成矿流体的叠加和多期次成矿事件的发生。白杨河铀铍矿床的形成是在特定的成矿背景下，花岗质岩浆极端分异的结果。下伏的岩浆房和侵位的辉绿岩脉也为矿床的形成提供了部分物质和能量，而特殊的沉淀物理化学环境是造成成矿元素 U、Be、Mo 发生共生分离的关键因素。

一、特定的成矿背景

　　白杨河铀铍矿床位于新疆西准噶尔中部雪米斯坦–库兰卡孜干泥盆纪陆缘火山岩带中段，属于准噶尔微板块的陆缘活动带。西准噶尔与相邻的阿尔泰和北天山等地块在晚石炭世完成了碰撞和拼贴（Chen et al.，2010；韩宝福等，2010）。在晚石炭世末—中二叠世期间发育了以 A 型花岗岩为代表的后碰撞花岗岩类（Chen and Jahn，2004；韩宝福等，2006，2010；苏玉平等，2006；Chen et al.，2010）。西准噶尔北部的早石炭世（346～321Ma）岩浆岩的侵位与额尔齐斯–斋桑洋板块向南俯冲有关（Didenko and Morozov，1999；Vladimirov et al.，2008；Chen et al.，2010），而晚石炭世—中二叠世花岗岩则形成于后碰撞阶段。因此，早志留世—早泥盆世白杨河地区处于构造体制从碰撞挤压转向后碰撞的拉张环境，这样的背景有利于中基性岩浆在上地壳侵位。杨庄花岗斑岩结晶年龄为晚石炭世，这个时期该地区处于伸展的构造环境，有利于深部岩浆房分异的岩浆流体携带成矿物质向上运移，并与赋矿围岩发生水岩反应，造成成矿元素的沉淀富集等。

二、特殊的岩石成因——岩浆极端分异演化的产物

　　地球化学数据表明杨庄花岗斑岩与区域上的花岗岩具有明显的差异。后者富 Zr，贫 Nb、Ta，具有弧岩浆特征，而前者的地球化学特征表明其与典型的岛弧环境无关。杨庄花岗斑岩富 F、Li、Be、U、Sn、Nb、Ta 等元素，与高分异花岗岩的元素组合类型相同，其具有较低的 Zr/Hf（16.26～22.09）和 Nb/Ta（9.19～15.34），进一步说明它是一种高分异的花岗岩，其中 Nb 的异常富集（$81.9 \times 10^{-6} \sim 100 \times 10^{-6}$）说明岩浆发生了极端分异作用。与美国 Spor Mountain 火山岩型铀铍矿床的玻斑岩、玻基斑岩的地球化学数据进行对比，发现白杨河和美国 Spor Mountain 成矿岩体具有很大的相似性，均具有富硅、富碱和富 F、B、CO_2 等挥发分的特点。而美国 Spor Mountain 矿床能形成超大型的铀铍矿床是因为在特殊的伸展背景下，岩浆发生极端分异作用。

三、具有持续的物质和能量供给与良好的赋矿空间

　　杨庄花岗斑岩为白杨河铀铍矿床的形成提供了主要成矿物质。岩浆发生极端分异产生的岩浆流体为成矿物质的活化和迁移提供了物质和能量。后期的多期次辉绿岩脉的侵位为白杨河铀铍矿床的形成不仅提供了热源，可能还提供了部分成矿物质和挥发分。电气石的矿物结构和矿物化学以及 B 同位素组成揭示白杨河铀铍矿床成矿是不同来源多期次岩浆流体叠加的结果，说明在成矿过程中有持续的物质和能量的供给。Li 同位素研究表明导致花岗斑岩的铀铍矿床流体与晶屑凝灰岩矿化的流体组成有明显的差异，则进一步说明了成矿流体性质不同及其多来源性。杨庄花岗斑岩岩体侵位之后多期次基性岩浆活动和岩浆热液流体的叠加，为铀铍的成矿提供了持续的物质和能量，从而导致白杨河铀铍矿床的形成。

　　白杨河铀铍矿床主要矿体受杨庄花岗斑岩与晶屑凝灰岩的接触带构造，以及花岗斑岩内部的裂隙控制。这些接触带构造和裂隙构造发育有利于岩浆流体的运移和大气降水的向下运移和渗透，有利于萃取花岗斑岩中的成矿物质发生迁移，在有利的构造部位与不同源流体发生混合作用，以及流体-岩石的水岩反应，造成铀和铍等络合物发生分解，导致铀铍发生沉淀。

四、特殊的物理化学条件：铀铍共生分离原因

　　白杨河铀铍矿床成矿元素铀、铍共生分离的原因可能受多种机制控制。白杨河铀铍矿床成矿流体属高温、高盐度、富 F、Na 和 CO_2 的流体，因此，铀、铍、钼在成矿流体中主要以氟化物（MoF_6、BeF_2、UF_4）、氟化铍络合物 $[K_2(BeF_4)$、$Na_2(BeF_4)]$、碳酸盐络合物 $[K_2(BeCO_3)_2$、$Na_2(BeCO_3)_2]$、碳酸根合铀酰离子（$[UO_2(CO_3)_3]^{4-}$、$[UO_2(CO_3)_2]^{2-}$）、铀的氟碳酸盐（$Na_2[UF_2(CO_3)_3]$）、钼酸根合铀酰离子（$H_2[UO_2(MoO_4)_2]$、$[UO_2(MoO_4)_2]^{2-}$）等形式迁移。虽然 U、Be 和 Mo 可以在热液流体中一起迁移，但是引起铀、铍和钼沉淀的物理化学条件是完全不同的。铍的沉淀除温度的降低外，富 Ca 环境也有利于造成铍氟络合物的分解，从而使铍氟络合物发生分解而导致铍的沉淀；铀的沉淀主要取决于氧化-还原条件的变化，与氧逸度的降低有关。热液流体中铀主要以 +6价的形式迁移，当遇到还原性物质时，致使铀以 +4 价的形式沉淀下来。当然不排除富 Ca 环境的存在导致铀-氟、铀-碳酸盐络合物的分解造成铀的沉淀，因此，在富 Ca 的环境下，有可能发生元素铀、铍共生的现象。这也是在白杨河铀铍矿床中经常看到萤石与羟硅铍石和沥青铀矿共生的原因。玄武岩中存在大量的富 Ca 矿物，晶屑凝灰岩中存在大量的碳酸盐碎屑和黄铁矿、毒砂等硫化物。这些引起铀铍络合物失稳沉淀环境的差异，可能是成矿元素铀、铍发生分离的原因之一。另外，从电气石的矿物化学成分可以看出，成矿流体的演化过程中存在氧化-还原条件的变化，而这种变化有利于铀的沉淀。因此，白杨河铀铍矿床成矿铀、铍的共生和分离是不同源流体多阶段作用下，沉淀环境和物理化学条件综合作用的结果。

第十章 火山岩型铀铍矿床国际对比

火山岩型铀铍矿床一般是指与火山岩、高硅流纹岩和花岗斑岩有关的浅成低温交代和脉状矿床（Barton and Young，2002）。该类型矿床的命名有多种正式和非正式的名称，如赋存于火山岩中的浅成低温铀铍矿床、浅成低温铀铍矿床、热液型铀铍矿床、交代型铀铍矿床、火山岩型浅成低温铀铍矿床、铍凝灰岩矿床等，命名不同的根本原因在于对这类矿床成矿机制和成矿过程认识上的差异，以及这种类型矿床缺少典型的范例。全球火山岩型铀铍矿床主要发育于美国，如 Spor Mountain、Honeycomb Hills、Wah Wah Mountains、Apache Warm Spring、Sierra Blanca，另外，还有墨西哥的 Aguachile、秘鲁的 Macusani、蒙古国的 Transbaikal、澳大利亚的 Brockman，以及中国新疆白杨河、浙江坦头、福建大湾、福里石等矿床。自 1969 年以来，全球的 Be 生产主要来自火山岩型铀铍矿床，这主要是由于美国 Spor Mountain 火山岩型铀铍矿床的发现和开采（Lederer et al.，2016），改变了世界上铍矿的供应格局。Spor Mountain 矿床是火山岩型 Be-U-F 共生的矿床，Be 资源量为 72315t BeO，其 Be 资源量占全球 Be 总资源量的 80% 以上，U 资源量也相当可观（Lindsey，1982；Foley et al.，2012；Lederer et al.，2016）。

第一节 全球火山岩型铀铍矿床时空分布规律

全球发现的铍矿床有 600 多处，主要分布在美国、墨西哥、加拿大、澳大利亚、秘鲁、巴西和中国等国家（表 10-1），但是已发现的火山岩型铀铍矿床大多数分布在美国。2020 年，世界上 60% 金属铍的产量来自美国（全球金属铍产量为 240t，美国铍产量为 150t）。

全球火山岩型铀铍矿床的形成大多数与含铍、铀、铌的凝灰岩有关，全球含铍、铌、铀凝灰岩的分布不受火山岩的时代限制，这是因为各种类型矿床或者潜在的含矿主岩的时代从古元古代到晚中新世均有发育（表 10-1），但主要集中在中、新生代。美国已知的含铍火山岩主要分布于犹他州 Deep Creek-Tintic 成矿带（Shawe，1972）、得克萨斯州跨佩科斯地区（Rubin et al.，1987）和新墨西哥州南部（McLemore，2010a，2010b）含黄玉的新近纪火山岩中。Barton 和 Young（2002）对全球发现的有证可查的非伟晶岩型铍矿床和含铍矿化带进行了全面的筛选，发现在全球范围内，有利于火山成因铍矿床形成的稀有金属成矿省仅限于少数已确定含铍流纹岩或翁岗岩地区（表 10-1），如西澳大利亚的 Brockman、秘鲁的 Macusani、蒙古国的 Teg-Ula 和中国浙江石溪等，这些火山岩型铀铍矿床的分布说明火山岩型铀铍矿床的形成具有特殊的背景和地域性。

在火山岩型铀铍矿床中，Be 矿物主要是羟硅铍石（Barton and Young，2002；Foley et al.，2012）；U 矿物主要是沥青铀矿、铀石和硅钙铀矿等（Dahlkamp，2010a，2010b；Breit and Hall，2011）。羟硅铍石作为唯一的矿石矿物与其从火山环境热液流体中的沉淀相

表 10-1　全球火山岩型铀铍矿床：分布、成矿时代和地质特征

国家	矿床	元素组合	成矿时代	矿石产状	参考文献
美国	犹他州 Spor Mountain	Be-U-F	约21Ma及以后	羟硅铍石赋存于岩屑凝灰岩中萤石-硅质交代的碳酸盐岩；广泛发育含Li-Zn的钾长石以及黏土化蚀变。上覆的黄玉流纹岩中含有红色的绿柱石。含U矿物为硅钙铀矿（72315t BeO）	Lindsey, 1977; Staatz and Griffitts, 1961; Staatz, 1963
美国	犹他州 Sierra Blanca	Be	37Ma	矿化位于富萤石交代蚀变体，靠近含冰晶石富Li-Be-Zn-Rb-Y-Nb-REE-Th碱性流纹岩，Be矿物主要为羟硅铍石和硅铍石，含少量的钙铝榴石夕卡岩，以及黏土和金绿宝石（850000t BeO）	Rubin et al., 1987, 1990
美国	犹他州 Gold Hill	Be	新生代	Be位于石英-碳酸盐脉中，含Be矿物为羟硅铍石（>5000t BeO）	Griffitts, 1965
美国	犹他州 Wah Wah Mountains	Be	23Ma	产于黄玉流纹岩中的裂隙中，主要由早期的Mn-Fe氧化物，以及晚期的红色绿柱石组成，是主要的红色绿柱石宝石资源	Keith et al., 1994
美国	犹他州 Honeycomb Hills	Be	中新生代	该矿床与Spor Mountain矿床类似，Be位于凝灰岩中萤石-蛋白石交代变体，条纹和细脉中	Lindsey, 1977
美国	新墨西哥州 Apache Warm Spring	Be-U	中新生代/28Ma	羟硅铍石主要呈细脉状产于流纹岩和流纹质凝灰岩裂隙石英脉中或呈浸染状产于流纹岩和流纹质凝灰岩中，具有强烈的酸性硫酸盐蚀变	McLemore, 2010a, 2010b
墨西哥	科阿韦拉 Aguachile	Be	约28Ma	含羟硅铍石-冰长石的萤石集合体交代变碱性流纹岩和钠闪石英正长岩（17000t BeO@0.1%）	Griffitts and Cooley, 1978; George-Aniel et al., 1991

续表

国家	矿床	元素组合	成矿时代	矿石产状	参考文献
澳大利亚	Brockman	Be-Nb-Ta-Zr-REE	1870Ma	热液蚀变的含萤石碱性流纹岩和铝凝灰岩，富集 Nb-Zr-REE-Ta-Be（43000t BeO）	Taylor et al., 1995a, 1995b; Ramsden et al., 1993
秘鲁	Macusami	U-Sn-Ag-Be	中生代/中新世（4.2Ma 和9.3Ma）	Be 矿物较少，分布广泛。中新世稀有金属富集的长英质侵入岩和火山口中心伴有 Sn-Ag±B 矿化；萤石相对不发育。U 矿物主要为沥青铀矿和铀石（3650t U）	Dahlkamp, 2010b; Pichavant et al., 1988; Dietrich et al., 2000
蒙古国	东部外贝加尔 Teg-Ula 成矿带	Be-U	中生代	大多数矿床类型均与中生代的过铝质到过碱性的花岗岩有关，发育火山岩型铀铍矿床	Kovalenko and Yarmolyuk, 1995; Kremenetsky et al., 2000; Reyf and Ishkov, 2006
中国	白杨河	Be-U-Mo	303Ma 及以后	矿体主要位于花岗斑岩与流纹质凝灰岩的接触带，以及花岗斑岩中。羟硅铍石主要发育于紫色-紫黑色萤石脉中（40000t BeO）；U 矿规模达到中型，U 矿物主要是沥青铀矿和硅钙铀矿	Li et al., 2015; 王谋等，2012
中国	大湾	Be-Mo-U	92.2Ma	矿体位于上侏罗统南园组火山碎屑岩中，含 Be 矿物主要是日光榴石和绿柱石，辉钼矿主要赋存于石英脉中	赵芝等，2012
中国	福里石	Be-Mo-U	153Ma	与大湾矿床类似，矿体位于上侏罗统南园组火山碎屑岩石英脉中，含 Be 矿物主要是绿柱石	黄新鹏，2016

一致（Barton，1986；Barton and Young，2002），大部分其他含 Be 矿物（如绿柱石和蓝柱石等）形成于较高的温度（或压力），而并非典型的浅成低温环境（Barton，1986）。研究表明当温度大于 400℃ 时，绿柱石是稳定的含 Be 矿物相；当温度在 300~400℃、中等压力条件下，绿柱石则完全被蓝柱石取代；硅铍石在高于 250℃ 条件下稳定存在，在 200~300℃ 条件下与水结合形成羟硅铍石；羟硅铍石则在低于 250℃ 条件下稳定，指示在近地表的浅成低温铍的矿化（Barton，1986；Foley et al.，2012）。在火山岩型铀铍矿床中，既存在铀铍共生的现象，也存在铀铍分离的现象。

第二节 典型火山岩型铀铍矿床

全球火山岩型铀铍矿床的典型实例相对较少，本书仅选择目前研究成果相对较为丰富或者成矿基本地质特征比较特殊的矿床进行介绍。美国 Spor Mountain 矿床是世界上唯一正在开采的、最早发现的火山岩型矿床，已有半个多世纪的研究和找矿勘查历史。澳大利亚的 Brockman 矿床主要赋存于古元古代火山岩中，明显不同于赋存于新近纪火山岩的 Spor Mountain 矿床和赋存于古生代火山岩中的白杨河铀铍矿床。根据前人已经发表的研究成果（由于文献众多，不再一一列举），本书对美国 Sopr Mountain 和澳大利亚 Brockman 矿床基本地质特征进行简要的叙述。

一、美国 Spor Mountain 火山岩型铀铍矿床

Spor Mountain 铀铍矿床是美国西部犹他州铍矿带重要的矿床之一。自 1959 年人们发现 Spor Mountain 铀铍矿床以来，犹他州西部铍矿床一直是美国铍金属的主要资源产地。虽然 BeO 平均含量低于 1%，但与进口绿柱石精矿相比，火山岩型铍矿在经济上具有强烈的竞争力。一是它们可以露天开采，从而降低开采成本；二是可以通过酸浸淋滤提取 Be，方法简单易操作。在 Spor Mountain 附近的 Honeycomb Hills 凝灰岩中（Montoya et al.，1964；McAnulty and Levinson，1964）也发现有类似的铍矿床，其中的铍矿物主要是羟硅铍石（McAnulty and Levinson，1964）。Honeycomb Hills 主要由黄玉碱性流纹岩组成（表 10-2），它侵位于大约 5Ma 沉凝灰岩中。但是矿床规模小，品位低。除了这两个地区外，美国犹他州西部铍矿带还包括其他不同类型的铍矿类型（Cohenour，1963a），如含绿柱石的石英脉和伟晶岩（Griffitts，1964）、花岗岩中的浸染状红色绿柱石（Cohenour，1963b），以及石英-冰长石-方解石脉中的羟硅铍石（Griffitts，1965）等。

美国 Spor Mountain 火山岩型铀铍矿床位于犹他州 Thomas Range 火山口环形断裂的西侧（图 10-1）。Thomas Range 火山口是三个渐新世火山断陷盆地中的一个，它们共同形成了一个东西走向的火成岩带和相关矿床带，即所谓的 "犹他州西部的铍矿带"（Lindsey et al.，1973a，1937b；Lindsey，1977，1982；Christiansen et al.，1984）。Spor Mountain 矿床铍矿化（以羟硅铍石 $[Be_4Si_2O_7(OH)_2]$ 为主）主要发育于流纹岩熔岩覆盖的凝灰岩中，在火山熔岩被清理后凝灰岩便可露天开采。该矿床的所有权和开采权为美国 Materion 铍材及复合材料公司所有。2010 年全球 85% 的铍开采量来自该矿床（Boland，2012）。

表 10-2　美国犹他州西部铍矿带碱性流纹岩主要成矿元素特征（引自 Lindsey，1977）

元素特征	Honeycomb Hills	Spor Mountain	Thomas Range	Keg Mountain
黄玉	有	有	有	有
F/%	0.79	0.3 ~ 1.5	0.18 ~ 0.47	
Be/10^{-6}	7 ~ 15	7 ~ 15	7 ~ 15	3 ~ 7
Li/10^{-6}	170 ~ 320	300	50 ~ 100	50 ~ 100
Nb/10^{-6}	30 ~ 70	150	50 ~ 70	20 ~ 70
Pb/10^{-6}	50 ~ 70	30	30 ~ 70	30 ~ 50
Sn/10^{-6}	30 ~ 70	30	<20	<20
U/10^{-6}	40 ~ 70		30 ~ 90	30 ~ 60
年龄/Ma	4.7	20.7	6 ~ 7	8
成矿与否	成矿	成矿	弱矿化	未矿化

注：空白代表无数据。

（一）矿床地质

Thomas Range 由覆盖在 Spor Mountain 古生代沉积地层上三个旋回的火山岩组成（图 10-1a、b）。它由多个断裂围成的古生代沉积岩隆起块体组成，东部以盆岭断裂为界（图 10-1a）（Lindsey，1977，1979a，1979b；Lindsey et al.，1975；Shawe，1972）。该地区最早喷发火山旋回主要由始新世晚期（38 ~ 39Ma）安粗质、安山质和玄武质熔岩和集块岩组成，这些岩石大部分出露在 Drum Mountain 和 Keg Mountain 地区。另有一些流纹质凝灰岩出露于 Thomas 山岭的东部。中期旋回的火山岩由渐新世（30 ~ 32Ma）石英安粗岩和流纹质凝灰岩组成，主要出露于 The Dell 地区。中期灰流凝灰岩喷发导致早期火山口的坍塌，并伴随着 Keg Mountain 地区石英粗安岩（31Ma）和 Desert 地区石英二长岩（27 ~ 30Ma）的侵入。中期旋回喷发形成的火山口环形断裂作为主要的断裂系统，将 Spor Mountain 块体与 The Dell 地区的中期火山喷发旋回的凝灰岩分开（Shawe，1972）。晚期旋回喷发的火山岩主要由流纹岩、沉凝灰岩、角砾岩和玄武岩组成。晚期喷发的火山岩在大约 10Ma 前 Keg Mountain 地区流纹岩喷发时已经喷发，随后是 Keg Mountain（8Ma 前）的沉凝灰岩和碱性流纹岩的沉积，以及 Thomas 山脉（6 ~ 7Ma）的沉凝灰岩和大量含黄玉的碱性流纹岩的形成。晚期旋回喷发的火山岩仅被少量断裂切割，而早期和中期旋回喷发的火山岩则被大多数断裂切割。

Thomas Range 最年轻的火山岩群主要由 Spor Mountain 岩性建造中的碱性流纹质凝灰岩和熔岩组成，喷发时间大约在 21Ma。而 Topaz Mountain 流纹岩熔岩（7 ~ 6Ma）之下的较年轻黄玉流纹岩的年代学还不清楚（Lindsey，1979a）。

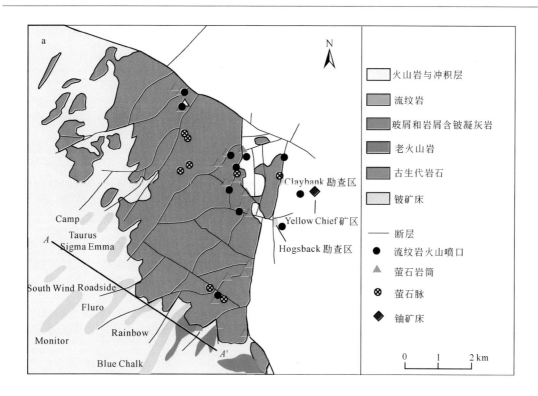

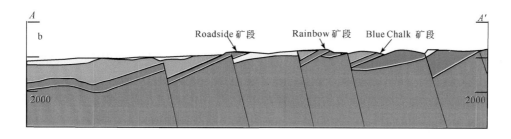

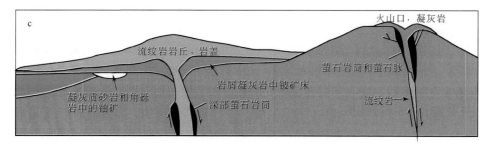

图 10-1　美国 Spor Mountain 铀铍矿床地质简图

a. 美国 Spor Mountain 铀铍矿床区域地质图；b. A-A′ 地质剖面图；c. 火山成因铍矿床成矿示意图（显示其成矿背景以及与成矿有关的火山喷口构造、赋矿凝灰岩和上覆盖层的岩石）。资料来源：Lindsey，1998，2001；Foley et al.，2012

　　Spor Mountain 岩性建造由两个岩性段组成：下部铍凝灰岩和上部流纹质熔岩流（图 10-2）。铍凝灰岩中透锂长石年龄为 21.73 ± 0.19Ma（Adams et al.，2009）。Spor

Mountain 矿床的大部分铍矿化主要发育于铍凝灰岩中（Staatz，1963）。铍凝灰岩包括凝灰岩角砾岩、层状玻璃质凝灰岩（包括沉积岩碎屑和火山岩碎屑）以及薄层状灰流凝灰岩、皂土和表生成因的凝灰岩砂岩和砾岩。

图 10-2　美国 Spor Mountain 铀铍矿床赋矿火山岩特征（据 Lindsey，1998）

a. Spor Mountain 火山岩主要由两个岩石单元组成：上部块状灰色流纹质火山岩覆盖在浅褐色–灰色–淡红色，
以及白色层状凝灰岩之上。b. 赋矿火山岩铍凝灰岩岩层结构

凝灰岩角砾岩和层状凝灰岩在铍矿化发育的地层中占主导地位，但在矿床的北部和东部以皂土、凝灰岩砂岩和砾岩为主（Lindsey，1979b）。角砾岩由岩屑组成，岩屑含有大量的粗粒、棱角状的碳酸盐碎屑（图 10-3）；角砾岩具有未分选、层流，以及凹陷交错层理。它们位于已知火山口附近的流纹岩穹窿复合体下方，因此它们被解释为潜水岩浆底浪沉积（Burt et al.，1982；Christiansen et al.，1986）。Spor Mountain 岩性建造上覆的流纹质熔岩流由富含氟和铍的相对不透水岩石组成。Topaz Mountain 岩性建造中较年轻的熔岩流和凝灰质单元在 Spor Mountain 地区形成了一个宽广的（>150km²）的局部切割高原。

美国 Spor Mountain 铀铍矿床铍凝灰岩石英斑晶中铍和氟浓度分别约为 108×10^{-6} 和 1.4%（图 10-4）（Adams et al.，2009）。这些结果与凝灰岩和熔岩流中的玻璃质全岩分析结果类似（Christiansen et al.，1983，1984；Webster et al.，1989）。因此，熔体的 Be 浓度中值（59×10^{-6}）约为沸石钾长石蚀变玻璃质凝灰岩的 8 倍（7×10^{-6}Be）。

美国 Spor Mountain 铀铍矿床矿体产于含碳酸盐碎屑的水沉凝灰岩中，高度蚀变凝灰岩带的上部，该凝灰岩位于厚层状流纹质熔岩的正下方（Lindsey，1977；Foley et al.，2012）。矿区外围发育玻璃质凝灰岩和沸石凝灰岩，而矿区内则发育泥质凝灰岩和长石质凝灰岩。凝灰岩的早期蚀变主要以泥化和元素硅、铝、铁、氟、铍、锂和水等的加入为特征；高级蚀变作用主要以钾长石化、萤石–硅质交代碳酸盐碎屑，以及多种金属元素的持续加入和水的丢失为标志。根据钾长石和萤石的含量，Roadside 矿段蚀变强度随着深度的增加而减小，但是在凝灰岩的顶部却表现出相反的趋势。铍矿体及其伴生萤石均位于凝灰岩顶部，其下方为厚大的含锂的三八面体蒙脱石黏土和方解石蚀变带。铍（主要是羟硅铍石）、锂、铀和其他元素主要富集于含萤石的结核体中；而镁、锂和锌则富集于三八面体蒙脱石黏土结核中。这些结核是蚀变白云质碎屑的产物。锰氧化物矿物主要发育于结核表层或者以裂隙填充物的形式出现。Spor Mountain 矿石厚度为 5~15m，主要矿石矿物为羟硅铍石。羟硅铍石主要赋存于长石、沸石和泥质凝灰岩，以及交代碳酸盐岩屑的蛋白石/

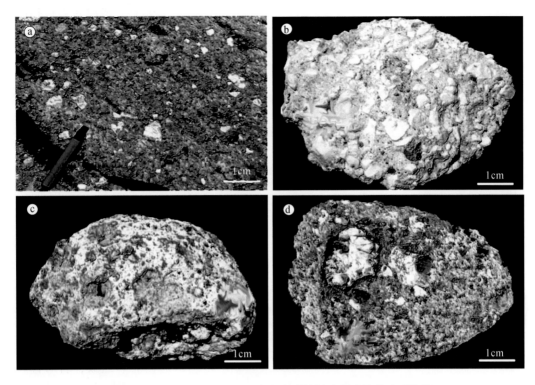

图 10-3　美国 Spor Mountain 火山岩型铀铍矿床矿体的矿石结构

a. Mointor 采坑，多孔、活化的铍凝灰岩段，最初由火山玻璃、沸石和大量的碳酸盐岩碎片组成，标本展示了白云石到方解石的第一阶段蚀变，基质仍然是玻璃状的；b. 矿化后的铍凝灰岩主要由黏土和钾长石组成的基质，白云石碎屑被萤石、黏土、玉髓状石英和氧化锰所取代；c. Rainbow 采坑，矿石包括由黏土组成的结核（残余的碳酸盐碎屑），外围是紫色萤石；d. Rainbow 采坑，矿石包括萤石–二八面体蒙脱石组成的结核，边部由辉铜矿包围（引自 Lindsey，1998）

玉髓中。羟硅铍石呈显微结构，并伴有萤石、方解石、绢云母、锂蒙脱石和锰氧化物。在蚀变凝灰岩中，氟的含量达到 1.5%，铍的含量可达 0.3%。该矿床约探明储量和概算储量有1000 万 t（品位为 0.27% Be）（Foley et al.，2012）。

（二）岩浆热液系统演化历史

尽管 Ludwig 及其合作者认为美国 Spor Mountain 成矿事件可能是多阶段的，但是包括含 Be 结核体在内的 Spor Mountain 热液系统（从岩浆热液到大气降水）是否具有相对较长的演化历史还待进一步研究。他们利用 Spor Mountain 含铀蛋白石铍结核体的铀–铅同位素来确定这些蛋白石是否适合进行地质年代学研究，并通过它们来估算含铀、铍和氟矿物可能的成矿年龄。研究发现含铀蛋白石中的铀及其子体近似于封闭系统，从而使蛋白石的年代测定可精确到 1Ma。对 Spor Mountain 铍凝灰岩段结核中与含铍和萤石共生的蛋白石生长的圈层的 U-Pb 年龄测试，表明它属于一个或多个流体热液系统，热液活动可能持续了近 12Ma（图 10-5）。在单个蛋白石结核中，蛋白石核部和萤石的年龄为 20.8±1.0Ma，基本上与火山作用同期。由内向外蛋白石层的年龄逐渐减小，大多为 16Ma 和 8.2Ma。蛋白石外层的年龄与该地区最年轻的火山岩（7～6Ma，Topaz Mountain 流纹岩）年龄基本一致。

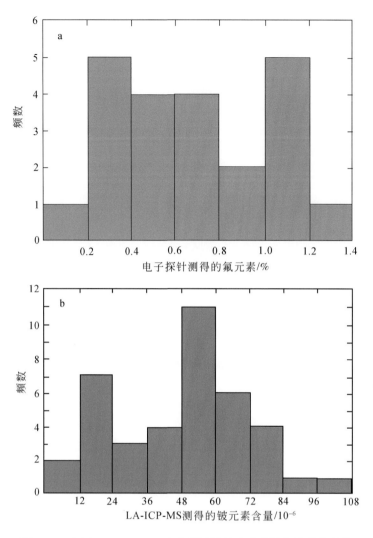

图 10-4　美国 Spor Mountain 火山岩型铀铍矿床铌凝灰岩石英斑晶
中熔融包裹体中 F 和 Be 的含量（引自 Foley et al. , 2012）

这些年龄表明蛋白石（±萤石–铍）沉淀的多期性，与富含黄玉的火山作用的持续时间重叠，但不排除长期热液系统演化过程中蛋白石的连续沉淀。该成矿系统是由岩浆、富亲石元素组成的热液流体持续叠加的结果。然而铍和氟元素是直接来源于岩浆热液流体，还是来自加热的循环大气降水，从火山玻璃中活化铍和氟以及硅仍不能完全确定。

　　最近，Ayuso 等（2020）利用高精度的 SHRIMP U-Pb 方法对 Spor Mountain 赋矿火山岩的年龄进行了测试，发现火山岩地层中的锆石年龄和富含铍的蛋白石沉淀表观年龄的峰值与该地区目前已知的火山活动没有明显的对应关系。含铍矿床火山岩不太可能与 Mt. Laird 凝灰岩（39Ma）、Joy 凝灰岩（38Ma）、Drum 凝灰岩（36Ma）或 Dell 凝灰岩（32Ma）等区域火山岩具有成因关系。它们均老于 Spor Mountain 地层，且都位于矿床下方的角度不整合面之下。Spor Mountain 火山岩与 Topaz Mountain 火山岩（6~7Ma）中年轻的碱性流纹岩也没有成因关系，而后者位于 Spor Mountain 火山岩上方的角度不整合面之上。

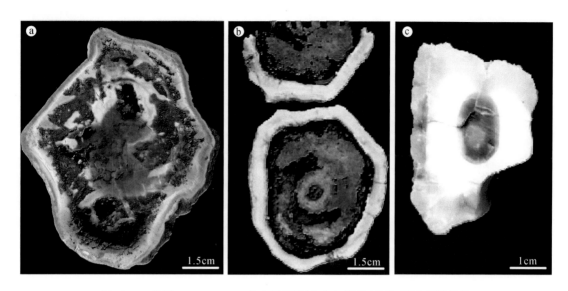

图 10-5　美国 Spor Mountain 火山岩型铀铍矿床萤石-石英-蛋白石结核体

a. Roadside 采坑的含矿结核, 内核主要由石英、蛋白石、萤石组成, 外带由蛋白石和萤石组成, Be 的品位最高可达 1%, 主要以羟硅铍石的形式存在。b. Roadside 采坑的含矿结核, 内部是灰棕色的方解石, 中间带是黑色玉髓状石英, 外带是白色的蛋白石和少量的萤石。c. Monitor 勘探区的萤石-蛋白石结核, 其 U-Pb 年龄为 20.8Ma (萤石-蛋白石内核, 80×10^{-6}U)、13Ma (中间带白色蛋白石, 20080×10^{-6}U)、8Ma (半透明的蛋白石边, 390080×10^{-6}U)。其中 21Ma 的年龄与赋矿铍凝灰岩的年龄尚不能完全区分 (引自 Ludwing et al., 1980)

他们认为 Spor Mountain 火山岩独特的地质和地球化学特点可能反映了富含 Be、U、Li 和 F 的碱性 (A 型) 粗面岩到流纹岩岩浆的相互作用及其漫长的分离结晶历史。

(三) 矿床成因

Spor Mountain 流纹岩主要为黄玉流纹岩; 这些 A 型流纹岩富含氟 (>0.2%) 和不相容元素, 并在低温 (600~750℃) 下结晶 (Christiansen et al., 1986)。流纹岩主要由透长石、斜长石、石英和富铁黑云母等组成, 副矿物有褐帘石、萤石、锆石、磷灰石、钛铁矿和磁铁矿等 (Christiansen et al., 1983, 2007)。黄玉流纹岩在脱玻化的基质或者细小的空洞中往往含有气相黄玉、萤石、碧玄岩、假褐玄岩、石榴子石和赤铁矿。红色绿柱石是该矿床中稀有的且独特的次生矿物 (Christiansen et al., 1986, 1997)。与其他高度分异演化且富含不相容微量元素 (如 Li、Be、Rb 和 Nb) 的黄玉流纹岩相比, Spor Mountain 流纹岩演化更为彻底。Be 和其他不相容微量元素的极端富集证明了这一点 (Christiansen et al., 1984)。因此, 与其说 Spor Mountain 黄玉流纹岩是 A 型花岗岩, 倒不如说它是高度结晶分异的花岗岩更为合适。

已有多种模型来解释 Spor Mountain 矿床铍凝灰岩中铍的富集现象。Lindsey (1977) 认为富含氟和其他亲石元素的岩浆流体从下伏花岗质岩体中出溶, 经赋存围岩的裂缝向上运移, 穿透并渗透凝灰岩。在岩浆流体与凝灰岩中的碳酸盐碎屑和火山玻璃相互作用过程中, 导致富含 F、Li、Be、Sn 的矿物结晶。Foley 等 (2012) 还发现了矿床中岩浆流体的证据。然而, Burt 等 (1982) 提出 Be、U、F 和其他元素是在脱玻化过程中从流纹岩凝灰岩和熔岩中释放出来的, 然后这些元素被大气流体 (地下水) 输送并集中在渗透性较差的流纹岩下方的凝灰岩上部聚集。由于流体、寄主火山碎屑和碳酸盐岩屑之间的相互作用，羟硅铍石与萤石和蛋白石共沉淀。Wood（1992）为这种低温（100～150℃）和中等 pH（4～6）矿床的形成提供了地球化学方面的证据。Ludwing 等（1980）对蛋白石 U-Pb 定年结果表明蛋白石在很长一段时间内与形成的流体处于再平衡的状态（19～8Ma），这与低温地下水参与矿化的结果相一致。Foley 等（2012）认为热液流体萃取凝灰岩火山玻璃中的 Be，然后在凝灰岩岩屑富集的区域，成矿流体与碳酸盐碎屑反应，从而 Be 以羟硅铍石的形式沉淀下来。

Dailey 等（2018）认为元素在矿物/熔体分配是控制硅质岩浆演化过程中元素富集成矿的关键因素。岩浆中元素的富集程度取决于该元素的分离结晶程度和分配系数。元素Be 在 Spor Mountain 矿化流纹岩中的分配系数与其他高硅流纹岩中的分配系数相似（Mahood and Hildreth，1983；Bachmann et al.，2005）。岩浆过程中 Be 的矿物/熔体分配系数非常低，促使 Be 和其他不相容元素在流纹岩中异常富集，为后期热液蚀变以及 Be 在下覆凝灰岩中进一步富集奠定了基础。Be 元素富集的关键因素是熔体成分、较低的结晶温度以及熔体中 F（和 H_2O）等挥发分对熔体解聚作用的影响等。Spor Mountain 黄玉流纹岩铍的富集成矿可以分为三个阶段：①与大量俯冲相关的镁铁质侵入体一起注入大陆地壳；②与伸展有关的玄武岩注入，导致部分熔融发生（$f_{pm} \approx 0.25$）；③岩浆发生大规模的分离结晶作用（$f_{fc} \approx 0.25$）。Be 分配系数非常低，导致流纹岩中 Be 和许多其他不相容元素的极端富集（约 75×10^{-6}）。这为后来的热液蚀变作用奠定了基础，使 Be 进一步富集（约 3000×10^{-6}）于下伏的铍凝灰岩中。因此，美国 Spor Mountain 铀铍矿床是在特殊岩浆源区的部分熔融条件下，岩浆发生极端的结晶分异作用，致使 Be 在岩浆中异常富集。低温热液过程是导致 Be 在上覆凝灰岩中超常富集的关键，如 pH 升高、温度降低和氟离子浓度降低引起稳定金属氟络合物离子分解，导致铍、铀和其他元素等矿物的沉淀。

二、澳大利亚 Brockman 火山岩型铀铍矿床

澳大利亚 Brockman 火山岩型铀铍矿床位于澳大利亚金伯利地区东部（图 10-6），是 Zr、Hf、Y、Nb、Ta、Al、HREE 和 Ga 以及金属 Be 等稀有金属资源的潜在来源（Chalmers，1990）。它主要由低品位含 Zr-Nb-Ta-REE 的透镜体组成，矿化主要与富含挥发分和不相容元素的古元古代粗面岩岩浆有关。该地区灰流凝灰岩普遍富含铌，也被称为"铌凝灰岩"。在铌凝灰岩上方的粗面岩中发育有微量硅铍钇矿（$Be_2FeY_2Si_2O_{10}$）；在晚期方解石脉中含有萤石和羟硅铍石，且 Be 在钾长石和石英基质中异常富集（50×10^{-6}～1500×10^{-6} Be）（Ramsden et al.，1993）。

到目前为止，该矿床的勘查和研究程度均较低，已发表的论文有限（Ramsden et al.，1993；Taylor et al.，1995a，1995b），本书仅根据 Ramsden 等（1993）和 Taylor 等（1995a，1995b）的资料加以叙述。

（一）基本地质特征

区域上出露的地层主要由 Ding Dong Downs 火山岩、Saunders Creek 组石英砂岩、Biscay 组火山沉积岩和 Olympio 组杂砂岩 4 个岩石建造单元组成。它们构成了 Halls Creek

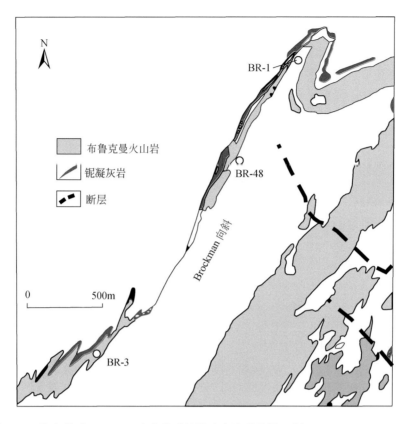

图 10-6　澳大利亚 Brockman 火山岩型铀铍矿床地质简图（据 Ramsden et al.，1993）

Mobile 带元古宙 Halls Creek 群的主要岩石单元（Dow and Gemuts，1969；Gemuts，1971；Page，1976）。Brockman 矿床主要与 Biscay 建造的上部岩石有关，矿体主要赋存于一套富集不相容元素的粗面火山熔岩底部的粗面灰流凝灰岩（铌凝灰岩）中。Brockman 上部火山岩主要由非矿化凝灰岩、集块岩、火山泥流和次火山侵入岩组成（Buckovic，1984）。Brockman 上部火山岩不同程度地受到硅质和碳酸盐蚀变作用，以及低绿片岩相区域变质和构造作用的影响。

　　富铌凝灰岩主要沿向西南方向倾伏的 West Brockman 向斜的西翼及其北侧闭合端展布。富铌凝灰岩长约 3.5km（图 10-6）。向斜西翼倾角近于垂直或向东陡倾，而东翼呈隐伏状向西陡倾。该岩石单元的厚度为 5～35m，向东沿倾斜方面逐渐增厚。火山口估计在近地表下方约 1000m 深的地方。富铌凝灰岩向西部、南部和北部逐渐变薄。

　　厚层富铌凝灰岩发育完整的原生流纹构造、残存浮石碎屑（被萤石充填），以及花岗岩和砂岩捕虏体等，主要出露在反转 J 形构造的东北缘（图 10-6）。富铌凝灰岩上部、下部均为凝灰质沉积物。在南部凝灰岩逐渐减薄的地方，凝灰岩和凝灰质沉积物几乎无法区分。

　　具有代表性的三个（BR-1、BR-3 和 BR-48）钻孔的位置如图 10-6 所示，钻孔资料能够帮助我们认识和了解富铌凝灰岩在垂向和横向的结构和成分变化。北部 BR-1 钻孔代表了火山沉淀物近端相的剖面，南部 BR-3 钻孔代表了减薄端相的剖面，而 BR-48 钻孔代表了贯穿了矿床中部的剖面。每个钻孔中都发育有粗面流和凝灰质沉积岩。

铌凝灰岩由不同比例的浮石、石英和岩屑组成，基质是以钾云母和石英为主的脱玻化微晶基质。含钾云母中 Ga 含量通常为 $200×10^{-6} \sim 300×10^{-6}$，是矿床中 Ga 的主要来源。钠长石仅以自形和半自形微晶（0.3mm）的形式赋存于结晶明显的脱玻化基质中。根据地球化学和岩石学特征，铌凝灰岩可以划分为上部不含钠的浮石单元和下部含钠富含结晶体的岩石单元。三个钻孔都存在这种分布规律，但在 BR-48 中还存在富 Na 和不含 Na 的岩石单元。

(二) 主要矿物组成及矿物学特征

萤石在 Brockman 矿床中普遍发育，与矿石矿物密切相关。萤石与粗粒（0.7mm）黑云母、石英和白云母一起填充于浮石裂隙中。在矿脉下盘中萤石相当发育，常与大颗粒石英、碳酸盐、绿泥石和闪锌矿共生。在矿脉中碳酸盐矿物主要为铁白云石，含少量菱铁矿，偶尔可见锰方解石。铁白云石也是铌凝灰岩中的主要脉石矿物，但含量不高。铁白云石在粗面岩和沉积岩中也较为常见。在矿脉上、下盘与闪锌矿伴生的铁白云石中往往具有较高的 Mn 含量（最高可达 4% 的 MnO），而在凝灰岩和粗面岩中的铁白云石中 MnO 仅有约 1.5%。含锰蚀变晕可能与变质作用或者构造作用有关。凝灰质沉积岩中的铁白云石 Mn含量很少，几乎可以忽略不计（<1%）。

锆石是最常见的矿石矿物，在粗面岩中较发育，但主要为含水锆石（Vlasov，1966）。含水锆石具有非晶质结构，由于含水，其总量较低（通常<90%），但是仍然含有较高的 Y、Th 和 Nb，含有约 $600×10^{-6}$ Sm、$1400×10^{-6}$ Gd、$5000×10^{-6}$ Dy、$5000×10^{-6}$ Er 和 $6000×10^{-6}$ Yb。半自形细粒锆石（<20μm）也很常见，尤其是在 BR-3 钻孔中。这种锆石大多数发生蜕晶化，且含有与含水锆石相似的 Th、Y 和 Nb 含量，但是分析总量为 100%。结晶颗粒大的锆石（100μm）多赋存在粗面岩和凝灰质沉积岩中，但较少见。

铌凝灰岩中也含有钍石（20μm）和含水钍石，且与含水锆石密切相关。但是在粗面岩和凝灰质沉积岩中钍石（20μm）和含水钍石很少存在或者几乎不存在。尽管钍石种类不同，但许多分析显示出了其富锆的特征，且 Y 随 Zr 含量的增加而增加。没有证据表明这种中间成分的矿物是钍石和锆石的混合物，因为钍石和锆石的 BSE 信号对比度差异明显，而且在电子微探针中很容易分辨出来。钍石中 HREE 含量较高，其分布特征与含水钍石不同，Dy 含量最高，而不是 Yb。钍石主要含 $1700×10^{-6}$ Sm、$3000×10^{-6}$ Gd、$5000×10^{-6}$ Dy、$3000×10^{-6}$ Er 和 $1300×10^{-6}$ Yb。

铌酸盐矿物（50μm）也主要与含水锆石有关，在上覆粗面岩和凝灰质沉积岩中含量较少。铌酸盐矿物成分范围变化很大，从分析总量为 100% 的简单铌铁矿 [（Fe，Mn）（Nb，Ta_2O_6）] 到分析总量为 80% 的复杂的、含水的、蚀变矿物都有。后一种矿物可定性地分为两类：①蚀变铌铁矿，其特征是存在少量的 Y、Nd、Gd、Sm 和 Dy 以及中等的 Ti含量；②成分复杂的 Y-REE 铌酸盐矿物，其特征是 Y、Nd、Gd、Sm 和 Ti 含量相对较高。这两种矿物之间的关系目前尚不清楚，但在少数情况下能看到 Y-REE 相矿物明显晚于铌铁矿。

在粗面岩和 BSR-1 含铌凝灰岩中，Y-REE 铌酸盐矿物可以单独分为一类，但是在BR-3中却不能单独划分为一类。在 BR-3 的凝灰岩中铌酸盐矿物的成分变化趋势是从铌铁矿到蚀变铌铁矿，最后转变为 Y-REE 铌酸盐矿物。此外，BR-1 中的铌凝灰岩还含有以高 Y 和低 Ti 为特征的第三类的铌酸盐矿物。

独居石 [（Ce，La）PO$_4$）] 是粗面岩中轻稀土的主要赋存矿物，但是它并没有出现在铌凝灰岩中。氟碳酸盐的存在使铌凝灰岩含有少量的轻稀土元素，它通常以细粒（<10×10^{-6}）浸染状形式赋存在铌凝灰岩中，但与 Nb-Zr 矿化几乎没有关联。

氟碳酸盐在粗面岩（100μm）中呈大颗粒状产出，通常与石英–碳酸盐–绿泥石脉共生。氟碳酸盐矿物主要是氟碳铈矿 [（Ce，La）CO$_3$F]，但 Ca 的含量变化较大，最高可达 17.5%，表明可能是氟碳钙铈矿 [（Ce，La）$_2$Ca（CO$_3$）F$_2$]、菱铈钙矿 [（Ce，La）Ca（CO$_3$）$_2$F] 以及萤石的混合，后者在 BR-1 的铌凝灰岩中尤其是顶部较常见，在 BR-3 中很少见或不存在。从 Ce$_2$O$_3$-La$_2$O$_3$-Nd$_2$O$_3$ 三角图（图 10-7）明显看出，与粗面岩中的氟碳酸盐矿物相比，铌凝灰岩中的氟碳酸盐矿物含有更少的 La 以及更多的 Ce 和 Nd。在粗面岩中存在富 Nd 的菱铈钙矿。

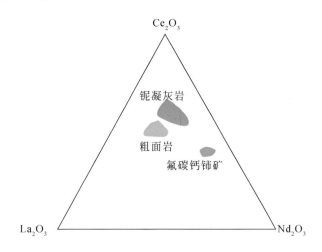

图 10-7　铌凝灰岩和粗面岩中氟碳酸盐三角组成（Ramsden et al.，1993）

羟硅铍石 [Be$_4$Si$_2$O$_7$（OH）$_2$] 仅在 BR-1 凝灰岩中出现，且以大颗粒（0.1mm）板状晶体存在于晚期方解石脉中，并以海绵状团块（直径达 1mm）呈浸染状分布于相邻的石英/钾长石基质中。虽然电子探针不能直接测定 Be，但在没有其他可分析元素的情况下，SiO$_2$ 的分析总量为 48%，接近于羟硅铍石的标准值（Vlasov，1966），并且其与羟硅铍石的光学性质一致。少量的硅铍钇矿 [Be$_2$FeY$_2$Si$_2$O$_{10}$] 是铍的另一个来源，但它仅在粗面岩中出现，成分与铈硅铍钇矿相比更加富轻稀土元素（Vlasov，1966）。

金属硫化物（主要是闪锌矿）主要赋存在矿脉的下盘和上盘。粗粒闪锌矿赋存于下盘含萤石、石英和铁白云石的矿脉中，以及上盘富菱铁矿的层位中，但闪锌矿中铁含量变化较大（0.5%~7.0%）。矿床中也含有少量浸染状黄铁矿、黄铜矿、方铅矿和辉砷镍矿等金属硫化物。

（三）矿物结构

Brockman 矿床铀铍矿化主要受岩石组构和结构的控制。许多证据表明矿化与萤石的再活化和再分布有关。矿石矿物没有特殊的结构，它们主要呈浸染状分布在铌凝灰岩中，颗粒大多数小于 10μm，很少超过 20μm。含水锆石主要沿物理不连续面分布的纹层（如面理和流纹条带）或浮岩、岩屑和微小的斑晶周围富集，它们也存在于许多结晶锆石的边部蚀变带中。铌酸盐矿物与含水锆石密切相关，许多颗粒具有复杂的蚀变类型。在高分辨扫描电镜下观察发现，它们有些被萤石替代。氟碳酸盐与含水锆石和铌酸盐矿物关系不明显，而是以零星浸染状分布在基质中，或者少量聚集在石英/铁白云石脉的边缘。少量羟硅铍石形成与晚期方解石脉有关。

在地球化学性质上，Brockman 矿床铌凝灰岩以高 F、高 K，中等到高含量 Si、低 Na和少量 CO_2 为特征，反映了高度热液蚀变的特点。铌凝灰岩的高 F 含量（8.8%）反映了凝灰岩中萤石的分布和发育，萤石主要集中在 BR-1 的上盘和下盘、BR-3 的上盘和 BR-48的下盘（图 10-8）；高钾、高硅反映了次生云母和石英的富集；Na_2O 值反映了钠长石在岩相学上明显不同的、凝灰岩中富结晶相中分布的差异，其中 Na_2O 含量与上覆粗面岩中接近。少量的二氧化碳主要反映了铁白云石的分布。

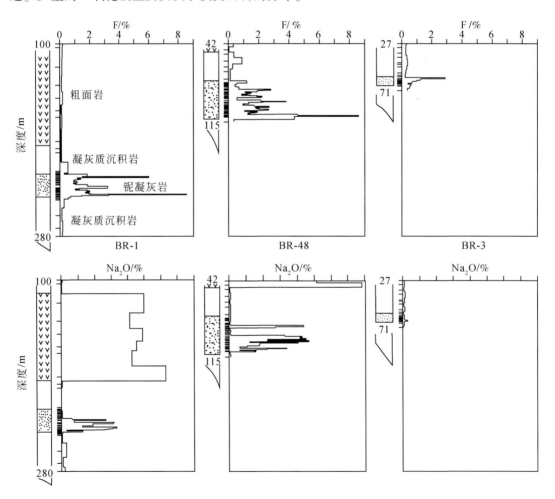

图 10-8　BR-1、BR-48 和 BR-3 剖面 F 和 Na_2O 的地球化学图解（据 Ramsden et al.，1993）

铌凝灰岩在微量元素上主要表现出高 Zr、Y、HREE 和 Nb 的特征（图 10-9），这与其中矿石矿物的分配有关。上覆粗面岩中含有相对较高的 LREE（1000×10^{-6} Ce，400×10^{-6} La），反映了岩石中独居石而不是氟碳酸盐矿物的存在；Zr（2%）和 Y（2500×10^{-6}）的含量主要反映了含水锆石的存在，并与 Th（400×10^{-6}）和 U（50×10^{-6}）含量一致；高 Nb（7000×10^{-6}）含量主要反映了其中铌铁矿及其复杂蚀变矿物的分布，并与 Ta（200×10^{-6}）含量一致；铌凝灰岩中的 Be 值（1500×10^{-6}）反映了羟硅铍石的分布，且局限于铌凝灰岩中。

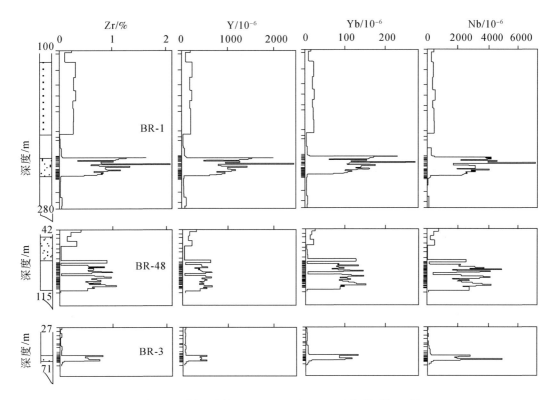

图 10-9　BR-1、BR-48 和 BR-3 剖面中的 Zr、Y、Yb 和 Nb 地球化学图解（据 Ramsden et al.，1993）

Ga 和 Sc 在所有岩石类型中都存在（图 10-10），但是在铌凝灰岩中分布不稳定。Ga 含量（220×10^{-6}）主要反映了基质中次生云母的分布，在含 K 云母中 Ga 替代 Al。含 K 的云母在所有岩石中都很常见，只是铌凝灰岩上部赋存于菱铁矿中闪锌矿矿化的部位含 K 云母不发育。高 Sc 含量（32×10^{-6}）是沉凝灰质岩的特征，这反映了沉凝灰岩中存在少量含钪的磷钇矿碎屑。Sc 含量相对较高的铌凝灰岩主要发育于凝灰岩的远端相（BR-3），反映了沉积物初始混合作用的特点。在 BR-1 中只有下半段岩石中 Sc 的含量较高，而在 BR-48 中只有凝灰岩上盘、中心和近底部附近的三个层位中 Sc 含量高。

铌凝灰岩中 HREE 较为富集，与 BR-1 中上覆粗面岩中的 LREE 富集形成明显对比。如图 10-9 中 Yb 的分布所示，HREE 富集与含水锆石有关，LREE 的富集与粗面岩中的独居石有关。独居石仅分布于粗面岩，以及铌凝灰岩和粗面岩中的少量氟碳酸盐矿物中。

铜（100×10^{-6}）和铅（1000×10^{-6}）的含量反映了上盘凝灰岩中存在细粒黄铜矿和方

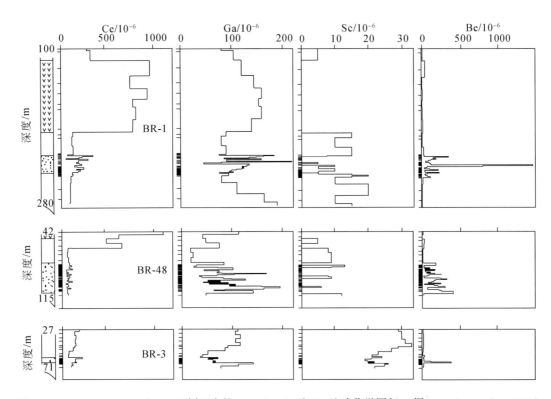

图 10-10　　BR-1、BR-48 和 BR-3 剖面中的 Ce、Ga、Sc 和 Be 地球化学图解（据 Ramsden et al.，1993）

铅矿；锌含量较低（0.5%），反映在凝灰岩中普遍存在与萤石共生的粗粒闪锌矿。较高含量的 Zn 主要发育于靠近上部接触带闪锌矿–菱铁矿的水平层中（3.5%），反映了凝灰岩中存在与萤石伴生的粗粒闪锌矿；Ba 含量（1600×10⁻⁶）与岩石没有明显的变化趋势，而 Cr 含量（50×10⁻⁶）则明显与凝灰质沉积岩有关。从铌凝灰岩分离的重矿物精矿中存在锡石、各种铌酸盐、闪锌矿、独居石和锆石（Taylor et al.，1995a，1995b）。

（四）铌凝灰岩的成因

根据 Na₂O 的含量，将 BR-1 铌凝灰岩近端相划分为上部（低 Na）和下部（高 Na）两部分。下部为结晶较好的灰流凝灰岩，含大量钠长石，而上部为浮石岩，不含钠长石。这种分布特征在远端相（BR-3）中也存在。后期的岩浆活动从富浮石岩石单元的凝灰岩中把 Na 完全带走，而没有从富晶体的灰流凝灰岩中把 Na 带走，因此钠长石依然存在。

铌凝灰岩中不相容元素的分布也反映了这种分类特征，元素高含量的地方往往出现在两个岩石单元的接触带或者附近。实际上，BR-1 和 BR-3 岩石单元中的 Be 几乎完全沿着这个岩石界面分布（图 10-10）。而在 BR-48 岩石单元中的情况更为复杂，存在两个富钠单元和两个不含钠的单元，这些岩石的单元是否是由褶皱或断层作用引起的构造重复尚不清楚。

很多火山碎屑流，如 Bishop 凝灰岩（Hildreth，1979）是由岩浆房成分的分带性而导致凝灰岩的成分变化。然而按照该模型，斑晶含量向上应该增加，BR-1 的岩相学证据表明，铌凝灰岩中的斑晶含量向上减少。因此，该模型不能解释 Brockman 铌凝灰岩的成因。

铌凝灰岩另一种成因可能如 Fisher 和 Schmincke（1984）所述，铌凝灰岩是一些独立但空间上相近的火山碎屑流形成单一的冷凝单元。岩浆房顶部结晶较好的岩浆最先喷发形成了含钠长石斑晶的熔结灰流凝灰岩，随后更深处的岩浆房岩浆喷发产生了上覆的没有固结的富浮石，不含钠长石。两次喷发的岩浆均富含不相容元素和富挥发分（包括大量的F）。地层层序研究表明，铌凝灰岩喷发后有一段平静期，伴随的是火山碎屑的沉积和改造。岩浆随后大量喷发，并产生中等富不相容元素和挥发分（不含 F）的粗面岩。

（五）铍的矿化

铌凝灰岩和粗面岩时空关系密切，表明它们是同源岩浆成因，但是岩浆源区的性质还不明确。尽管它们具有富含不相容元素过碱性岩浆的特征，然而不存在似长石和含钠镁铁质矿物，以及它们的蚀变产物。它们的常量元素化学组成，以及标准矿物也与碱性岩浆明显不同；在 K-Na-Al 三元图中成分投影点落于亚碱性区域，不存在标准矿物霞石或钠硅酸盐。

远端相（BR-3）中存在大量未蚀变铌铁矿和细粒半自形蜕晶化锆石，说明它们在喷发之前的岩浆房中已经结晶。铌铁矿中锰和钽含量普遍较低也表明了岩浆结晶作用的存在。花岗质伟晶岩中含 Nb、Ta 氧化物的分馏研究表明 Mn 和 Ta 主要在晚期形成的矿物中富集。如果 Nb、Ta 氧化物在后期富 F 的环境中沉淀，则会产生 Mn 和 Ta 的极端富集（Černý et al.，1985，1986），然而铌凝灰岩中没有发生 Mn 和 Ta 的极端富集现象。

岩浆喷发时存在的大量细粒锆石和铌铁矿是矿床形成的关键。它们提供了 Y 和 HREE 必要的矿物储库。虽然它们在后期的流体中可以富集，但是这些矿物对 REE 的选择性吸收，主要受晶体化学的控制。因为 La、Ce、Nd 和 Sm 集中在氟碳酸盐矿物中，而 Sm 和 Gd 集中在钇-稀土铌酸盐矿物中，Dy、Er 和 Yb 集中在含钇含水锆石中。Nagasawa（1970）报道过从英安岩和花岗岩中挑出的锆石富集 HREE；通过电子探针分析发现 Skye 地区碎屑锆石富含 Y 和 Th（Exley，1980）。在水饱和长英质过碱性熔体中锆石/流体的分配系数也有利于锆石中 HREE 的富集（Watson，1980）。

（六）构造背景

Brockman 地区自古近纪至今处于以粗面岩火山岩为主的板内岩浆作用的构造背景，与 Hall Creek Mobile Zone（HCMZ）的地质演化历史完全不同。Brockman 粗面火山岩是较薄大陆地壳的产物，是在挤压造山运动之前发生的浊积沉积旋回开始时在海相环境中产生的。相比之下，现代粗面岩为主的火山杂岩，如澳大利亚东部的火山杂岩，基本上是陆相的，没有喷发后造山活动，并且在相对较厚的大陆地壳条件下喷发。

最接近于 Brockman 火山岩构造背景的可能是新西兰南部的新近纪板内火山岩区。该火山岩发育在浅海相大陆架环境中的小型裂谷盆地中（Weaver and Smith，1989）。构造体制为伸展环境，火山喷发早于（约 10Ma）与现在穿越新西兰板块边界扩展有关的挤压造山运动。它与 Brockman 的明显区别是火山产物，尽管它们均属于板内岩浆的特征，但其主要为镁铁质，而长英质熔岩较少。尽管尚未确定其构造意义和地球化学性质的亲和力，但是镁铁质火山岩在 Brockman 火山岩下部的岩系中却相对丰富。

Brockman 火山熔岩和火山碎屑沉积可能是从一个小型板内粗面岩盾火山杂岩中喷发出

来的。该杂岩带有许多火山喷口，特别是喷发了分异程度较低的粗面安山岩岩浆。火山环境主要为浅海相环境，还有一些陆上喷发的火山产物，特别是火山碎屑单元中的火山产物，似乎很可能合并在一起。与新近纪粗面岩为主的盾状火山相似，一些熔岩流可能从陆上喷口经过数千米搬运，在水下沉积。1870Ma 时 Brockman 火山岩的沉积可能发生在一个浅的裂谷盆地中。该盆地在火山活动之后加深，沉积了厚达几千米的 Olympio 建造的浊积岩。随后在 1854Ma 发生挤压造山运动，导致产生 Whitewater 火山活动。

（七）类似 Brockman 类型火山岩型铀铍矿床的找矿勘查

澳大利亚 Brockman 地区铌凝灰岩地层关系表明，首先沉积的是富集高度不相容的元素，且高度分异的铌凝灰岩，然后是粗面岩为主的岩浆作用，最后是没有分异演化的粗面安山岩喷发。这表明，在地壳深处可能存在一个成分明显分带的岩浆房。随着时间的推移产生了分化程度较低的岩浆，类似于澳大利亚东部一些新近纪粗面岩盾状火山岩。然而，火山喷发的间断表明，Brockman 火山岩不是单一喷发事件的产物。

类似 Brockman 类型矿床的勘探标准，主要包括以下因素：①板内伸展构造背景和镁铁质火山岩的组合；②与以粗面岩为主的小型地盾火山杂岩有关的海相火山沉积环境；③具有保存完整火山序列的地质环境；④不相容元素富集，特别是在火山喷发序列的早期单元中，反映出在成分明显分带的岩浆房的顶部存在富挥发性、高度分异岩浆；⑤熔岩和凝灰岩中存在萤石、氟碳酸盐、铌酸盐、凝胶锆石（Ramsden et al., 1993）和其他异常的 REE、Nb、Zr、F 矿物；⑥包括海水和后期热液流体在内的热液蚀变过程，这个过程可能对形成细粒矿石矿物至关重要。

根据上述标准，在澳大利亚前寒武纪地体中有可能发现 Brockman 类型的其他矿床，以及其他类似矿床。尽管不完全符合上述所有标准，但一些火山岩系保存完好的较年轻地体，如澳大利亚东部新近纪板内以粗面岩为主的地盾火山岩区，可被视为发现稀有金属矿床的远景区。

第三节　火山岩型铀铍矿床基本地质特征

火山岩型铀铍矿床（Barton and Young, 2002; Foley et al., 2012）是由凝灰岩中碳酸盐碎屑经热液交代蚀变而形成的。凝灰岩是由压实的火山灰、玻璃和岩屑组成。赋矿岩石通常为富含稀有金属的流纹质岩熔岩和相关凝灰岩等。在化学组成上为准铝质到过铝质，并且富含氟和其他亲石元素（如 Be、Ce、Li、Rb、REEs、Sn、Th、Tl 和 U），其形成的典型构造环境是伸展环境或者裂谷背景，年轻的火成岩覆盖在较老的白云岩、石灰岩、石英岩和页岩之上。矿床的形成是岩浆极端分异演化的结果，岩浆过程产生富氟、富铍和富气的流纹质熔浆。熔浆的脱气导致火山作用爆发，当岩浆通过石灰岩中的裂缝喷发到地表时，撕裂碳酸盐岩和其他岩石碎片。热的熔浆与地下水相互作用，导致水下火山喷发，将细粒的火山灰、富铍火山玻璃，以及碳酸盐岩和其他岩石碎片带到远离火山口的楔形底浪沉积物中（Burt et al., 1982）。岩浆热液和海水热液流体的混合能够从火山玻璃中浸出铍。铍以氟合物的形式从脱玻化的玻璃基质上萃取出来，当热液流体遇到凝灰岩中的碳酸盐碎屑时，铍与流体的反应生成羟硅铍石，铍以羟硅铍石的形式沉淀下来。当遇到碳酸盐岩时，岩屑中的钙与流体中的氟结合形成萤石；这导致萤石和羟硅铍石几乎同时沉积。这些岩浆期后的热液过程在火山岩型铀铍矿床的形成中起着重要作用，因为这些过程将铍逐步富集，并最终形成高品位的铍矿。火山岩型铀铍矿床的规模大小和品位高低与寄主围岩铍凝灰岩中碳酸盐岩屑富集分布，以及成矿热液系统的持续时间和成矿效率有关。

　　从全球范围来看，有利于火山岩型铀铍矿床发育的稀有金属成矿省仅限于少数地区，主要有美国犹他州 Spor Mountain 地区、Honeycomb Hills 地区、新墨西哥州 Apache Warm Spring 地区等，西澳大利亚过碱性铌凝灰岩地区（如 Brockman 矿床；Ramsden et al.，1993；Taylor et al.，1995a，1995b），秘鲁高原的 Macusani 凝灰岩地区（Pichavant et al.，1988），蒙古国 Govi-Altay 成矿省 Teg-Ula 矿床的过铝质–过碱性火山岩区（Kovalenko and Yarmolyuk，1995），中国东南沿海火山岩地区（Lin，1985），等等。含铍凝灰岩在世界许多地区比比皆是，但是具有经济价值的火山岩型铀铍矿床却相对较少。如蒙古国中戈壁火山岩带 Teg Ula 地区的铍凝灰岩中铍的平均含量为 500×10^{-6}，其地球化学和矿物学特征类似于美国 Honeycomb Hills 铍凝灰岩，和美国 Spor Mountain 低品位矿石相同。蒙古国凝灰岩含有流纹岩、翁岗岩（富钠）和萤石碎屑，但仅发育为弱高岭土化或未发生热液蚀变，也并没有发育类似美国 Spor Mountain 那样的富铍的萤石蛋白石结核。秘鲁东南部 Macusani 地区发育有含铍的灰流凝灰岩（Noble et al.，1984）。这些含铍的过铝质灰流凝灰岩位于玻利维亚锡带的最北端，是新近纪 Macusani 火山区的主要组成单元，其中灰流凝灰岩含有较高浓度的 Be（$15\times10^{-6}\sim37\times10^{-6}$）和其他亲石元素，并发育少量铀、贱金属和贵金属矿点，但是没有发现 Be 矿床（点）。

　　由于全球已知的火山岩型铀铍矿床数量有限，目前已有的研究资料主要集中于美国 Spor Mountain 火山岩型铀铍矿床。该矿床从 20 世纪 60 年代至今，已有半个多世纪的研究历史，对该矿床的研究大多数集中于铍富集成矿方面，而对铀的富集机理研究相对较少。2012 年美国地质调查局根据已发表的 Spor Mountain 及其邻区已开采或者正在开采的铍矿床（North End，Taurus，Monitor，Roadside，Rainbow，Blue Chalk，Hogsback，and Claybank mines），以及 Spor Mountain 西部 30km 的 Honeycomb Hills 和新墨西哥州 Apache Warm Spring 含铍凝灰岩矿点（McAnulty and Levinson，1964；McLemore，2010a，2010b）的研究结果，初步建立了美国西部火山岩型铀铍矿床的成矿模型（图 10-1）。

　　火山岩型铀铍矿床的形成与其赋存的岩浆岩和沉积岩均有密切的关系，其主要形成于伸展构造背景中。美国西部的盆岭地区在晚新生代经历了双峰式火山作用，产生了与盆岭构造相关的玄武岩和流纹岩岩套，这些岩套包括侵入和覆盖在以碳酸盐岩为主的白云岩、石英岩、页岩和石灰岩等老地层之上含黄玉的火成岩岩套（Christiansen and Lipman，1972）。在美国西部，时代自 50Ma 到 0.06Ma 的黄玉流纹岩在多达 30 个不同的火山喷发中心发育。这些喷发中心主要在区域伸展、岩石圈减薄和高热流发育期间形成（Christiansen et al.，2007）。

　　Burt 等（1982）认为这些岩石是高热流状态下相对古老的大陆地壳物质的部分熔融，这使得矿物中氟的含量明显高于 H_2O。与之相关的镁铁质岩浆为地壳物质的熔融和进一步的岩浆分异提供了热量和进一步的分异作用，这些包括：①岩浆上升侵位过程中的带状分异；②极端分离结晶作用；③早期火山碎屑作用引起的脱水；④熔体的流体出溶过程导致其在近地表岩浆房的顶部富集。Christiansen 等（2007）提出黄玉流纹岩不是中地壳花岗闪长岩的熔融产物，也不是仅来源于之前脱水或熔融提取的长英质地壳，而是由硅质岩浆的分离结晶而形成的。硅质岩浆主要起源于成分复杂大陆地壳的低程度熔融，这些大陆地壳中可能含有大量的源于板内镁铁质侵入的新生地幔成分。Christiansen 等（2007）进一步指出镁铁质幔源岩浆的形成可能与岩石圈伸展造成的减压作用有关，或者可能与俯冲岩石圈板块拆沉所造成的对流作用有关。

在蒙古国中部戈壁火山岩带含有火山岩翁岗岩（含黄玉的流纹岩）、富铍的凝灰岩和富含稀土的碱性火山-侵入杂岩，这些地区是外贝加尔-蒙古国稀有金属省中生代晚期稀有金属成矿带的重要组成部分。西伯利亚大多数矿点由中生代花岗质岩和次火山岩组成，在深部主要形成碳酸盐岩交代的夕卡岩或者云英岩矿床。如俄罗斯 Yermakovskoye 氟铍矿床产于碳酸盐岩陆源层序内的大型碳酸盐岩块体（"屋顶凹陷"）中。该碳酸盐岩陆源层序保存在前中生代辉长岩杂岩区，该区域由较年轻的中生代碱性花岗岩和淡色花岗岩侵入。硅铍石-微斜长石-萤石矿石主要是交代破碎的灰岩而形成于三叠纪（224Ma）（Lykhin et al.，2010），矿石平均品位为 1.5% BeO（Reyf，2008）。Orot bertrandite 矿床是一个大型低品位矿床，与 Malokunaley 杂岩的碱性花岗岩和 Orot 古火山岩有关（Reyf and Ishkov，2006；Lykhin et al.，2004）。Orot 火山机构年龄为 236.4Ma，Malokunaley 杂岩的花岗岩类（花岗岩或浅成流纹岩）的年龄为 224.8Ma（Lykhin et al.，2004）。矿石主要呈网脉状，由迪开石和羟硅铍石交代而成，矿石品位为 3500×10^{-6} BeO。研究表明，西外贝加尔铍成矿省及其已知铍矿床和矿点可能与陆内裂谷作用有关。澳大利亚 Brockmank 矿床的形成与裂谷伸展作用有关，而我国白杨河矿床的形成与后碰撞的伸展背景有关。因此，伸展背景是火山岩型铀铍矿床有利的成矿背景。

在岩石地球化学上，与火山岩型铀铍矿床有关的花岗岩均属于碱性系列高分异花岗岩，是岩浆极端分异的产物，如美国 Spor Mountain 矿床和中国白杨河矿床黄玉流纹岩及花岗斑岩均经历不同程度的部分熔融和极端的分离结晶作用。这些花岗岩具有明显的放射性，富 F、Li、Cs、Nb、Mn、Ga、Sn、Zn 等元素（表 10-3）。成岩成矿年代学的研究表明，这些矿床形成的前提条件是岩浆经历了漫长的分离结晶历史。由图 10-11 可以看出，这些火山岩或者次火山岩虽均具有高度分异演化的特点，具有较低的 Nb/Ta 和 Zr/Hf 值。但是 Be 的富集成矿并不随着分异程度的增高而增加。与稀有金属花岗岩相对，火山岩型铀铍矿床铀铍的富集并不需要稀有金属花岗岩那样高的分异演化程度。从美国 Spor Mountain、澳大利亚 Brockman，以及中国白杨河铀铍矿床的成矿地质特征来看，深部岩浆房来源的后期热液流体的叠加对火山岩中铀和铍的再活化和再富集起着重要的作用。美国 Spor Mountain 凝灰岩中羟硅铍石以亚微观颗粒形式出现，与细粒萤石、蛋白石和方解石共生，形成层状结核体，这些结核主要是热液流体多次交代凝灰岩中的碳酸盐碎屑而成的。Spor Mountain 凝灰岩中未蚀变火山玻璃熔体中铍的含量（59×10^{-6}）是强烈蚀变玻璃（7×10^{-6}）的 8 倍，凝灰岩基质火山玻璃中几乎 90% 的原始铍被活化迁移，并在碳酸盐碎屑中沉淀富集，最终富集成矿。

表 10-3 世界主要火山岩型铀铍矿床岩石地球化学数据表

成分	Spor Mountain	Brockman	白杨河	翁岗岩	上地壳	中地壳
$K_2O/\%$	3.80 ~ 5.33	2.37 ~ 8.44	3.02 ~ 4.22	2.21 ~ 3.52	2.80	2.30
$Na_2O/\%$	4.11 ~ 4.69	0.05 ~ 2.68	4.71 ~ 5.43	5.18 ~ 6.35		
$F/10^{-6}$	6400 ~ 10600	10500 ~ 18500	300 ~ 2500	6500 ~ 13800	557	524
$Ga/10^{-6}$	32 ~ 39	45 ~ 220	21.9 ~ 26.2	57 ~ 69	17.5	17.5
$Rb/10^{-6}$	925 ~ 1540		144 ~ 297	1380 ~ 3450	82	65
$Sr/10^{-6}$	2 ~ 6		5.12 ~ 226.0	1 ~ 41	320	282
$Y/10^{-6}$	48 ~ 128	435 ~ 2040	29.5 ~ 42.5	6 ~ 25	21	20
$Zr/10^{-6}$	99 ~ 138	2516 ~ 20794	157 ~ 177	17 ~ 45	193	149
$Hf/10^{-6}$	6.3 ~ 7.0		9.93 ~ 11.7	6.3 ~ 13.4	5.3	4.4
$Nb/10^{-6}$	122 ~ 147	2140 ~ 7110	81.9 ~ 100.0	68 ~ 106	12	10
$Ta/10^{-6}$	25 ~ 37	39 ~ 229	5.71 ~ 8.53	43 ~ 110	0.9	0.6
$Cs/10^{-6}$	1.5 ~ 10.0		1.95 ~ 6.12	46 ~ 198	4.9	2
$Ba/10^{-6}$	19 ~ 30	188 ~ 1590	7.14 ~ 414.0	1 ~ 58	628	532
$La/10^{-6}$	48 ~ 61	<10 ~ 49	19.7 ~ 28.3	4.3 ~ 9.0	31	24
$Eu/10^{-6}$			<0.05 ~ 0.08	0.01 ~ 0.05	1	1.4
$Yb/10^{-6}$	10 ~ 13	50 ~ 275	5.57 ~ 7.07	0.87 ~ 2.31	2	2.2
$Th/10^{-6}$	42 ~ 67	10 ~ 347	20.8 ~ 30.4	11.3 ~ 20.4	10.5	6.5
$U/10^{-6}$	13 ~ 38	10 ~ 44	3.46 ~ 76.4	2.0 ~ 17.3	2.7	1.3
$Sn/10^{-6}$	15 ~ 42		4.3	30 ~ 43	2.1	1.3
$W/10^{-6}$			2.58 ~ 9.88	3.6 ~ 9.8	1.9	0.6
$Li/10^{-6}$	50 ~ 190		12.2 ~ 51.2			
$Be/10^{-6}$	13 ~ 58	54 ~ 1500	5.44 ~ 305			
Rb/Sr	146 ~ 658		1.50 ~ 9.39	45 ~ 2750	0.26	0.23
Zr/Hf	18.1 ~ 19.7		17.87 ~ 22.09	2 ~ 5	36.4	33.9
Nb/Ta	3.6 ~ 5.7	10.13 ~ 54.87	10.14 ~ 14.34	0.6 ~ 2.2	13.3	16.7
Th/U	1.91 ~ 5.31	0.03 ~ 7.89	0.70 ~ 4.39	0.8 ~ 7.7	3.9	5.0
La/Yb	4.46 ~ 4.69	0.04 ~ 0.34	2.14 ~ 3.18	2.7 ~ 5.3	15.5	10.9
δEu			1.03 ~ 1.11	0.008 ~ 0.07	0.72	0.96

数据来源：美国 Spor Mountain，Dailey et al.，2018；澳大利亚 Brockman，Ramsden et al.，1993；翁岗岩，Dostal et al.，2015。

注：空白代表无数据。

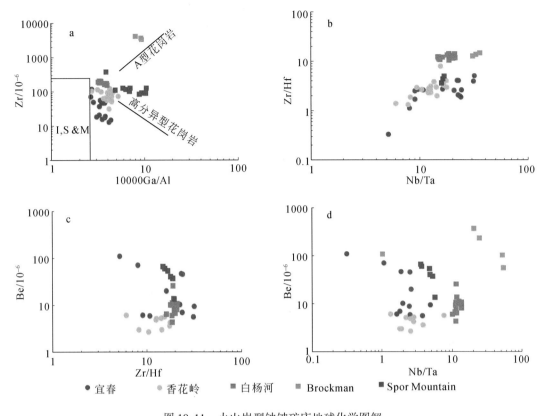

图 10-11　火山岩型铀铍矿床地球化学图解

a. 10000Ga/Al-Zr 图解；b. Nb/Ta-Zr/Hf 图解；c. Zr/Hf-Be 图解；d. Nb/Ta-Be 图解

第四节　火山岩型铀铍矿床找矿勘查

典型火山岩型铀铍矿床的研究范例有限，在一定程度上制约了火山岩型铀铍矿床的勘查找矿工作，即使在美国也由于国内铍的开采和生产主要由美国 Materion 铍材及复合材料公司一家企业主导，致使北美火山岩型铀铍矿床的勘查和开发受到限制。该公司垄断了美国国内金属铍的市场，从而使市场缺乏有效的竞争。许多新发现的火山岩型铀铍矿床都是在已知羟硅铍石矿床的外围区域。

世界上较早对铍矿的勘查是对富绿柱石 LCT（Li-Cs-Ta）伟晶岩型铍矿的勘查，且是在已知的主要伟晶岩矿床内进行的。在这些地区，矿田结构构造清晰，新伟晶岩体很容易被发现，且容易开采（Bradley and McCauley，2013）。在基岩裸露良好的地区，伟晶岩非常突出，因为它们颜色浅、晶体大，相对于周围的围岩，它们具有较强的抗风化能力。最初的勘查步骤是确定合适的花岗质岩石，由于伟晶岩可以侵入于任何岩石中，因此，地表中缺少花岗岩并不能排除 LCT 伟晶岩存在的可能性。在勘探程度较小的地区，一级标准地区，如 Bradley 和 McCauley（2013）确定的是造山腹地（造山）环境，岩石具有变质等级，表明存在中压和中高温条件，并且存在演化花岗岩和普通花岗伟晶岩。伟晶岩表现出与推断母花岗岩同心状的区域矿物学和地球化学分带模式，对绿柱石形成有利。LCT 伟晶岩的勘探和评估需要许多重要的现场和实验室观察指导。绿柱石与高分异伟晶岩带相关，且这些区域可能仅占伟晶岩矿床的1%～2%，因此，花岗伟晶岩带的矿物学和地球化学变化识别非常重要（Selway et al.，2005）。据报道，绿柱石从绿褐色到粉白色的颜色变化，在分异程度更高的岩体中，其分馏程度越来越高（Trueman and Černý，1982）。此外，绘制特定矿物的化学变化图，如钾长石中铷的增加、白云母中锂的增加、石榴子石中锰的增加，以及铌钽铁矿中钽和锰的增加，可用于在普通伟晶岩的较大区域内定位LCT伟晶岩体。许多LCT伟晶岩在周围围岩和土壤中显示出碱元素（铯、锂和铷）的异常晕，这些元素被用来定位埋藏深的稀有金属伟晶岩（Galeshuk and Vanstone，2005，2007）。在风化环境中，土壤中As、Be、Sb和Sn以及耐风化矿物（如锡石）的异常也可能表明LCT伟晶岩的存在（Smith et al.，1987）。目前鉴于劳动密集型绿柱石开采的高成本，国际上不太可能从伟晶岩中进一步勘查和开采绿柱石（Foley et al.，2017）。因此，火山岩型铀铍矿床是寻找新的铍矿资源的重要矿床类型。

早期勘查火山岩型铀铍矿床主要是根据对高度演化长英质岩石和富氟热液系统中矿床产状要素进行填图，使用中子源伽马射线能谱仪对岩石中的铍含量进行快速半定量现场分析（Brownell，1959；Meeves，1966）。目前对火山岩型铀铍矿床的地质勘探和评估方法是基于识别有利的大地构造环境、含铍岩浆岩套以及针对可能发现具有经济意义的局部的或者区域热液蚀变模式（Foley et al.，2012）。磁性、重力和地震数据有助于识别有利大地构造环境中的大型火成岩套，这些岩套可能含有火山成因的铍矿床。富含氟和铍流纹岩揭示了火山喷发作用的证据，如角砾岩中未分选的碳酸盐岩碎片和流纹岩岩浆及深部矿化流体来源的火山口构造，是一种有利的火山岩型铀铍矿床的赋矿围岩。具有经济价值的铍矿带可能与富含碳酸盐碎屑的凝灰岩沉淀有关。萤石和铀矿床的存在表明存在能够输送足够数量铍形成矿床的流体（Lindsey，1975）。热液蚀变矿物，特别是丰富的锂蒙皂石的存在，以及Be、Ce、F、Ga、Li、Nb和Y等元素的地球化学晕通常在矿床周围的岩石中出现（Lindsey et al.，1973a，1973b）。具有经济价值的矿床往往由许多小的矿化透镜体组成，这些透镜体可能覆盖50km^{2}或更大的面积，但单个透镜体可能仅覆盖数百平方米。例如，Apache Warm Spring矿床的面积约为10m×40m，其大小与Spor Mountain矿床较小的单个矿床相当。

对比美国Spor Mountain、中国白杨河和澳大利亚Brockman矿床，火山岩型铀铍矿床的寻找应基于以下几个准则：

（1）有利于岩浆极端分异和多旋回火山喷发的构造背景。如大陆裂谷背景、陆内伸展背景等。

（2）富铍的火山岩层位。如黄玉流纹岩、富铍凝灰岩和富铌凝灰岩等，这些火山岩还含有较高的F、Sn以及其他大离子亲石元素等。

（3）孔隙度较大的含碳酸盐的岩石，如沉凝灰岩等。美国Spor Mountain沉凝灰岩是唯一的赋矿围岩，但是碳酸盐岩中的角砾岩带也具有良好的致铍沉淀的能力。

（4）深大断裂。例如盆岭构造的边缘断裂、火山口的环形构造，这些构造是富铍的流纹质岩浆和热液流体的有利通道。

（5）区域上已发育的矿床，如萤石矿床的大量发育，说明可能存在运移金属铍和铀的成矿流体。

（6）良好的地球化学异常组合和蚀变晕。如 F、B、Be、Cs、Li、Ga、Nb、Y、Sn 等元素地球化学异常等（图 10-12）。但是在解释这些异常的时候要注意区分造成不同元素异常的原因是什么，这是因为导致不同元素的地球化学异常的因素可能有所不同。

（7）典型的岩石结构和表生作用。如带状或者纹层状的交代岩等，锰帽、树枝状或者面状铁锰质矿化等。

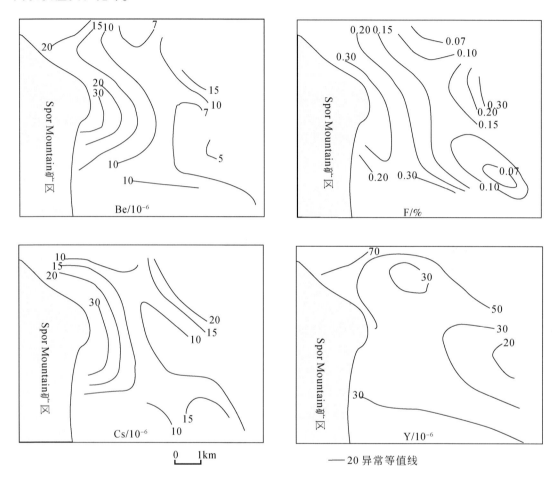

图 10-12　美国 Spor Mountain 矿床外围不同元素地球化学异常（据 Cohenour，1963a）

近年来，光谱地质学的引入使得包括火山岩型铀铍矿在内的稀有金属找矿勘查取得了重要的进展，其优势逐渐显现出来。侯腱膨等（2018）利用 FieldSpec4 可见光-短波红外地面非成像光谱仪对新疆白杨河铀铍矿床 8 个钻孔进行光谱测试与分析，研究发现钻孔岩心热液蚀变矿物组合垂向上具有明显的 "上低下高中过渡" 的三分带特征，即上部为低铝绢云母+少量赤铁矿与少量褐铁矿+少量蒙脱石；中部为中铝绢云母+低铝绢云母+少量蒙脱石+少量碳酸盐、赤铁矿与褐铁矿；下部为高铝绢云母+绿泥石+碳酸盐；绢云母 Al–OH吸收峰位置变化规律反映出矿床的热液活动具有深部相对高温、高压、偏酸性，浅部相对低温、低压、偏碱性的特征。蚀变三分带特征以及热液活动特征表明白杨河铀铍矿床具有明显的热液成矿背景，同时，铀矿化总体处于三分带特征中的中部以中铝绢云母为主的蚀变带与下部以高铝绢云母为主的蚀变带之间的过渡带中，该过渡带是铀成矿的有利部位，同时也是可能的热液/矿化中心；过渡带中发育赤铁矿、中铝绢云母和高铝绢云母，这 3 种蚀变矿物可能与铀成矿关系密切。张志新等（2019）使用 FieldSpec4 可见光-短波红外地面非成像光谱仪对新疆白杨河铀铍矿床地表进行光谱测试与分析，发现矿床主要蚀变矿物伊利石结晶度具有明显的变化规律：矿床北缘接触带短波红外伊利石结晶度变化范围为 0.7~2.0，大部分伊利石结晶度大于 1.0，少部分小于 1.0；矿床南缘接触带短波红外伊利石结晶度变化范围为 0.3~1.0，多数伊利石结晶度小于 0.7，矿床北缘接触带伊利石结晶度明显大于南缘接触带，同时矿床北缘接触带为铀矿化富集部位，结合相关地质资料，可以推断北缘接触带为矿床可能的矿化/热液中心，这可以为白杨河铀铍矿床铀矿勘探提供参考与借鉴。

徐清俊（2016）利用美国 ASD 可见光-短波红外地面光谱对白杨河铀铍矿床地表与钻孔岩心进行了高光谱测试与分析，以及 SASI 航空高光谱遥感矿物填图。通过典型钻孔岩心高光谱绢云母 Al–OH 吸收峰位置变化规律研究，初步发现了白杨河铀铍矿床热液蚀变流体的变化规律，即蚀变流体温度由深部的相对高温逐渐变到接触带附近的中温，再向上部变到花岗斑岩内的相对低温，流体由弱酸性到弱碱性的变化过程，说明白杨河铀铍矿床在形成过程中热液活动频繁，经历了多期次的热液活动。铀矿化段主要位于高铝绢云母、中铝绢云母、赤铁矿化蚀变发育地段，尤其是它们的过渡带。这反映铀矿化主要与赤铁矿化、高铝绢云母和中铝绢云母有关，尤其是三者共同存在的地区有可能是铀成矿的有利地段。这些高光谱技术的运用为火山岩型铀铍矿床地表外围找矿预测和深部勘探提供了重要的手段。

第五节　关键问题与未来展望

国家"十四五"规划中明确提出"聚焦新一代信息技术、生物技术、新能源、新材料、高端装备、新能源汽车、绿色环保以及航天航空、海洋装备等战略性新兴产业"。我国沿海地区也在谋划在"十四五"期间培育诸如干细胞、超材料、天然气水合物、可控核聚变-人造太阳等若干未来产业领域，积极抢占制造业未来发展战略制高点。金属铀和铍在核工业与空间技术的应用日益广泛，人们预计若可控核聚变技术取得重大突破，并能够商业化运行，则需要消耗 46000~100000t 的铍，这将导致世界铍工业的巨大变革，也对我国铀铍资源的安全可靠供应提出严峻的挑战。未雨绸缪，寻找新的铀铍资源，满足战略性新兴产业蓬勃发展所需的原材料物质，是实现中华民族伟大复兴的"中国梦"和建设"美丽中国"等重大战略思想的重要保障。

铀和铍已被世界不同发达经济体列为关键矿产资源。关键矿产资源是事关国家经济繁荣、国防安全和技术飞跃的重要自然资源。它们是战略性新兴产业中重要的原材料，且几乎没有有效替代品可以替代。由于地缘政治或者技术因素，它们有可能变得稀缺或者变得非常昂贵。目前，全球已探明的铍资源量 100000t，美国占其中的 80%。全球每年 80% 以上的铍金属来自美国。因此，在当前国际政治格局复杂多变的局面下，立足于国内的矿产资源来满足战略性新兴产业蓬勃发展的需求是实现国家资源安全供给的重要途径。

未来解决铀和铍资源安全可靠供应的关键途径有：①发现新类型的铀铍矿床以及新的资源地；②对已有矿床进行铀铍元素可利用的评估和开发；③开展表生条件下铍的迁移和

沉淀的实验研究；④研发和设计高效的铀铍矿石选冶流程和精细分离提纯技术。

一、矿床评价和新类型矿床的发现

国际上已经普遍认识到关键矿产资源的重要性，以及实施关键矿产资源供应链的扩大化和多样化的必要性和紧迫性。澳大利亚地球科学局（GA）、加拿大地质调查局（GSC）和美国地质调查局（USGS）的地球科学组织联合创建了关键矿产发展规划（CMMI），以确保关键矿产资源来源多样化。通过更好地了解已知的关键矿产资源富集分布规律，确定已知矿床中伴生的关键矿产分布规律及其地质控制要素；通过编制关键矿产潜力评价图和矿产定量评估来确定新的关键矿产资源供应途径和方向。

目前火山岩型铀铍矿床评估中最重要的问题是只有美国的 Spor Mountain 火山岩型铀铍矿一个经济模型。人们对已知矿床中铀铍的分布知之甚少，缺乏铀铍矿产资源分布数据库。因此，需要对已有的矿床开展铀和铍地球化学分析，查明这些矿床中铀铍的地球化学含量，以及存在哪些铀矿物和铍矿物。利用现代地质学和地球化学方法对诸如美国 Spor Mountain 等典型矿床开展研究，并与其他区域类似和相关矿床类型（碳酸盐岩矿床和萤石矿床）进行对比（如蒙古国中央戈壁火山带和蒙古国外贝加尔湖地区富 REE 碱性火山–深成岩带西伯利亚稀有金属省），逐步建立火山岩型铀铍矿床的数据库，使之成为了解全球铀铍矿产分布、控制和提高矿产资源准确性评估所需的全球数据库，建立更科学和更广泛适用的矿床模型和评价方法。在开展火山岩型铀铍矿床评价的同时，也需要评估与铍伴生的其他元素在经济上的可用性。从经济价值的角度考虑，在矿产开发中需要提取和回收与铍伴生的副产品（如 F、Li、Nb、U、Mo 等），以扩大其经济价值。

我国火山岩型铀铍矿床成矿前景良好，白杨河矿床是代表性矿床之一。我国东部地区发育大量的中、新生代流纹质火山岩，如浙闽粤沿海地区发育大规模的中生代凝灰质火山岩带，该火山岩带中有大量的晚期花岗岩的侵入，且具有多阶段性，是今后发现火山岩型含铍热液稀有金属矿床的有利地区，有可能成为我国大型的火山岩型铀铍成矿带。在该火山岩带中已经发现大量的稀有金属铍和钼矿化线索（如福建的福利石，浙江的青田坦头、千亩田等）。另外，在我国东北地区的大兴安岭也发育大量的中生代火山岩，且具有良好的火山岩型铀铍矿床的成矿潜力。因此，加强不同地区火山岩型矿（点）的对比研究，有望揭示火山岩型铀铍矿床富集成矿的关键控制因素，发现铀铍矿床新的矿床类型和新的资源地。

二、科学实验研究

目前，人们对铀铍在岩浆热液体系和表生环境下的地球化学行为还缺乏足够的了解，因此，需要加强各种熔体–流体热液系统中铀和铍的热力学数据模拟实验，从而更好地理解富氟、富硫、富硼等岩浆热液环境中铍的运输方式、运输形式，以及沉淀的机制和赋存状态，以及表生条件下铀铍迁移活化的物理化学条件和沉淀的关键控制因素。这些实验数据最终可用于铀铍的资源环境评价中，模拟表生环境条件下铀铍的地球化学迁移和富集规律，探讨铀铍的迁移对人类生存环境和生存质量的影响。

　　美国地质调查局提出采用矿物系统方法研究矿床成因，把关键矿产资源的形成和保存与关键的地质过程结合起来（图10-13）。全链条、全方位、多角度地对关键金属元素的地球化学循环进行模拟和研究，进而揭示关键金属元素富集成矿的关键位置和关键条件，为未来关键矿产资源的寻找和开发利用提供坚实的科学支撑。

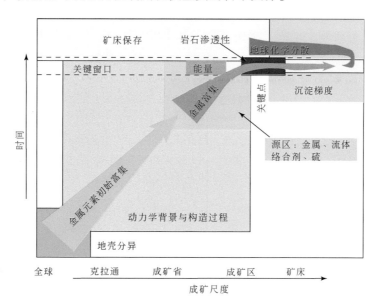

图 10-13　金属矿物系统演化示意图（据 Huston et al.，2016）

三、综合利用和高效提取技术

　　火山岩型铀铍矿床中铀和铍的品位相对较低，因而其提取也较为困难。因此，需要进一步查明其中铀和铍的赋存状态，研发该类型矿床铀、铍的高效选矿技术，使之能从低品位的火山沉积物中提取出来。同时，研发铍的高效冶炼和精细提纯技术也势在必行，使之将伴生元素（如铝、氧化铍、碳、铁、镁和硅）与铍精准分离，以便能从铍资源矿物中提炼出高纯度的金属铍。在此过程中，需注意技术革新，不断提高铀铍的回收率和综合利用率，逐步提高资源使用效率。

四、新材料的研制和利用

　　社会的发展和科学技术的进步，最终是为了满足人类对美好生活的需求，因此，需要加强铀铍资源原材料生产商与终端用户的密切合作，特别是航空航天和国防工业，以满足金属铀铍最终用途产品的高端制品研发，并确保开发出满足高性能要求的新材料和新产品。据预测，全球铍市场预测未来5年内每年的铍消费量将超过500t，消费量的增长将受到一些重要终端应用和需求领域日益上升需求的影响。人造太阳可控核聚变实验的成功，将对铀铍产业发展提出更高的技术需求。越来越多的国家安全问题导致铍在国防应用中的需求日益增强。随着新材料和新产品的研制和开发，新型铍铝合金的出现有望推动全球的铍市场发展，也将大大增加对铍资源的需求。

五、清洁能源与低碳生活

金属铍在风能、储氢和燃料电池等洁净能源产业方面具有很好的应用潜力，因此，铍的广泛利用能够有效减少世界上碳的排放，减少温室效应，如加拿大 IBC 高级合金公司（IBC Advanced Alloyments Corp.）和华盛顿的一家清洁能源咨询公司正致力于将金属铍应用于风能发电中，并尝试进行商业化利用。铍可以提高风力涡轮机的耐磨性，从而降低运营成本（Jaskula，2013）。IBC 高级合金公司还与加拿大氢联公司（Hydrogen Link Inc.）合作，推进铍胺氢燃料储存的研究。铍胺氢燃料可能是未来新能源汽车重要的动力来源之一。锂铍氢化物在合理的温度下具有最高的可行氢容量，且还可用于小型化商业应用，如将来能够在笔记本电脑和其他便携式设备上运用，那将改变世界能源供应的格局。因此，未来金属铍的广泛应用不仅可以减少碳的排放，早日实现我国"双碳"目标，而且还能为我国生态文明建设做出重要的贡献。

参 考 文 献

艾永亮，李柏平，郭冬发，等，2015. 影响白杨河铀铍矿提取工艺的矿物学因素探讨. 有色金属（选矿部分），3：1-31.

陈奋雄，张雷，2008. 新疆白杨河铀–铍矿田成矿特征及区域找矿方向研究//第九届全国矿床会议论文集：196-197.

陈奋雄，张晓军，努力江，2017. 新疆白杨河地区辉绿岩岩石地球化学特征及其构造意义. 东华理工大学学报（自然科学版），40：101-108.

陈光旭，李光来，刘晓东，等，2019. 西准噶尔白杨河铀矿床沥青铀矿矿物特征及形成环境. 地质学报，93（4）：865-878.

陈家富，韩宝福，张磊，2010. 西准噶尔北部晚古生代两期侵入岩的地球化学、Sr-Nd同位素特征及其地质意义. 岩石学报，26（8）：2317-2335.

陈家富，刘俊来，Dung T M，等，2014. 越南中部昆嵩地块岩浆期次的锆石 U-Pb 年代学限定//2014 年中国地球科学联合学术年会论文集：2401.

陈骏，姚素平，季峻峰，等，2004. 微生物地球化学及其研究进展. 地质论评，50（6）：620-632.

程裕淇，闻广，1982. 区域成矿分析若干问题. 中国区域地质，（2）：99-107.

池国祥，赖健清，2009. 流体包裹体在矿床研究中的作用. 矿床地质，28：850-855.

董连慧，冯京，庄道泽，等，2008. 2007 年新疆地质矿产勘查进展及 2008 年工作重点. 新疆地质，26（1）：1-3.

董连慧，冯京，刘德权，等，2010. 新疆成矿单元划分方案研究. 新疆地质，28（1）：1-15.

杜安道，赵敦敏，王淑贤，等，2001. Carius 管溶样–负离子热表面电离质谱准确测定辉钼矿铼–锇同位素地质年龄. 岩矿测试，20（4）：247-252.

方锡珩，方茂龙，罗毅，等，2012. 全国火山岩型铀矿资源潜力评价. 铀矿地质，28：342-348.

高睿，肖龙，王国灿，等，2013. 西准噶尔晚古生代岩浆活动和构造背景. 岩石学报，29（10）：3413-3434.

巩志超，李行，1987. 新疆西准噶尔地区基性超基性岩生成地质背景及区域成矿特征. 西北地质科学，18：3-22.

韩宝福，王式洸，孙元林，等，1997. 新疆乌伦古河碱性花岗岩 Nd 同位素特征及其对显生宙地壳生长的意义. 科学通报，42（17）：1829-1832.

韩宝福，季建清，宋彪，等，2006. 新疆准噶尔晚古生代陆壳垂向生长（Ⅰ）：后碰撞深成岩浆活动的时限. 岩石学报，22（5）：1077-1086.

韩宝福，郭召杰，何国琦，2010. "钉合岩体"与新疆北部主要缝合带的形成时限. 岩石学报，26（8）：2233-2246.

何国琦，朱永峰，2006. 中国新疆及其邻区地质矿产对比研究. 中国地质，（3）：451-460.

侯腱膨，徐清俊，叶发旺，等，2018. 新疆白杨河铀矿床钻孔岩芯蚀变分带特征及地质意义. 中国地质，45（4）：839-850.

侯江龙，李建康，张玉洁，等，2018. 四川甲基卡锂矿床花岗岩体 Li 同位素组成及其对稀有金属成矿的制约. 地球科学，43（6）：2042-2054.

胡霭琴，王中刚，涂光炽. 1997. 新疆北部地质演化及成岩成矿规律. 北京：科学出版社.

黄建华, 吕喜朝, 朱星南, 等, 1995. 北准噶尔洪古勒楞蛇绿岩研究的新进展. 新疆地质, 14 (1)：20-30.

黄建华, 金章东, 李福春, 1999. 洪古勒楞蛇绿岩 Sm-Nd 同位素特征及时代界定. 科学通报, 44 (9)：1004-1007.

黄新鹏, 2016. 福建平和福里石铍 (钼) 矿地质特征及成因初探. 桂林理工大学学报, 36 (1)：99-106.

简平, 刘敦一, 张旗, 等, 2003. 蛇绿岩及蛇绿岩中浅色岩的 SHRIMP U-Pb 测年. 地学前缘, 10 (4)：439-456.

李光来, 陈光旭, 刘晓东, 等, 2020. 雪米斯坦成矿带杨庄岩体中含铀矿物特征及其对铀成矿的指示. 地质学报, 94 (11)：3404-3420.

李锦轶, 何国琦, 徐新, 等, 2006. 新疆北部及邻区地壳构造格架及其形成过程的初步探讨. 地质学报, 80 (1)：148-168.

李久庚, 1991. 新疆某铀铍矿田铍的赋存状态及铀铍关系. 矿物岩石地球化学通报, (2)：2-4.

李荣社, 计文化, 校培喜, 等, 2012. 北疆区域地质调查阶段性成果与新认识. 新疆地质, 30 (3)：253-257.

李小伟, 莫宣学, 赵志丹, 等, 2010. 关于 A 型花岗岩判别过程中若干问题的讨论. 地质通报, 29 (S1)：278-285.

李永军, 张天继, 栾新东, 等, 2008. 西天山特克斯达坂晚古生代若干不整合的厘定及地质意义. 地球学报, 29 (2)：145-154.

李子颖, 黄志章, 李秀珍, 等, 2014. 相山火成岩与铀成矿作用. 北京：地质出版社.

刘畅, 田建吉, 王谋, 等, 2020. 西准噶尔白杨河铍铀矿床中铍与铀成生关系初探——来自围岩蚀变和矿石矿物接触关系的证据. 地质与勘探, 56 (3)：465-477.

刘德权, 唐延龄, 周汝洪, 2001. 新疆斑岩铜矿的成矿条件和远景. 新疆地质, 19 (1)：43-48.

刘晓文, 毛小西, 刘庄, 等. 2010. 羟硅铍石型铍矿的工艺矿物学研究. 矿物学报, 30 (S1)：61-63.

卢龙, 陈繁荣, 赵炼忠, 2005. UO_2 氧化的天然类比研究：现状与展望. 地球科学进展, 20 (7)：746-750.

马汉峰, 衣龙升, 修晓茜, 2010. 雪米斯坦地区铀铍资源潜力评价研究. 北京：核工业北京地质研究院.

毛伟, 王果, 李晓峰, 等, 2013. 新疆白杨河铀铍矿床流体包裹体研究. 矿床地质, 32 (5)：1026-1034.

孟磊, 申萍, 沈远超, 等, 2010. 新疆谢米斯台中段火山岩岩石地球化学特征、锆石 U-Pb 年龄及其地质意义. 岩石学报, 26 (10)：3047-3056.

申萍, 沈远超, 刘铁兵, 等, 2010. 西准噶尔谢米斯台铜矿的发现及意义. 新疆地质, 28 (4)：413-418.

苏玉平, 唐红峰, 2005. A 型花岗岩的微量元素地球化学. 矿物岩石地球化学通报, 24 (3)：245-251.

苏玉平, 唐红峰, 侯广顺, 等, 2006. 新疆西准噶尔达拉布特构造带铝质 A 型花岗岩的地球化学研究. 地球化学, 35 (1)：55-67.

陶奎元, 1994. 火山岩相构造学. 南京：江苏科学技术出版社.

童旭辉, 张旺生, 师志龙, 等, 2012. 新疆白杨河铀铍多金属矿区控矿构造特征研究. 矿床地质, 31 (S1)：219-220.

王居里, 王建其, 安芳, 等, 2013. 新疆谢米斯台地区首次发现自然铜矿化. 地球学报, 34 (3)：371-374.

王谋, 王果, 师志龙, 等, 2011. 新疆雪米斯坦火山岩带铀多金属成矿控制因素分析. 中国核科学技术进展报告 (第二卷)：84-90.

王谋, 李晓峰, 王果, 等, 2012. 新疆雪米斯坦火山岩带白杨河铍铀矿床地质特征. 矿产勘查, 3 (1)：34-40.

王谋, 王果, 李晓峰, 等, 2013. 新疆雪米斯坦火山岩带南翼铀多金属成矿控制因素分析. 新疆地质,

31（1）：71-76.

王之义，1987. 西准噶尔北缘某含铀火山岩地层的时代讨论. 新疆地质，5（3）：69-75.

王中刚，1995. 新疆北部古生代花岗岩陆相火山岩及其含矿性研究. 中国科学院地球化学研究所科研成果报告.

魏春生，2000. A 型花岗岩成因模式及其地球动力学意义. 地学前缘，7（1）：238.

翁凯，徐学义，马中平，等，2017. 西准噶尔谢米斯台地区中泥盆统呼吉尔斯特组砂岩源区示踪. 新疆地质，35（2）：127-133.

吴楚，董连慧，周刚，等，2016. 西准噶尔古生代构造单元划分与构造演化. 新疆地质，34（3）：302-311.

吴福元，刘小驰，纪伟强，等，2017. 高分异花岗岩的识别与研究. 中国科学：地球科学，47：745-765.

吴锁平，王梅英，戚开静，2007. A 型花岗岩研究现状及其述评. 岩石矿物学杂志，26（1）：57-66.

夏毓亮，2019. 中国铀成矿地质年代学. 北京：中国原子能出版社.

项波，崔志浩，2016. 新疆白杨河地区构造控矿特征与成矿规律研究. 四川有色金属，2：34-36.

肖荣阁，张宗恒，陈卉泉，等，2001. 地质流体自然类型与成矿流体类型. 地学前缘，（4）：245-251.

肖艳东，2011. 新疆和布克赛尔县白杨河铀-铍矿床成因研究. 乌鲁木齐：新疆大学.

修晓茜，范洪海，马汉峰，等，2011. 新疆白杨河铀铍矿床围岩蚀变及其地球化学特征. 铀矿地质，27（4）：215-220.

徐清俊，2016. 新疆白杨河铀矿床高光谱遥感蚀变特征研究. 北京：核工业北京地质研究院.

徐学义，李荣社，陈隽璐，等，2014. 新疆北部古生代构造演化的几点认识. 岩石学报，30（6）：1521-1534.

杨钢，肖龙，王国灿，等，2013. 西准噶尔谢米斯台地区闪长岩年代学、地球化学及锆石 Lu-Hf 研究//中国矿物岩石地球化学学会第 14 届学术年会论文集：181-182.

杨钢，肖龙，王国灿，等，2015. 西准噶尔谢米斯台西段花岗岩年代学、地球化学、锆石 Lu-Hf 同位素特征及大地构造意义. 地球科学（中国地质大学学报），40：548-562.

杨文龙，Mostafa F，李彦龙，等，2014. 西准白杨河铍矿床萤石及流体包裹体特征. 新疆地质，32（1）：82-86.

叶发旺，张川，徐清俊，等，2019. 热液流体活动规律高光谱遥感分析示范研究——以新疆白杨河铀矿床为例. 矿床地质，38（6）：1347-1364.

衣龙升，2016. 新疆白杨河铍铀矿床地质地球化学特征及时空演化. 北京：中国科学院大学.

衣龙升，李月湘，2017. 新疆富蕴伊德克地区碳硅泥岩型铀矿化特征. 地质评论，63（S1）：129-130.

衣龙升，范宏瑞，翟明国，等，2016. 新疆白杨河铍铀矿床萤石 Sm-Nd 和沥青铀矿 U-Pb 年代学及其地质意义. 岩石学报，32（7）：2099-2110.

易善鑫，李永军，焦光磊，等，2014. 西准噶尔博什库尔—成吉斯火山弧中早石炭世火山岩的地球化学特征及其构造意义. 矿物岩石地球化学通报，33（4）：431-438.

尹继元，陈文，袁超，等，2013. 新疆西准噶尔晚古生代侵入岩的年龄和构造意义：来自锆石 LA-ICPMS 定年的证据. 地球化学，42（5）：415-430.

张成江，王果，陈奋雄，等，2012. 新疆白杨河矿床铀-铍-钼共生分异特征初探. 矿床地质，31（S1）：237-238.

张成江，王果，陈奋雄，等，2013. 新疆白杨河铀-铍-钼矿床矿物组合与成矿流体性质. 矿物学报，（S2）：276.

张龙，陈振宇，李胜荣，等，2018. 粤北棉花坑（302）铀矿床围岩蚀变分带的铀矿物研究. 岩石学报，34（9）：2657-2670.

张若飞，袁峰，周涛发，等，2015. 西准噶尔塔尔巴哈台-谢米斯台地区火山热液型铜矿床（点）地质及含矿火山岩年代学、地球化学特征. 岩石学报, 31 (8): 2259-2276.

张鑫, 张辉, 2013. 新疆白杨河大型铀铍矿床成矿流体特征及矿床成因初探. 地球化学, 42 (2): 143-152.

张志新, 徐清俊, 白小虎, 等, 2019. 短波红外伊利石结晶度在新疆白杨河铀矿床勘查中的应用. 科学技术与工程, 19 (6): 32-37.

赵磊, 何国琦, 朱亚兵, 2013. 新疆西准噶尔北部谢米斯台山南坡蛇绿岩带的发现及其意义. 地质通报, 32 (1): 195-205.

赵文平, 贾振奎, 温志刚, 等, 2012. 新疆西准噶尔巴尔鲁克蛇绿混杂岩带发现蓝闪片岩. 西北地质, 45 (2): 136-138.

赵振华, 沈远超, 涂光炽. 2001. 新疆金属矿产资源的基础研究. 北京: 科学出版社.

赵芝, 陈郑辉, 王成辉, 等, 2012. 闽东大湾钼铍矿的辉钼矿 Re-Os 同位素年龄——兼论福建省钼矿时空分布及构造背景. 大地构造与成矿学, 36 (3): 399-405.

朱笑青, 王中刚, 王元龙, 等, 2006. 新疆后造山碱性花岗岩的地质特征. 岩石学报, 22 (12): 2945-2956.

朱艺婷, 李晓峰, 张龙, 等. 2019. 新疆白杨河 U-Be 矿床中电气石的矿物学特征及其成矿指示. 岩石学报, 35 (11): 3429-3442.

朱永峰, 2009. 中亚成矿域地质矿产研究的若干重要问题. 岩石学报, 25 (6): 1297-1302.

朱永峰, 王涛, 徐新, 2007. 新疆及邻区地质与矿产研究进展. 岩石学报, 23 (8): 1785-1794.

邹天人, 李庆昌, 2006. 中国新疆稀有及稀土金属矿床. 北京: 科学出版社.

Abdel-Rahman A F M, 1994. Nature of biotites from alkaline, calc-alkaline, and peraluminous magmas. Journal of Petrology, 35 (2): 525-541.

Adams D T, Hofstra A H, Cosca M A, et al., 2009. Age of sanidine and composition of melt inclusions in quartz phenocrysts from volcanic rocks associated with large Mo and Be deposits in the Western United States. Geological Society of America, 41: 255.

Adlakha E E, Hattori K, 2016. Paragenesis and composition of tourmaline types along the P2 fault and McArthur River Uranium deposit, Athabasca Basin, Canada. The Canadan Mineralogist, 54 (3): 661-679.

Ague J J, Brimhall G H, 1988. Regional variations in bulk chemistry, mineralogy, and the compositions of mafic and accessory minerals in the batholiths of California. Geological Society of America Bulletin, 100: 891-911.

Alexandre P, Hyser T K, 2005. Effects of cationic substitute and alteration in uraninite and implication for the dating of uranium deposit. Canadian Mineralogist, 43: 1005-1007.

Ashley P M, 1984. Sodic granitoids and felsic gneisses associated with uranium-thorium mineralisation, Crockers Well, South Australia. Mineralium Deposita, 19 (1): 7-18.

Ayers J C, Zhang L, Luo Y, et al., 2012. Zircon solubility in alkaline aqueous fluids at upper crustal conditions. Geochimica et Cosmochimica Acta, 96: 18-28.

Ayuso R A, Foley N K, Vazquez J A, et al., 2018. SHRIMP U-Pb geochronology of zircon and opal and geochemistry of the world-class volcanic-related Be deposit at Spor Mountain, Utah, USA. Vancouver: Resources for Future Generations.

Ayuso R A, Foley N K, Vazquez J A, et al., 2020. SHRIMP U-Pb zircon geochronology of volcanic rocks hosting world class Be-U mineralization at Spor Mountain, Utah, USA. Journal of Geochemical Exploration, 209: 106401.

Bachmann O, Dungan M A, Bussy F, 2005. Insights into shallow magmatic processes in large silicic magma bodies: the trace element record in the Fish Canyon magma body, Colorado. Contributions to Mineralogy and Petrology, 149 (3): 338-349.

Bailey D, 1978. Continental Rifting and Mantle Degassing, Petrology and Geochemistry of Continental Rifts. Berlin: Springer.

Ballouard C, Poujol M, Boulvais P, et al., 2016. Nb-Ta fractionation in peraluminous granites: a marker of the magmatic-hydrothermal transition. Geology, 44: 231-234.

Barton M D, 1986. Phase equilibria and thermodynamic properties of minerals in the BeO-Al$_2$O$_3$-SiO$_2$-H$_2$O (BASH) system, with petrologic applications. American Mineralogist, 71: 277-300.

Barton M D, Young S, 2002. Non-pegmatitic deposits of beryllium: mineralogy, geology, phase equilibria and origin. Reviews in Mineralogy and Geochemistry, 50: 591-691.

Barton P B, Chou I M, 1993. Refinement of the evaluation of the role of CO$_2$ in modifying estimates of the pressure of epithermal mineralization. Economic Geology, 88: 873-884.

Bastrakov E N, Jaireth S, Mernagh T P, 2010. Solubility of uranium in hydrothermal fluids at 25 to 300℃. Geoscience Australia Record, 29: 1-91.

Bath A B, Walshe J L, Cloutier J, et al., 2013. Biotite and apatite as tools for tracking pathways of oxidized fluids in the Archean East Repulse Gold Deposit, Australia. Economic Geology, 108: 667-690.

Bea F, 1996. Residence of REE, Y, Th and U ingranites and crustal protoliths: implications for the chemistry of crustal melts. Journal of Petrology, 37 (3): 521-552.

Beck P, Chaussidon M, Barrat J A, et al., 2006. Diffusion induced Li isotopic fractionation during the cooling of magmatic rocks: the case of pyroxene phenocrysts from nakhlite meteorites. Geochim Cosmochim Acta, 70: 4813-4825.

Beurlen H, Silva M R R, Thomas R, et al., 2008. Nb-Ta-(Ti-Sn) oxide mineral chemistry as tracer of rare-element granitic pegmatite fractionation in the Borborema Province, Northeastern Brazil. Mineralium Deposita, 43 (2): 207-228.

Beus A A, 1966. Geochemistry of Beryllium and Genetic Types of Beryllium Deposits. San Francisco: WH Freeman.

Blichert-Toft J, Albarède F, 1997. The Lu-Hf isotope geochemistry of chondrites and the evolution of the mantle-crust system. Earth and Planetary Science Letters, 148: 243-258.

Boitsov V E, 1996. Geology of Uranium Deposits. Moscow: MGGA.

Boland M A, 2012. Beryllium-Important for National Defense. U. S. Geological Survey Fact Sheet 2012-3056.

Bonnetti C, Liu X D, Mercadier J, et al., 2018. The genesis of granite-related hydrothermal uranium deposits in the Xiazhuang and Zhuguang ore fields, North Guangdong Province, SE China: insights from mineralogical, trace elements and U-Pb isotopes signatures of the U mineralisation. Ore Geology Reviews, 92: 588-612.

Bonnetti C, Liu X D, Mercadier J, et al. , 2021. Genesis of the volcanic-related BE-U-Mo Baiyanghe deposit, West Junggar (NW China), constrained by mineralogical, trace elements and U-Pb isotope signatures of the primary U mineralization. Ore Geology Reviews, 218: 103921.

Bourdelle F, Cathelineau M, 2015. Low-temperature chlorite geothermometry: a graphical representation based on a T-R2+-Si diagram. European Journal of Mineralogy, 27 (5): 617-626.

Bowles J F W, 1990. Age dating of individual grains of uraninite in rocks from electron microprobe analyses. Chemical Geology, 83: 47-53.

Bozzo A T, Chen H S, Kass J R, et al., 1973. The properties of hydrates of chlorine and carbon dioxide. Desalination, 16 (3): 303-320.

Bradley D, McCauley A, 2013. A preliminary deposit model for lithium-cesium-tantalum (LCT) pegmatites. US Department of the Interior, U. S. Geological Survey.

Breit G N, Hall S M, 2011. Deposit model for volcanogenic uranium deposits. U. S. Geological Survey Open-File

Repot 2011-1255.

Brigatti M F, Mottana A, Malferrari D, et al., 2007. Crystal structure and chemical composition of Li-, Fe-, and Mn-rich micas. American Mineralogist, 92: 1395-1400.

Brownell G M, 1959. A berylium detector for field exploration. Economic Geology, 54: 1103-1114.

Bryndzia L T, Scott S D, 1987. The composition of chlorite as a function of sulfur and oxygen fugacity: an experimental study. American Journal of Science, 287: 50-76.

Buckovic W, 1984. Niobium-enriched Alkaline Volcanics: Brockman Project, Kimberley Region, Western Australia. Union Oil Development Corporation.

Burt D M, Bikun J V, Christiansen E H, 1982. Topaz rhyolites: distribution, origin, and significance for exploration. Economic Geology, 77: 1818-1836.

Castor S B, Henry C D, 2000. Geology, geochemistry, and origin of volcanic rock-hosted uranium deposits in northwestern Nevada and southeastern Oregon, USA. Ore Geology Reviews, 16: 1-40.

Cathles L M, Shea M E, 1992. Near-field high temperature transport: evidence from the genesis of the Osamu Utsumi uranium mine, Pocos de Caldas alkaline complex, Brazil. Journal of Geochemical Exploration, 45 (1-3): 565-603.

Chabiron A, Alyoshin A P, Cuney M, et al., 2001. Geochemistry of the rhyolitic magmas from the Streltsovka caldera (Transbaikalia, Russia): a melt inclusion study. Chemical Geology, 175: 273-290.

Chabiron A, Cuney M, Poty B, 2003. Possible uranium sources for the largest uranium district associated with volcanism: the Streltsovka caldera (Transbaikalia, Russia). Mineralium Deposita, 38 (2): 127-140.

Chalmers D I, 1990. Brockman multi-metal and rare earth deposits//Hughes T E. Geology of the Mineral Deposits of Australia and Papua New Guinea. Melbourne: The Australasian Institute of Mining and Metallurgy: 707-709.

Chaussidon M, Albarede F, 1992. Secular boron isotope variations in the continental crust: an ion microprobe study. Earth Planetary and Sciences Letters, 108: 229-241.

Che X D, Wu F Y, Wang R C, et al. , 2015. In situ U-Pb isotopic dating of columbite-tantalite by LA-ICP-MS. Ore Geology Reviews, 65: 979-989.

Chen B, Arakawa Y, 2005. Elemental and Nd-Sr isotopic geochemistry of granitoids from the West Junggar fold belt (NW China), with implications for Phanerozoic continental growth. Geochimica et Cosmochimica Acta, 69: 107-1320.

Chen B, Jahn B M, 2004. Genesis of post-collisional granitoids and basement nature of the Junggar Terrane, NW China: Nd-Sr isotope and trace element evidence. Journal of Asian Earth Sciences, 23: 691-703.

Chen F R, Ewing R C, Clark S B, 1999. The Gibbs free energies and enthalpies of formation of U^{6+} phases: an empirical method of prediction. American Mineralogist, 84 (4): 650-664.

Chen J F, Han B F, Ji J Q, et al., 2010. Zircon U-Pb ages and tectonic implications of Paleozoic plutons in northern West Junggar, North Xinjiang, China. Lithos, 115: 137-152.

Cheng L N, Zhang C, Liu X C, et al., 2021. Significant boron isotopic fractionation in the magmatic evolution of Himalayan leucogranite recorded in multiple generations of tourmaline. Chemical Geology, 571: 120194.

Chi G, Ashton K, Deng T, et al., 2020. Comparison of granite-related uranium deposits in the Beaverlodge district (Canada) and South China—A common control of mineralization by coupled shallow and deep-seated geologic processes in an extensional setting. Ore Geology Reviews, 117: 103319.

Christiansen E H, Venchiarutti D A, 1990. Magmatic inclusions in rhyolites of the Spor Mountain Formation, western Utah: limitations on compositional inferences from inclusions in granitic rocks. Journal of Geophysical Research: Solid Earth, 95: 17717-17728.

Christiansen E H, Burt D M, Sheridan M F, et al., 1983. The petrogenesis of topaz rhyolites from the western United States. Contributions to Mineralogy and Petrology, 83 (1/2): 16-30.

Christiansen E H, Bikun J V, Sheridan M F, et al., 1984. Geochemical evolution of topaz rhyolites from the Thomas Range and Spor Mountain, Utah. American Mineralogist, 69: 223-236.

Christiansen E H, Burt D M, Sheridan M F, 1986. The geology and geochemistry of Cenozoic topaz rhyolites from the western United States. Geological Society of America: 1-82.

Christiansen E H, Stuckless J S, Funkhouser M, et al., 1988. Petrogenesis of rare-metal granites from depleted crustal sources: an example from the Cenozoic of western Utah, USA. Recent advances in the geology of granite-related mineral deposits. Canadian Institute Mining and Metallogenies Special Paper, 39: 307-321.

Christiansen E H, Keith J D, Thompson T J, 1997. Origin of gem red beryl in the Wah Mountains, Utah. Mining Engineering, 49: 37-41.

Christiansen E H, Haapala I, Hart G L, 2007. Are Cenozoic topaz rhyolites the erupted equivalents of Proterozoic rapakivi granites? Examples from the Western United States and Finland. Lithos, 97: 219-246.

Christiansen R, Lipman P W, 1972. Cenozoic volcanism and plate-tectonic evolution of the western United States. II. Late Cenozoic. Philosophical Transactions for the Royal Society of London. Series A, Mathematical and Physical Sciences: 249-284.

Clarke D B, Reardon N C, Chatterjee A K, et al., 1989. Tourmaline composition as a guide to mineral exploration: a reconnaissance study from Nova Scotia using discriminant function analysis. Economic Geology, 54: 1921-1935.

Cleland J M, Morey G B, McSwiggen P L, 1996. Significance of tourmaline-rich rocks in the north range group of the Cuyuna iron range, East-Central Minnnnesota. Economic Geology, 91: 1282-1291.

Clemens J, Holloway J R, White A, 1986. Origin of an A-type granite: experimental constraints. American Mineralogist, 71: 317-324.

Codeço M S, Weis P, Trumbull R B, et al., 2017. Chemical and boron isotopic composition of hydrothermal tourmaline from the Panasqueira W-Sn-Cu deposit, Portugal. Chemical Geology, 468: 1-16.

Cohenour R E, 1963a. The beryllium belt of western Utah//Sharp B J, Williams N C. Beryllium and Uranium Mineralization in Western Juab County, Utah. Utah Geological Society Guidebook to the Geology of Utah, 17: 4-7.

Cohenour R E, 1963b. Beryllium and associated mineralization in the Sheeprock Mountains//Sharp B J, Williams N C. Beryllium and uranium mineralization in western Juab County, Utah. Utah Society Guidebook to the Geology of Utah, 17: 8-13.

Collins P L, 1979. Gas hydrates in CO_2-bearing fluid inclusions and the use of freezing data for estimation of salinity. Economic geology, 74: 1435-1444.

Collins W J, Beams S D, White A J R, et al., 1982. Nature and origin of A type granites with particular reference to southeastern Australia. Contributions to Mineralogy and Petrology, 80 (2): 189-200.

Creaser R A, Price R C, Wormald R J, 1991. A-type granites revised-assessment of a residual source model-reply. Geology, 19: 1151-1152.

Cuney M, 2009. The extreme diversity of uranium deposits. Mineralium Deposita, 44: 3-9.

Cuney M, 2010. Evolution of uranium fractionation processes through time: driving the secular variation of uranium deposit type. Economic Geology, 105: 553-569.

Cuney M, 2014. Felsic magmatism and uranium deposits. Bulletin de la Société Géologique de France, 185: 75-92.

Cuney M, 2016. Release of uranium from highly radiogenic zircon through metamictization: the source of orogenic uranium ores. Geology, 44: E403.

Cuney M, Friedrich M, 1987. Physicochemical and crystal-chemical controls on accessory mineral paragenesis in granitoids: implications for uranium metallogenesis. Bulletinde Mineralogie, 110: 235-247.

Cuney M, Kyser K, 2008. Recent and not-so-recent developments in uranium deposits and implications for exploration. Mineralogical Association of Canada, Short Course Series Volume, 39: 1-257.

Cuney M, Kyser K, 2015. Geology and geochemistry of uranium and thorium deposits. Mineralogical Association of Canada.

Cuney M, Mathieu R, 2000. Extreme light rare earth element mobilization by diagenetic fluids in the geological environment of the Oklo natural reactor zones, Franceville basin, Gabon. Geology, 28: 743-746.

Cunningham C G, Rasmussen J D, Steven T A, et al., 1998. Hydrothermal uranium deposits containing molybdenum and fluorite in the Marysvale volcanic field, west-central Utah. Mineralium Deposita, 33 (5): 477-494.

Černý P, Meintzer R, Anderson A J, 1985. Extreme fractionation in rare-element granitic pegmatites: selected examples of data and mechanisms. The Canadian Mineralogist, 23: 381-421.

Černý P, Goad B E, Hawthorne F C, et al., 1986. Fractionation trends of the Nb-and Ta-bearing oxide minerals in the Greer Lake pegmatitic granite and its pegmatite aureole, southeastern Manitoba. American Mineralogist, 71: 501-517.

Čopjaková R, Škoda R, Galiová M V, et al., 2013. Distributions of Y+ REE and Sc in tourmaline and their implications for the melt evolution: examples from NYF pegmatites of the Třebíč Pluton, Moldanubian Zone, Czech Republic. Journal of Geosciences, 58 (2): 113-131.

Čopjaková R, Škoda R, Galiová M V, et al., 2015. Sc- and REE-rich tourmaline replaced by Sc-rich REE-bearing epidote-group mineral from the mixed (NYF+LCT) Kracovice pegmatite (Moldanubian Zone, Czech Republic). American Mineralogist, 100 (7): 1434-1451.

Dahlkamp F J, 1978. Classification of uranium deposits. Mineralium Deposita, 13: 83-104.

Dahlkamp F J, 1993. Uranium Deposits of the World. Berlin: Springer.

Dahlkamp F J, 2009. Mongolia//Dahlkamp F J. Uranium Deposits of the World. Berlin: Springer: 287-296.

Dahlkamp F J, 2010a. Uranium Deposits of the World, volume 1, Asia. Berlin: Springer.

Dahlkamp F J, 2010b. Uranium Deposits of the World, volume 2, USA and Latin America. Berlin: Springer.

Dahlquist J A, Alasino P H, Eby G N, et al., 2010. Fault controlled Carboniferous A-type magmatism in the proto-Andean foreland (Sierras Pampeanas, Argentina): geochemical constraints and petrogenesis. Lithos, 115: 65-81.

Dailey S R, Christiansen E H, Dorais M J, et al., 2018. Origin of the fluorine- and beryllium-rich rhyolites of the Spor Mountain Formation, Western Utah. American Mineralogist, 103: 1228-1252.

Darling R S, 1991. An extended equation to calculate NaCl contents from final clathrate melting temperatures in H_2O-CO_2-NaCl fluid inclusions-implications for P-T isochore location. Geochimica et Cosmochimica Acta, 55: 3869-3871.

Davis D W, Krogh T E, 2001. Preferential dissolution of U-234 and radiogenic Pb from alpha-recoil-damaged lattice sites in zircon: implications for thermal histories and Pb isotopic fractionation in the near surface environment. Chemical Geology, 172: 41-58.

Deer W A, Howie R A, Zussman J, 1992. An Introduction to the Rock-Forming Minerals. 2 Edition. Harlow: Longman Group.

Depiné M, Frimmel H E, Emsbo P, et al., 2013. Trace element distribution in uraninite from Mesoarchaean Witwatersrand conglomerates (South Africa) supports placer model and magmatogenic source. Mineralium

Deposita, 48 (4): 423-435.

Diamond L W, 1992. Stability of CO_2 clathrate hydrate + CO_2 +liquid CO_2 vapor+aqueous KCl-NaCl solution-experimental-determination and application to salinity estimates of fluid inclusions. Geochimica et Cosmochimica Acta, 56: 273-280.

Diamond L W, 1994. Salinity of multivoatile fluid inclusions determined from clathrate hydrate stability. Geochimica et Cosmochimica Acta, 58: 19-41.

Didenko A, Morozov O, 1999. Geology and paleomagnetism of middle-upper Paleozoic rocks of the Saur Ridge. Geotectonics, 33: 326.

Dietrich A, Lehmann B, Wallianos A, 2000. Bulk rock and melt inclusion geochemistry of Bolivian tin porphyry systems. Economic Geology, 95: 313-326.

Dingwell D B, Pichavant M, Holtz F, 1996. Experimental studies of boron in granitic melts//Grew E S, Anovitz L M. Boron: Mineralogy, Petrology and Geochemistry. Reviews in Mineralogy: 331-385.

Dostal J, Kontak D J, Gerel O, et al., 2015. Cretaceous ongonites (topaz-bearing albite-rich microleucogranites) from Ongon Khairkhan, Central Mongolia: products of extreme magmatic fractionation and pervasive metasomatic fluid: rock interaction. Lithos, 236-237: 173-189.

Dow D B, Gemuts I, 1969. Geology of the Kimberley region, Western Australia, the East Kimberley. West Australian Mine Report Bulletin, 106: 135.

Du Bray E A, 1994. Compositions of micas in peraluminous granitoids of the eastern Arabian Shield—Implications for petrogenesis and tectonic setting of highly evolved, rare-metal enriched granites. Contributions to Mineralogy and Petrology, 116: 381-397.

Eby G N, 1992. Chemical subdivision of the A-type granitoids: petrogenetic and tectonic implications. Geology, 20: 641-644.

Eglinger A, André-Mayer A S, Vanderhaeghe O, et al., 2013. Geochemical signatures of uranium oxides in the Lufilian belt: from unconformity-related to syn-metamorphic uranium deposits during the Pan-African orogenic cycle. Ore Geology Reviews, 54: 197-213.

Ertl A, Hughes J M, Prowatke S, et al., 2006. Tetrahedrally coordinated boron in tourmalines from the liddicoatite-elbaite series from Madagascar: structure, chemistry, and infrared spectroscopic studies. American Mineralogist, 91: 1847-1856.

Evensen J M, London D, 2002. Experimental silicate mineral/melt partition coefficients for beryllium and the crustal Be cycle from migmatite to pegmatite. Geochimica et Cosmochimica Acta, 66: 2239-2265.

Exley R, 1980. Microprobe studies of REE-rich accessory minerals: implications for Skye granite petrogenesis and REE mobility in hydrothermal systems. Earth and Planetary Science Letters, 48: 97-110.

Fall A, Tattitch B, Bodnar R J, 2011. Combined microthermometric and Raman spectroscopic technique to determine the salinity of H_2O-CO_2-NaCl fluid inclusions based on clathrate melting. Geochimica et Cosmochimica Acta, 75: 951-964.

Fayek M, Shabaga B, 2011. The Baiyanghe beryllium deposit, NW China. Internal Project Report to GP, 216: 1-26.

Fayek M, Janeczek J, Ewing R C, 1997. Mineral chemistry and oxygen isotopic analyses of uraninite, pitchblende and uranium alteration minerals from the Cigar Lake deposit, Saskatchewan, Canada. Applied Geochemistry, 12: 549-565.

Fayek M, Harrison T M, Grove M et al., 2000. A rapid in situ method for determining the age of uranium oxide minerals. International Geology Reviews, 42: 163-171.

Fayek M, Horita J, Ripley E M, 2011. The oxygen isotopic composition of uranium minerals: A review. Ore

Geology Reviews, 41: 1-21.

Finch R J, Ewing R C, 1992. The corrosion of uraninite under oxidizing conditions. Journal of Nuclear Materials, 190 (2): 133-156.

Finger F, Waitzinger M, Foerster H J, et al., 2017. Identification of discrete low-temperature thermal events in polymetamorphic basement rocks using high spatial resolution FE-SEM-EDX U-Th-Pb dating of uraninite micro-crystals. Geology, 45: 991-994.

Fisher R V, Schmincke H U, 1984. Pyroclastic Flow Deposits, Pyroclastic Rocks. Berlin: Springer.

Foley N K, Ayuso R A, 2018. Shrimp U-Pb zircon and opal geochronology, isotope geochemistry, and genesis of the super large Be deposit at Spor Mountain, Utah, USA. Magmatism of the Earth and Related Strategic Metal Deposits: 90-94.

Foley N K, Hofstra A H, Lindsey D A, et al., 2012. Occurrence model for volcanogenic beryllium deposits: chapter F of mineral deposit models for resource assessment. USGS Scientific Investigation Report 2010-5070-F, 43p.

Foley N K, Jaskula B W, Piatak N M, et al., 2017. Beryllium. Chapter E of Critical Mineral Resources of the United States—Economic and Environmental Geology and Prospects for Future Supply. US Geological Survey Professional Paper 1802-E.

Foord E E, Černý P, Jackson L L, et al., 1995. Mineralogical and geochemical evolution of micas from miarolitic pegmatites of the anorogenic Pikes peak batholith, Colorado. Mineralogy and Petrology, 55 (1/2/3): 1-26.

Foxford K A, Nicholson R, Polya D A, 1991. Textural evolution of W-Cu-Sn-bearing hydrothermal veins at Minas da Panasqueira, Portugal. Mineralogical Magazine, 55: 435-445.

Friedrich M H, Cuney M, 1989. Uranium enrichment processes in peraluminous magmatism//Uranium Deposits in Magmatic and Metamorphic Rocks. International Atomic Energy Agency, IAEA-TC-571/2.

Frimmel H E, Schedel S, Brätz H, 2014. Uraninite chemistry as forensic tool for provenance analysis. Applied Geochemistry, 48: 104-121.

Frondel A C, 1956. Mineral composition of gummite. American Mineralogist, 41: 539-569.

Förster H J, 1999. The chemical composition of uraninite in Variscan granites of the Erzgebirge, Germany. Mineralogical Magazine, 62: 239-252.

Förster H J, Tischendorf G, Rhede D, et al., 2005. Cs-rich lithium micas and Mn-rich lithian siderophyllite in miarolitic NYF pegmatites of the Koenigshain granite, Lausitz, Germany. Neues Jahrbuch für Mineralogie, Abhand Lungen, 182: 81-93.

Galeschuk C, Vanstone P, 2007. Exploration techniques for rare-element pegmatite in the Bird River Greenstone Belt, southeastern Manitoba//Milkereit B. Proceedings of Exploration 07. Fifth Decennial International Conference on Mineral Exploration, Paper 55: 823-839.

Geisler T, Ulonska M, Schleicher H, et al., 2001. Leaching and differential recrystallization of metamict zircon under experimental hydrothermal conditions. Contributions to Mineralogy and Petrology, 141 (1): 53-65.

Geisler T, Pidgeon R T, van Bronswijk W, et al., 2002. Transport of uranium, thorium, and lead in metamict zircon under low temperature hydrothermal conditions. Chemical Geology, 191: 141-154.

Geisler T, Pidgeon R T, Kurtz R, et al., 2003a. Experimental hydrothermal alteration of partially metamict zircon. American Mineralogist, 88: 1496-1513.

Geisler T, Rashwan A A, Rahn M K W, et al., 2003b. Low-temperature hydrothermal alteration of natural metamict zircons from the Eastern Desert, Egypt. Mineralogical Magazine, 67: 485-508.

Geisler T, Schaltegger U, Tomaschek F, 2007. Re-equilibration of zircon in aqueous fluids and melts. Elements, 3: 43-50.

Gelman S E, Deering C D, Bachmann O, et al., 2014. Identifying the crystal graveyards remaining after large silicic eruptions. Earth and Planetary Science Letters, 403: 299-306.

Gemuts I, 1971. Metamorphism and igneous rocks of the Lamboo Complex, east Kimberley region, Western Australia. Bureau of Mineral Resources, 107: 1-71.

Geng H Y, Sun M, Yuan C, et al., 2009. Geochemical, Sr-Nd and zircon U-Pb-Hf isotopic studies of Late Carboniferous magmatism in the West Junggar, Xinjiang: implications for ridge subduction? Chemical Geology, 266: 364-389.

George-Aniel B, Leroy J L, Poty B, 1991. Volcanogenic uranium mineralizations in the Sierra Pena Blanca District, Chihuahua, Mexico: three genetic models. Economic Geology, 86: 233-248.

Goolaerts A, Mattielli N, De Jong J, et al., 2004. Hf and Lu isotopic reference values for the zircon standard 91500 by MC-ICP-MS. Chemical Geology, 206: 1-9.

Griffin W L, Slack J F, Ramsden A R, et al., 1996. Trace elements in tourmalines from massive sulfide deposits and tourmalinites: geochemical controls and exploration applications. Economic Geology, 91: 657-675.

Griffin W L, Pearson N J, Belousova E, et al., 2000. The Hf isotope composition of cratonic mantle: LA-MC-ICP-MS analysis of zircon megacrystals in kimberlites. Geochimica et Cosmochimica Acta, 6 (1): 308-311.

Griffitts W R, 1964. Beryllium, in mineral and water resources of Utah. Utah Geological Mineralogy Survey Bulletin, 73: 71-75.

Griffitts W R, 1965. Recently discovered beryllium deposits near Gold Hill, Utah. Economic Geology, 60: 1298-1305.

Griffitts W R, Cooley E F, 1978. A beryllium-fluorite survey at Aguachile Mountain, Coahuila, Mexico. Journal of Geochemical Exploration, 9: 137-147.

Gurenko A A, Veksle I V, Meixner A, et al., 2005. Matrix effect and partitioning of boron isotopes between immiscible Si-rich and B-rich liquids in the Si-Al-B-Ca-Na-O system: a SIMS study of glasses quenched from centrifuge experiments. Chemical Geology, 222: 268-280.

Halama R, McDonough W F, Rudnick R L, et al., 2008. Tracking the lithium isotopic evolution of the mantle using carbonatites. Earth and Planetary Science Letters, 265: 726-742.

Hanchar J, 1999. Spectroscopic techniques applied to uranium in minerals//Burns P C, Finch R. Uranium Mineralogy, Geochemistry and the Environment. Mineralogical Society of America, Reviews in Mineralogy, 38: 499-517.

Harris N, Marriner G, 1980. Geochemistry and petrogenesis of a peralkaline granite complex from the Midian Mountains, Saudi Arabia. Lithos, 13: 325-337.

Hawthorne F C, Dirlam D M, 2011. Tourmaline the indicator mineral: from atomic arrangement to viking navigation. Elements, 7 (5): 307-312.

Hawthorne F C, Henry D J, 1999. Classification of the minerals of the tourmaline group. European Journal of Mineralogy, 11: 201-216.

Hecht L, Cuney M, 2000. Hydrothermal alteration of monazite in the Precambrian crystalline basement of the Athabasca Basin (Saskatchewan, Canada): implications for the formation of unconformity-related uranium deposits. Mineralium Deposita, 35 (8): 791-795.

Hedenquist J W, Lowenstern J B, 1994. The role of magmas in the formation of hydrothermal ore deposit. Nature, 370: 519-527.

Henry D J, Dutrow B L, 1996. Metamorphic tourmaline and its petrologic applications. Boron, 33: 503-557.

Henry D J, Guidotti C V, 1985. Tourmaline as a petrogenetic indicator mineral: an example from the staurolite-grade metapelites of NW Maine. American Mineralogist, 70: 1-15.

Henry D J, Novák M, Hawthorne F C, et al., 2011. Nomenclature of the tourmaline- supergroup minerals. American Mineralogist, 96: 895-913.

Hervig R L, Moore G M, Williams L B, et al., 2002. Isotopic and elemental partitioning of boron between hydrous fluid and silicate melt. American Mineralogist, 87: 769-774.

Hey M H, 1954. A new review of the chlorites. Mineralogical Magazine and Journal of the Mineralogical Society, 30: 277-292.

Hildreth W, 1979. The Bishop Tuff: evidence for the origin of compositional zonation in silicic magma chambers. Geological Society of America Special Paper, 180: 43-75.

Hillier S, Velde B, 1991. Octahedral occupancy and the chemical composition of diagenetic (low-temperature) chlorite. Clay Minerals, 26: 149-168.

Holycross M E, Watson E B, Richter F M, et al., 2018. Diffusive fractionation of Li isotopes in wet, highly silicic melts. Geochemical Perspectives Letters, 6: 39-42.

Hou K J, Li Y H, Xiao Y K, et al., 2010. In situ boron isotope measurements of natural geological materials by LA-MC-ICP-MS. Chinese Science Bulletin, 55 (29): 3305-3311.

Hu R Z, Bi X W, Zhou M F, et al., 2008. Uranium metallogenesis in South China and its relationship to crustal extension during the Cretaceous to Tertiary. Economic Geology, 103: 583-598.

Hu R Z, Burnard P G, Bi X W, et al., 2009. Mantle-derived gaseous components in ore-forming fluids of the Xiangshan uranium deposit, Jiangxi province, China: evidence from He, Ar and C isotopes. Chemical Geology, 266: 86-95.

Huang R, Audetat A, 2012. The titanium-in-quartz (TitaniQ) thermobarometer: a critical examination and recalibration. Geochimica et Cosmochimica Acta, 84: 75-89.

Huston D L, Mernagh T P, Hagemann S G, et al., 2016. Tectono-metallogenic systems—The place of mineral systems within tectonic evolution, with an emphasis on Australian examples. Ore Geology Reviews, 76: 168-210.

Inoue A, Meunier A, Patrier-Mas P, et al., 2009. Application of chemical geothermometry to low-temperature trioctahedral chlorites. Clays and Clay Minerals, 57 (3): 371-382.

Jackson N J, Drysdall A R, Stoeser D B, 1985. Alkali granite-related Nb-Zr-REE-U-Th mineralization in the Arabian shield. London: Institute of Mining and Metallurgy: 479-487.

Janeczek J, Ewing R C, 1992a. Dissolution and alteration of uraninite under reducing conditions. Journal of Nuclear Materials, 190: 157-173.

Janeczek J, Ewing R C, 1992b. Structural formula of uraninite. Journal of Nuclear Materials, 190: 128-132.

Jaskula B W, 2013. Beryllium. U. S. Geological Survey Mineral Commodity Summaries: 28-29.

Jiang S Y, Palmer M R, 1998. Boron isotope systematics of tourmaline from granites and pegmatites: a synthesis. European Journal of Mineralogy, 10: 1253-1265.

Jiang S Y, Radvanec M, Nakamura E, et al., 2008. Chemical and boron isotopic variations of tourmaline in the Hnilec granite-related hydrothermal system, Slovakia: constraints on magmatic and metamorphic fluid evolution. Lithos, 106: 1-11.

Jolliff B L, Papike J J, Shearer C K, 1987. Fractionation trends in mica and tourmaline as indicators of pegmatite internal eolution: Bob Ingersoll pegmatite, Black Hills, South Dakota. Geochimica et Cosmochimica Acta, 51 (3): 519-534.

Kaliwoda M, Marschall H R, Marks M A W, et al., 2011. Boron and boron isotope systematics in the peralkaline Ilimaussaq intrusion (South Greenland) and its granitic country rocks: a record of magmatic and hydrothermal processes. Lithos, 125: 51-64.

Keith J D, Christiansen E H, Tingey D G, 1994. Geological and chemical conditions of formation of red beryl, Wah Wah Mountains, Utah. Utah Geological Association Publication, 23: 155-169.

Kempe U, 2003. Precise electron microprobe age determination in altered uraninite: consequences on the intrusion age and the metallogenic significance of the Kirchberg granite (Erzgebirge, Germany) . Contributions to Mineralogy and Petrology, 145 (1): 107-118.

Keppler H, Wyllie P J, 1990. Role of fluids in transport and fractionation of uranium and thorium in magmatic processes. Nature, 348: 531-533.

Keppler H, Wyllie P J, 1991. Partitioning of Cu, Sn, Mo, W, U, and Th between melt and aqueous fluid in the systems haplogranite- H_2O- HCl and haplogranite- H_2O- HF. Contributions to Mineralogy and Petrology, 109 (2): 139-150.

Koval P V, Zorina L D, Kitajev N A, et al., 1991. The use of tourmaline in geochemical prospecting for gold and copper mineralization. Journal of Geochemical Exploration, 40: 349-360.

Kovalenko V I, Yarmolyuk V V, 1995. Endogenous rare metal ore formations and rare metal metallogeny of Mongolia. Economic Geology, 90: 520-529.

Kovalenko V I, Antipin V S, Petrov L L, 1977. Distribution coefficients of Be in ongonites and some notes on its behavior in the rare metal lithium-fluorine granites. Geochemistry Intionational, 14: 129-141.

Kremenetsky A A, Beskin S M, Lehmann B, et al., 2000. Economic geology of granite- related ore deposits of Russia and other FSU countries: an overview//Kremenetsky A A, Lehmann B, Seltmann R. Ore- bearing Granites of Russia and Adjacent Countries: IGCP Project 373, IMGRE, Moscow: 3-60.

Laird J, 1988. Chlorites: metamorphic petrology//Bailey S W. Hydrous Phyllosilicates (Exclusive of Micas). Reviews in Mineralogy, 19: 405-453.

Langmuir D, 1978. Uranium solution- mineral equilibria at low temperatures with applications to sedimentary ore deposits. Geochimical et Cosmochimical Acta, 42: 547-569.

Lederer G W, Foley N K, Jaskula B W, et al., 2016. Beryllium—A critical mineral commodity—Resources, production, and supply chain. U. S. Geological Survey Fact Sheet 2016-3081.

Lee C T A, Morton D M, 2015. High silica granites: terminal porosity and crystal settling in shallow magma chambers. Earth and Planetary Science Letters, 409: 23-31.

Lee C T A, Leeman W P, Canil D, et al., 2005. Similar V/Sc systematics in MORB and arc basalts: implications for the oxygen fugacities of their mantle source regions. Journal of Petrology, 46 (11): 2313-2336.

Lee G J, Koh S M, 2012. Mineralogy and mineral- chemistry of REE minerals occurring at Mountain Eorae, Chungju. Economic and Environmental Geology, 45: 643-659.

Lee J K W, Tromp J, 1995. Self- induced fracture generation in zircon. Journal of Geophysical Research- Solid Earth, 100: 17753-17770.

Lentz D, 1996. U, Mo, and REE mineralization in late- tectonic granitic pegmatites, southwestern Grenville Province, Canada. Ore Geology Reviews, 11: 197-227.

Leroy J, 1978. The Margnac and Fanay uranium deposits of the La Crouzille District (western Massif Central, France): geologic and fluid inclusion studies. Economic Geology, 73: 1611-1634.

Leroy J L, George-Aniel B, 1992. Volcanism and uranium mineralizations: the concept of source rock and concentration mechanism. Journal of Volcanology and Geothermal Research, 50 (3): 247-272.

Li X F, Mao W, Wang G, et al., 2013. The geology and the ages of Baiyanghe Be- U deposit in Xinjiang province, northwest China. 12th SGA Biennial Meeting 2013 Abstract: 1605-1607.

Li X F, Wang G, Mao W, 2015. Fluid inclusions, muscovite Ar- Ar age, and fluorite trace elements at the

Baiyanghe volcanic Be-U-Mo deposit, Xinjiang, northwest China: implications for its genesis. Ore Geology Reviews, 64: 387-399.

Li Z X, Lee C T A, 2004. The constancy of upper mantle fO_2 through time inferred from V/Sc ratios in basalts. Earth Planetary and Science Letters, 228: 483-493.

Lin D S, 1985. A preliminary study on genesis of an altered volcanic type beryl deposit in South China. Mineral Deposit, 4: 19-30

Lindsey D A, 1977. Epithermal beryllium deposits in water-laid tuff, western Utah. Economic Geology, 72: 219-232.

Lindsey D A, 1979a. Preliminary report on Tertiary volcanism and uranium mineralization in the Thomas Range and northern Drum Mountains, Juab County, Utah. U. S. Geological Survey Open-File Report 79-1076.

Lindsey D A, 1979b. Geologic map and cross-sections of Tertiary rocks in the Thomas Range and northern Drum Mountains, Juab County, Utah. U. S. Geological Survey Miscellaneous Investigations Map I-1176.

Lindsey D A, 1982. Tertiary volcanic rocks and uranium in the Thomas Range and northern Drum Mountains, Juab County, Utah. U. S. Geological Survey Professional Paper 1221.

Lindsey D A, 1998. Slides of the fluorspar, beryllium, and uranium deposits at Spor Mountain, Utah. U. S. Geological Survey Open-File Report 98-524.

Lindsey D A, 2001. Beryllium deposits at Spor Mountain, Utah//Bon R L, Riordan R F, Tripp B T, et al. Proceedings of the 35th forum on the geology of industrial minerals. Utah Geological Survey Report Miscellaneous Publication 01-2.

Lindsey D A, Bradley L A, Gardner J, et al., 1973a. Mineralogical and chemical data for alteration studies, Spor Mountain beryllium deposits, Juab County, Utah. U. S. Geological Survey Report 31.

Lindsey D A, Ganow H, Mountsoy W, 1973b. Hydrothermal alteration associated with beryllium deposits at Spor Mountain, Utah. U. S. Geological Survey Professional Paper 818.

Lindsey D A, Naeser C W, Shawe D R, 1975. Age of volcanism, intrusion, and mineralization in the Thomas Range, Keg Mountain, and Desert Mountain, western Utah. U. S. Geology Survey Resport, 3: 597-604.

London D, 1997. Estimating abundances of volatile and other mobile components in evolved silicic melts through mineral-melt equilibria. Journal of Petrology, 38 (12): 1691-1706.

Lu X, Rolf L R, Johannes G, et al., 2020. Li and B isotopic fractionation at the magmatic-hydrothermal transition of highly evolved granites. Lithos, 376-377: 105753.

Ludwig K R, 2003. Isoplot/Ex version 2.49: A geochronological toolkit for Microsoft Excel. Berkeley Geochronology Center Special Publication, 1: 1-56.

Ludwig K R, 2008. Isoplot/Ex version 4.5: A geochronological toolkit for Microsoft Excel. Berkeley Geochronology Center Special Publication, 4: 247-270.

Ludwig K R, Lindsey D A, Zielinski R A, et al., 1980. U-Pb ages of uriniferous opals and implications for the history of beryllium, fluorite, and uranium mineralization at Spor Mountain, Utah. Earth and Planetary Science Letters, 46: 221-232.

Lumpkin G R, Chakoumakos B C, 1988. Chemistry and radiation effects of thorite-group minerals from the Harding pegmatite, Taos County, New Mexico. American Mineralogist, 73: 1405-1419.

Luo J C, Hu R Z, Fayek M, et al., 2015. In-situ SIMS uraninite U-Pb dating and genesis of the Xianshi granite-hosted uranium deposit, South China. Ore Geology Reviews, 65: 968-978.

Lussier A J, Hawthorne F C, 2011. Oscillatory zoned liddicoatite from Anjanabonoina, central Madagascar. II. Compositional variation and mechanisms of substitution. The Canadian Mineralogist, 49: 89-104.

Lykhin D A, Kovalenko V I, Yarmolyuk V V, et al., 2004. Age, composition, and sources of ore-bearing magmatism of the Orot beryllium deposit in Western Transbaikalia, Russia. geology of Ore Deposits, 46: 108-124.

Lykhin D A, Kovalenko V I, Yarmolyuk V V, et al., 2010. The Yermakovsky beryllium deposit, Western Transbaikal region, Russia: geochronology of igneous rocks. Geology of Ore Deposits, 52 (2): 114-137.

Mahood G, Hildreth W, 1983. Large partition coefficients for trace elements in high-silica rhyolites. Geochimica et Cosmochimica Acta, 47 (1): 11-30.

Mao W, Li X F, Wang G, et al., 2014. Petrogenesis of the Yangzhuang Nb-and Ta-rich A-type granite porphyry in West Junggar, Xinjiang, China. Lithos, 198-199: 172-183.

Marignac C, 1982. Geologic, fluid inclusions, and stable isotope studies of the tintungsten deposits of Panasqueira, Portugal—A discussion. Economic Geology, 77: 1263-1266.

Marschall H R, Jiang S Y, 2011. Tourmaline isotopes: no element left behind. Elements, 7: 313-319.

Marschall H R, Meyer C, Wunder B, et al., 2009. Experimental boron isotope fractionation between tourmaline and fluid: confirmation from in situ analyses by secondary ion mass spectrometry and from Rayleigh fractionation modelling. Contributions to Mineralogy and Petrology, 158 (5): 675-681.

Mathieu R, Zetterström L, Cuney M, et al., 2001. Alteration of monazite and zircon and lead migration as geochemical tracers of fluid paleocirculations around the Oklo-Okélobondo and Bangombé natural nuclear reaction zones (Franceville basin, Gabon). Chemical Geology, 171: 147-171.

McAnulty W N, Levinson A A, 1964. Rare alkali and beryllium mineralization in volcanic tuffs, Honeycomb Hills, Juab County, Utah. Economic Geology, 59: 768-774.

McCandless T E, Ruiz J, Campbell A R, 1993. Rhenium behavior in molybdenite in hypogene and near-surface environments-implications for Re-Os geochronometry. Geochimica et Cosmochimica Acta, 57: 889-905.

McGloin M V, Tomkins A G, Webb G P, et al., 2016. Release of uranium from highly radiogenic zircon through metamictization: the source of orogenic uranium ores. Geology, 44: 15-18.

McLemore V T, 2010a. Beryllium deposits in New Mexico and adjacent areas, including evaluation of the NURE stream sediment data. New Mexico Bureau of Geology and Mineral Resources Open-File Report OF-533.

McLemore V T, 2010b. Geology, mineral resources, and geoarchaeology of the Montoya Butte quadrangle, including the Ojo Caliente No. 2 mining district, Socorro County. New Mexico Bureau of Geology and Mineral Resources Open-File Report OF-535.

Medaris L G, Fournelle J H, Henry D J, 2003. Tourmaline-bearing quartz veins in the Baraboo Quartzite, Wisconsin: occurrence and significance of foitite and "oxy-foitite". The Canadian Mineralogist, 41: 749-758.

Meeves H C, 1966. Non-pegmatitic beryllium occurrences in Arizona, Colorado, New Mexico, Utah and four adjacent states. US Bureau of Mines, 6828: 73.

Meldrum A, Boatner L A, Weber W J, et al., 1998. Radiation damage in zircon and monazite. Geochimica et Cosmochimica Acta, 62: 2509-2520.

Mercadier J, Cuney M, Lach P, et al., 2011. Origin of uranium deposits revealed by their rare earth element signature. Terra Nova, 23: 264-269.

Mercadier J, Richard A, Cathelineau M, 2012. Boron-and magnesium-rich marine brines at the origin of giant unconformity-related uranium deposits: δ^{11}B evidence from Mg-tourmalines. Geology, 40: 231-234.

Meyer C, Wunder B, Meixner A, et al., 2008. Boron-isotope fractionation between tourmaline and fluid: an experimental re-investigation. Contributions to Mineralogy and Petrology, 156 (2): 259-267.

Miao X Q, Zhang X, Zhang H, et al., 2019. Geochronological and geochemical studies of the OIB-type Baiyanghe dolerites: implications for the existence of a mantle plume in northern West Junggar (NW China). Geological Magazine, 156: 702-724.

Migdisov A A, Williams-Jones A E, van Hinsberg V, et al., 2011. An experimental study of the solubility of baddeleyite (ZrO_2) in fluoride-bearing solutions at elevated temperature. Geochimica et Cosmochimica Acta 75: 7426-7434.

Mlynarczyk M S J, Williams-Jones A E, 2006. Zoned tourmaline associated with cassiterite: implications for fluid evolution and tin mineralization in the San Rafael Sn-Cu deposit, southeastern Peru. The Canadian Mineralogist, 44: 347-365.

Monier G, Robert J L, 1986. Evolution of the miscibility gap between muscovite and biotite solid solutions with increasing lithium content: an experimental study in the system $K_2O\text{-}Li_2O\text{-}MgO\text{-}FeO\text{-}Al_2O_3\text{-}SiO_2\text{-}H_2O\text{-}HF$ at 600℃, 2kbar PH_2O: comparison with natural lithium micas. Mineralogical Magazine, 50: 641-651.

Montel J M, Giot R, 2013. Fracturing around radioactive minerals: elastic model and applications. Physics and Chemistry of Minerals, 40 (8): 635-645.

Montoya J W, Baur G S, Wilson S R, 1964. Mineralogical investigation of beryllium-bearing tuff, Honeycomb Hills, Juab County, Utah. Bureau of Mines Report, 6408: 11.

Munoz J L, 1984. F-OH and Cl-OH exchange in micas with applications to hydrothermal ore deposits. Reviews in Mineralogy and Geochemistry, 13: 469-493.

Munoz J L, 1992. F and Cl contents of hydrothermal biotites: a reevaluation. GSA Abstract Program, 22: A135.

Muntean J L, Cline J S, Simon A C, et al., 2011. Magmatic-hydrothermal origin of Nevada's Carlin-type gold deposits. Nature Geoscience, 4: 122-127.

Murakami T, Chakoumakos B C, Ewing R C, et al., 1991. Alpha-decay event damage in zircon. American Mineralogist, 76: 1510-1532.

Müller A, Herklotz G, Giegling H, 2018. Chemistry of quartz related to the Zinnwald/Cínovec Sn-W-Li greisen-type deposit, Eastern Erzgebirge, Germany. Journal of Geochemical Exploration, 190: 357-373.

Nagasawa H, 1970. Rare earth concentrations in zircons and apatites and their host dacites and granites. Earth and Planetary Science Letters, 9: 359-364.

Nasdala L, Hanchar J M, Kronz A, et al., 2005. Long-term stability of alpha particle damage in natural zircon. Chemical Geology, 220: 83-103.

Nasdala L, Hanchar J M, Rhede D, et al., 2010. Retention of uranium in complexly altered zircon: an example from Bancroft, Ontario. Chemical Geology, 269: 290-300.

Nash J T, 2010. Volcanogenic uranium deposits: geology, geochemical processes, and criteria for resource assessment. U. S. Geological Survey, Open-File Report 2010-1001.

Neukampf J, Ellis B S, Magna T, et al., 2019. Partitioning and isotopic fractionation of lithium in mineral phases of hot, dry rhyolites: the case of the Mesa Falls Tuff, Yellowstone. Chemical Geology, 506: 175-186.

Noble D C, McCormack J K, McKee E H, et al., 1988. Time of mineralization in the evolution of the McDermitt caldera complex, Nevada-Oregon, and the relation of middle Miocene mineralization in the northern Great Basin to coeval regional basaltic magmatic activity. Economic Geology, 83: 859-863.

Noble S R, Spooner E T C, Harris F R. 1984. The Logtung large tonnage, low-grade W (scheelite) Mo porphyry deposit, south-central Yukon Territory. Economic Geology, 79 (5): 848-868.

Page R W, 1976. Reinterpretation of isotopic ages from the Halls Crerk Mobile Zone, northwestern Australia. BMR Journal of Australian Geology and Geophysics, 1: 79-81.

Pagel M, 1982. The mineralogy and geochemistry of uranium, thorium, and rare-earth elements in two radioactive granites of the Vosges, France. Mineralogical Magazine, 46: 149-161.

Pal D C, Rhede D, 2013. Geochemistry and chemical dating of uraninite in the Jaduguda Uranium Deposit, Singhbhum Shear Zone, India—Implications for uranium mineralization and geochemical evolution of uraninite. Economic Geology, 108: 1499-1515.

Pal D C, Trumbull R B, Wiedenbeck M, 2010. Chemical and boron isotope compositions of tourmaline from the Jaduguda U (-Cu-Fe) deposit, Singhbhum shear zone, India: implications for the sources and evolution of mineralizing fluids. Chemical Geology, 277: 245-260.

Palenik C S, Nasdala L, Ewing R C, 2003. Radiation damage in zircon. American Mineralogist, 88: 770-781.

Palmer M R, Swihart G H, 1996. Boron isotope geochemistry: an overview. Boron. Reviews in Mineralogy and Geochemistry, 33: 709-744.

Pearson R G, 1963. Hard and soft acids and bases. Journal of the American Chemical Society, 85: 3533-3539.

Peiffert C H, Nguyen-Trung C H, Cuney M, 1996. Uranium in granitic magmas. Part Ⅱ: experimental determination of uranium solubility and fluid-melt partition coefficients in the UO_2-haplogranite-H_2O-halides systems at 720-770℃ 200 MPa. Geochimica et Cosmochimica Acta, 60: 1515-1529.

Perez-Soba C, Villaseca C, 2010. Petrogenesis of highly fractionated I-type peraluminous granites: La Pedriza pluton (Spanish Central System). Geological Acta, 8: 131-149.

Petrov N N, Yazikov V G, Berikbolov B R, et al., 2000. Uranium deposits of Kazahkastan (endogenous). Gylym Almaty, 523 (in Russian).

Pichavant M, Kontak D J, Briqueu L, et al., 1988. The Miocene-Pliocene Macusani volcanics, SE Peru. Ⅱ. Geochemistry and origin of a felsic peraluminous magma. Contributions to Mineralogy and Petrology, 100: 325-338.

Pirajno F, Smithies R H, 1992. The FeO/(FeO+MgO) ratio of tourmaline: a useful indicator of spatial variations in granite-related hydrothermal mineral deposits. Journal of Geochemistry Exploration, 42: 371-381.

Pollard P J, Nakapadungrat S, Taylor R G, 1995. The Phuket Supersuite, Southwest Thailand; fractionated I-type granites associated with tin-tantalum mineralization. Economic Geology, 90: 586-602.

Polya D A, Foxford K A, Stuart F, et al., 2000. Evolution and paragenetic context of low delta D hydrothermal fluids from the Panasqueira W-Sn deposit, Portugal: new evidence from microthermometric, stable isotope, noble gas and halogen analyses of primary fluid inclusions. Geochimica et Cosmochimica Acta, 64: 3357-3371.

Raffensperger J P, Garven G, 1995. The formation of unconformity-type uranium ore deposits; 1, Coupled groundwater flow and heat transport modeling. American Journal of Science, 295: 581-636.

Raith J G, Riemer N S, Meisel T, 2004. Boron metasomatism and behaviour of rare earth elements during formation of tourmaline rocks in the eastern Arunta Inlier, central Australia. Contributions to Mineralogy and Petrology, 147 (1): 91-109.

Ramsden A R, French D H, Chalmers D I, 1993. Volcanic-hosted rare-metals deposit at Brockman, Western Australia. Mineralium Deposita, 28 (1): 1-12.

Ranchin G, 1968. Contribution a l'étude de la repartition de l'uranium dans les roches granitiques saines les uranites a teneur elevee du Massif de Saint-Sylvestre. Science Terre, 13: 161-205.

Reyf F G, 2008. Alkaline granites and Be (Phenakite-bertrandite) mineralization: an example of the Orot and Ermakovka deposits. Geochemistry International, 46 (3): 213-232.

Reyf F G, Ishkov Y M, 2006. Be-bearing sulfate-fluoride brines, a product of residual pegmatite's distillation within the alkaline granite intrusion (the Yermakova F-Be deposit, Transbaikalia). Geokhimiya, 44: 1096-1111.

Richardson C K, Holland H D, 1979. Fluorite deposition in hydrothermal systems. Geochimica et Cosmochimica Acta, 43: 1327-1335.

Rieder M, Cavazzini G, D'yakonov Y S, et al., 1998. Nomenclature of the micas. American Mineralogist, 83 (11-12): 1366.

Roda-Robles E, Pesquera A, Gil-Crespo P P, et al., 2006. Mineralogy and geochemistry of micas from the

Pinilla de Fermoselle pegmatite (Zamora, Spain) V. European Journal of Mineralogy, 18: 369-377.

Roedder E, 1963. Studies of fluid inclusions: [Part] 2, Freezing data and their interpretation. Economic Geology, 58: 167-211.

Roedder E, 1984. Fluid inclusions. Reviews in Mineralogy, 12: 644.

Romberger S B, 1984. Transport and deposition of uranium in hydrothermal systems at temperatures up to 300℃: geological implications//De Vivo B, Ippolito F, Capaldi G, et al. Uranium Geochemistry, Mineralogy, Geology, Exploration and Resources. London: The Institute of Mining and Metallurgy.

Romer R L, 2003. Alpha-recoil in U-Pb geochronology: effective sample size matters. Contributions to Mineralogy and Petrology, 145 (4): 481-491.

Romer R L, Thomas R, Stein H J, et al., 2007. Dating multiply overprinted Sn-mineralized granites—examples from the Erzgebirge, Germany. Mineralium Deposita, 42 (4): 337-359.

Roubault M, Jurain G, 1958. Géologie de l'uranium. Paris: Masson et Cie.

Rubin J N, Price J G, Henry C D, et al., 1987. Cryolite-bearing and rare metal-enriched rhyolite, Sierra Blanca peaks, Hudspeth County, Texas. American Mineralogist, 72: 1122-1130.

Rubin J N, Price J G, Henry C D, et al., 1990. Geology of the beryllium-rare earth element deposits at Sierra Blanca, West Texas. Industrial Mineral Resources of the Delaware Basin, Texas and New Mexico: Conference Guidebook, 8: 191-203.

Rudnick R L, Gao S, 2003. Composition of the continental crust. Treatise on Geochemistry, 3: 1-64.

Rudnick R L, Tomascak P B, Njo H B, et al., 2004. Extreme lithium isotopic fractionation during continental weathering revealed in saprolites from South Carolina. Chemical Geology, 212: 45-57.

Sarah P D, Liu X M, Roberta L R, 2017. Lithium isotope geochemistry. Reviews in Mineralogy and Geochemistry, 82: 165-217.

Scherer E, Munker C, Mezger K, 2001. Calibration of the lutetium-hafnium clock. Science, 293: 683-687.

Schmidt C, Thomas R, Heinrich W, 2005. Boron speciation in aqueous fluids at 22 to 600℃ and 0.1 MPa to 2 GPa. Geochimica et Cosmochimica Acta, 69: 275-281.

Selby D, Nesbitt B E, 2000. Chemical composition of biotite from the Casino porphyry Cu-Au-Mo mineralization, Yukon, Canada: evaluation of magmatic and hydrothermal fluid chemistry. Chemical Geology, 171: 77-93.

Selway J B, Breaks F W, Tindle A G, 2005. A review of rare-element (Li-Cs-Ta) pegmatite exploration techniques for the Superior Province, Canada, and large worldwide tantalum deposits. Exploration and Mining Geology, 14: 1-30.

Seydoux-Guillaume A M, Montel J M, Bingen B, et al., 2012. Low-temperature alteration of monazite: fluid mediated coupled dissolution-precipitation, irradiation damage, and disturbance of the U-Pb and Th-Pb chronometers. Chemical Geology, 330: 140-158.

Shabaga B, Fayek M, Wang G, et al., 2013. Petrography and geochemistry of the Baiyanghe volcanic-hosted Be-U deposit, Xinjiang Autonomous Region, NW China. Denver: GSA Annual Meeting.

Shawe D R, 1972. Reconnaissance geology and mineral potential of Thomas, Keg, and Desert calderas, central Juab County, Utah. U.S. Geological Survey Professional Paper, 113: 67.

Shen P, Shen Y C, Li X H, et al., 2012. Northwestern Junggar Basin, Xiemisitai Mountains, China: a geochemical and geochronological approach. Lithos, 140: 103-118.

Shen X, Zhang H, Wang Q, et al., 2011. Late Devonian-Early Permian A-type granites in the southern Altay Range, Northwest China: petrogenesis and implications for tectonic setting of "A (2) -type" granites. Journal of Asian Earth Sciences, 42: 986-1007.

Sheppard S M F, 1981. Stable isotope geochemistry of fluids. Physics and Chemistry of the Earth, 13 (14):

419-445.

Skirrow R G, Mercadier J, Armstrong R, et al., 2016. The Ranger uranium deposit, northern Australia: timing constraints, regional and ore-related alteration, and genetic implications for unconformity-related mineralisation. Ore Geology Reviews, 76: 463-503.

Slack J F, 1996. Tourmaline associations with hydrothermal ore deposits. Reviews in Mineralogy, 33: 331-385.

Slack J F, Trumbull R B, 2011. Tourmaline as a recorder of ore-forming processes. Elements, 7: 321-326.

Smith M P, Yardley B W D, 1996. The boron isotopic composition of tourmaline as a guide to fluid processes in the southwestern England orefield: an ion microprobe study. Geochimica et Cosmochimica Acta, 60: 1415-1427.

Smith R E, Perdrix J L, Davis J M, 1987. Dispersion into pisolitic laterite from the Greenbushes mineralized Sn-Ta pegmatite system, Western Australia. Journal of Geochemical Exploration, 28: 251-265.

Staatz M H, 1963. Geology of the beryllium deposits in the Thomas Range, Juab County, Utah. US Government Printing Office.

Staatz M H, Griffitts W R, 1961. Beryllium-bearing tuff in the Thomas range, Juab County, Utah. Economic Geology, 56: 941-950.

Stoll B, Jochum K P, Herwig K, et al., 2008. An automated iridium-strip heater for LA-ICP-MS bulk analysis of geological samples. Geostandard Geoanalysis Research, 32: 5-26.

Sun S S, McDonough W F, 1989. Chemical and isotopic systematics of oceanic basalts: implications for mantle composition and processes. Geological Society London Special Publications, 42 (1): 313-345.

Takenouchi S, Kennedy G C, 1965. Dissociation pressures of the phase $CO_2 \cdot 5 H_2O$. The Journal of Geology, 73: 383-390.

Tappa M J, Ayuso R A, Bodnar R J, et al., 2014. Age of host rocks at the Coles Hill uranium deposit, Pittsylvania county, Virginia, based on zircon U-Pb geochronology. Economic Geology, 109: 513-530.

Taylor B E, Palmer M R, Slack J F, 1999. Mineralizing fluids in the Kidd Creek massive sulfide deposit, Ontario: evidence from oxygen, hydrogen, and boron isotopes in tourmaline. Economic Geology Monograph, 10: 389-414.

Taylor Jr H P, 1974. The application of oxygen and hydrogen isotope studies to problems of hydrothermal alteration and ore deposit. Economic Geology, 69: 843-883.

Taylor W R, Esslemont G, Sun S S, 1995b. Geology of the volcanic-hosted Brockman rare-metals deposit, Halls Creek Mobile Zone, northwest Australia. II. Geochemistry and petrogenesis of the Brockman volcanics. Mineralogy and Petrology, 52: 231-255.

Taylor W R, Page R W, Esslemont G, et al., 1995a. Geology of the volcanic-hosted Brockman rare-metals deposit, Halls Creek Mobile Zone, northwest Australia. I. Volcanic environment, geochronology and petrography of the Brockman volcanics. Mineralogy and Petrology, 52: 209-230.

Teng F Z, McDonough W F, Rudnick R L, et al., 2004. Lithium isotopic composition and concentration of the upper continental crust. Geochimica et Cosmochimica Acta, 68: 4167-4178.

Teng F Z, McDonough W F, Rudnick R L, et al., 2006a. Diffusion-driven extreme lithium isotopic fractionation in country rocks of the Tin Mountain pegmatite. Earth and Planetary Science Letters, 243: 701-710.

Teng F Z, McDonough W F, Rudnick R L, et al., 2006b. Lithium isotopic systematics of granites and pegmatites from the Black Hills, South Dakota. American Mineralogist, 91: 1488-1498.

Thomas J B, Bruce Watson E, Spear F S, et al., 2010. TitaniQ under pressure: the effect of pressure and temperature on the solubility of Ti in quartz. Contributions to Mineralogy and Petrology, 160 (5): 743-759.

Tindle A G, Webb P C, 1990. Estimation of lithium contents in trioctahedral micas using microprobe data:

application to micas from granitic rock. European Journal of Mineralogy, 2: 595-610.

Tischendorf G, Gottesmann B, Foerster H J, et al., 1997. On Li-bearing micas: estimating Li from electron microprobe analyses and an improved diagram for graphical representation. Mineralogical Magazine, 61: 809-834.

Tomascak P B, 2004. Developments in the understanding and application of lithium isotopes in the earth and planetary sciences. Reviews in Mineralogy and Geochemistry, 55: 153-195.

Tomascak P B, Magna T, Dohmen R, 2016. Advances in Lithium Isotope Geochemistry. Berlin: Springer.

Tomkins A G, 2013. On the source of orogenic gold. Geology, 41: 1255-1256.

Tomkins A G, Evans K A, 2015. Separate zones of sulfate and sulfide release from subducted mafic oceanic crust. Earth and Planetary Science Letters, 428: 73-83.

Tonarini S, D'Antonio M, Vito M A D, et al., 2009. Geochemical and isotopical (B, Sr, Nd) evidence for mixing and mingling processes in the magmatic system feeding the Astroni volcano (4.1-3.8 ka) within the Campi Flegrei caldera (South Italy). Lithos, 107 (3-4): 135-151.

Tonarini S, Dini A, Pezzotta F, et al., 1998. Boron isotopic composition of zoned (schorl-elbaite) tourmalines, Mt. Capanne Li-Cs pegmatites, Elba (Italy). European Journal of Mineralogy, 10: 941-951.

Tonarini S, Pennisi M, Adorni-Braccesi A, et al., 2003. Intercomparison of boron isotope and concentration measurements. Part 1: Selection, preparation and homogeneity tests of the intercomparison materials. Geostandard Newsletter. Geostandard Geoanalysis, 27: 21-39.

Toplis M J, Corgne A, 2002. An experimental study of element partitioning between magnetite, clinopyroxene and iron-bearing silicate liquids with particular emphasis on vanadium. Contributions to Mineralogy and Petrology, 144 (1): 22-37.

Trueman D, Černý P, 1982. Granitic pegmatites in science and industry. Mineral association of Candian short course Hand, 8: 463.

Trumbull R B, Slack J F, 2018. Boron isotopes in the continental crust: granites, pegmatites, felsic volcanic rocks, and related ore deposits// Marschall H R, Foster G L. Advances in Isotope Geochemistry-Boron Isotopes-the Fifth Element. Berlin: Springer.

Trumbull R B, Krienitz M S, Gottesmann B, et al., 2008. Chemical and boron-isotope variations in tourmalines from an S-type granite and its source rocks: the Erongo granite and tourmalinites in the Damara Belt, Namibia. Contributions to Mineralogy and Petrology, 155 (1): 1-18.

Trumbull R B, Krienitz M S, Grundmann G, et al., 2009. Tourmaline geochemistry and delta B-11 variations as a guide to fluid-rock interaction in the Habachtal emerald deposit, Tauern Window, Austria. Contributions to Mineralogy and Petrology, 157: 411-427.

Trumbull R B, Slack J F, Krienitz M S, et al., 2011. Fluid sources and metallogenesis in the Blackbird Co-Cu-Au-Bi-Y-REE district, Idaho, USA insights from major-element and boron isotopic compositions of tourmaline. The Canadian Mineralogist, 49: 225-244.

Trumbull R B, Beurlen H, Wiedenbeck M, et al., 2013. The diversity of B-isotope variations in tourmaline from rare-element pegmatites in the Borborema Province of Brazil. Chemical Geology, 352: 47-62.

van Achterbergh E, Ryan C G, Jackson S E, et al., 2001. Data reduction software for LA-ICP-MS//Sylvester P. Laser-ablation-ICPMS in the earth sciences: principles and applications. Mineralogical Association of Canada Short Course Series, 29: 239-243.

van Hinsberg V J, Henry D J, Dutrow B L, 2011a. Tourmaline as a petrologic forensic mineral: a unique recorder of its geologic past. Elements, 7: 327-332.

van Hinsberg V J, Henry D J, Marschall H R, 2011b. Tourmaline: an ideal indicator of its host environment. The Canadian Mineralogist, 49: 1-16.

van Hinsberg V J, 2011c. Preliminary experimental data on trace- element partitioning between tourmaline and silicate melt. The Canadian Mineralogist, 49: 153-163.

Vervoort J D, Patchett P J, Soderlund U, et al., 2004. Isotopic composition of Yb and the determination of Lu concentrations and Lu/Hf ratios by isotope dilution using MC-ICPMS. Geochemistry, Geophysics, Geosystems, 5: Q11002

Vidal O, Parra T, Trotet F, 2001. A thermodynamic model for Fe- Mg aluminous chlorite using data from phase equilibrium experiments and natural pelitic assemblages in the 100 to 600℃, 1 to 25 kb range. American Journal of Science, 301: 557-592.

Vidal O, Parra T, Vleillard P, 2005. Thermodynamic properties of the Tschermak solid solution in Fe- chlorite: application to natural examples and possible role of oxidation. American Mineralogist, 90: 347-358.

Vieira R, Roda- Robles E, Pesquera A, et al., 2011. Chemical variation and significance of micas from the Fregeneda- Almendra pegmatitic field (Central- Iberian Zone, Spain and Portugal). American Mineralogist, 96: 637-645.

Vladimirov A G, Kruk N N, Khromykh S V, et al., 2008. Permian magmatism and lithospheric deformation in the Altai caused by crustal and mantle thermal processes. Russian Geology and Geophysics, 49 (7): 468-479.

Vlasov K A, 1966. Geochemistry and mineralogy of rare elements and genetic types of their deposits. Genetic Types of Rare- Element Deposits: 3.

Vlasov K A, 1968. Geochemistry and mineralogy of rare elements and genetic types of their deposits. Genetic Types of Rare Element Deposits, 3: 307.

von Goerne G, Franz G, Wirth R, 1999. Hydrothermal synthesis of large dravite crystals by the chamber method. European Journal of Mineralogy, 11: 1061-1077.

von Goerne G, Franz G, van Hinsberg V J, 2011. Experimental determination of Na- Ca distribution between tourmaline and fluid in the system CaO- Na_2O- MgO- Al_2O_3- SiO_2- B_2O_3- H_2O. Canadian Mineralogist, 49: 137-152.

Waber N, Schorscher H D, Peters T J, 1992. Hydrothermal and supergene uranium mineralization at the Osamu Utsumi Mine, Pocos de Caldas, Minas Gerais, Brazil. Journal of Geochemical Exploration, 45: 53-112.

Walshe J L, 1986. A six- component chlorite solid solution model and the conditions of chlorite formation in hydrothermal and geothermal systems. Economic Geology, 81: 681-703.

Wang L X, Ma C Q, Lai Z X, et al., 2015. Early Jurassic mafic dykes from the Xiazhuang ore district (South China): implications for tectonic evolution and uranium metallogenesis. Lithos, 239: 71-85.

Wang S L, Wang D P, Zhu X Y, et al., 2002. Ore- fluid geochemistry of Tamu- Kala Pb- Zn deposit in Xinjiang. Geology Geochemistry, 30: 34-39.

Wark D A, Watson E B, 2006. TitaniQ: a titanium- in- quartz geothermometer. Contributions to Mineralogy and Petrology, 152: 743-754.

Warner L A, Cameron E N, Holser W T, et al., 1959. Occurrence of nonpegmatite beryllium in the United States. U. S. Geological Survey Professional Paper, 318: 198.

Watson E B, 1980. Some experimentally determined zircon/liquid partition coefficients for the rare earth elements. Geochimica et Cosmochimica Acta, 44: 895-897.

Watson E B, 2017. Diffusive fractionation of volatiles and their isotopes during bubble growth in magmas. Contributions to Mineralogy and Petrology, 172 (8): 1-21.

Weaver S D, Smith I E M, 1989. New Zealand intraplate volcanism//Johnson R W. Intraplate volcanism in Eastern Australia and New Zealand. Cambridge: Cambridge University Press: 157-188.

Webster J, Holloway J, Hervig R, 1989. Partitioning of lithophile trace elements between H_2O and $H_2O + CO_2$ fluids and topaz rhyolite melt. Economic Geology, 84: 116-134.

Whalen J B, Currie K L, Chappell B W, 1987. A-type granites: geochemical characteristics, discrimination and petrogenesis. Contributions to Mineralogy and Petrology, 95 (4): 407-419.

Wilke M, Schmidt C, Dubrail J, et al., 2012. Zircon solubility and zirconium complexation in $H_2O + Na_2O + SiO_2 \pm Al_2O_3$ fluids at high pressure and temperature. Earth and Planetary Science Letters, 349: 15-25.

Wood S A, 1992. Theoretical prediction of speciation and solubility of beryllium in hydrothermal solution to 300℃ at saturated vapor pressure: application to bertrandite/phenakite deposits. Ore Geology Reviews, 7: 249-278.

Wu F Y, Yang Y H, Xie L W, et al., 2006. Hf isotopic compositions of the standard zircons and baddeleyites used in U-Pb geochronology. Chemical Geology, 234 (1-2): 105-126.

Xavier R P, Wiedenbeck M, Trumbull R B, et al., 2008. Tourmaline B-isotopes fingerprint marine evaporites as the source of high-salinity ore fluids in iron oxide copper-gold deposits, Carajas Mineral Province (Brazil). Geology, 36: 743-746.

Xie L W, Zhang Y B, Zhang H H, et al., 2008. In situ simultaneous determination of trace elements, U-Pb and Lu-Hf isotopes in zircon and baddeleyite. Chinese Science Bulletin, 53 (10): 1565-1573.

Xie X G, Byerly G R, Ferrell R E Jr, 1997. IIb trioctahedral chlorite from the Barberton greenstone belt: crystal structure and rock composition constraints with implications to geothermometry. Contributions to Mineralogy and Petrology, 126 (3): 275-291.

Xu L, Luo C G, Wen H J, 2020. A revisited purification of Li for "Na breakthrough" and its isotopic determination by MC-ICP-MS. Geostandards and Geoanalytical Research, 44: 201-204.

Yang S Y, Jiang S Y, 2012. Chemical and boron isotopic composition of tourmaline in the Xiangshan volcanic-intrusive complex, Southeast China: evidence for boron mobilization and infiltration during magmatic-hydrothermal processes. Chemical Geology, 312-313: 177-189.

Yuguchi T, 2015. Hydrothermal chloritization processes from biotite in the Toki granite, Central Japan: temporal variations of the compositions of hydrothermal fluids associated with chloritization. American Mineralogist, 100: 1134-1152.

Zabolotnaya N P, 1977. Deposits of beryllium//Smirnov V I. Ore Deposits of the USSR, III. London: Pitman Publishing: 320-371.

Zane A, Weiss Z, 1998. A procedure for classifying rock-forming chlorites based on microprobe data. Rendiconti Lincei, 9 (1): 51-56.

Zang W, Fyfe W S, 1995. Chloritization of the hydrothermally altered bedrock at the Igarapé Bahia gold deposit, Carajás, Brazil. Mineralium Deposita, 30 (1): 30-38.

Zhang C, Holtz F, Ma C Q, et al., 2012. Tracing the evolution and distribution of F and Cl in plutonic systems from volatile-bearing minerals: a case study from the Liujiawa pluton (Dabie orogen, China). Contributions to Mineralogy and Petrology, 164 (5): 859-879.

Zhang L, Chen Z Y, Li S R, et al., 2017. Isotope geochronology, geochemistry, and mineral chemistry of the U-bearing and barren granites from the Zhuguangshan complex, South China: implications for petrogenesis and uranium mineralization. Ore Geology Reviews, 91: 1040-1065.

Zhang L, Chen Z Y, Li X F, et al., 2018. Zircon U-Pb geochronology and geochemistry of granites in the Zhuguangshan complex, South China: implications for uranium mineralization. Lithos, 308-309: 19-33.

Zhang L, Li X F, Wang G, et al., 2019. Hydrothermal alteration and mineral chemistry of the giant Baiyanghe Be-U deposit in Xinjiang, northwest China: implications for its mineralization. Ore Geology Reviews, 111: 102972.

Zhang L, Li X F, Wang G, et al., 2020. Direct evidence for the source of uranium in the Baiyanghe deposit from accessory mineral alteration in the Yangzhuang granite porphyry, Xinjiang Province, northwest China. American Mineralogist, 105: 1556-1571.

Zhang X, Zhang H, 2014. Geochronological, geochemical, and Sr-Nd-Hf isotopic studies of the Baiyanghe A-type granite porphyry in the Western Junggar: implications for its petrogenesis and tectonic setting. Gondwana Research, 25: 1554-1569.

Zhang X, Xu Q J, Bai X H, 2019. Application of short-wavelength infrared illite crystallinity in exploration in the Baiyanghe uranium deposit, Xinjiang. Science Technology and Engineering, 19 (6): 32-37.

Zhu Y T, Li X, Zhang L, et al., 2021. Chemical and boron isotopic compositions of tourmaline at the Baiyanghe Be-U deposit, northwest China: implications for Be-U mineralization. Chemical Geology, 569: 120-146.

后　记

　　经过近两年的努力，《火山岩型铀铍矿床——以新疆白杨河大型铀铍矿床为例》一书终于问世了。虽然矿床学研究方法诸多是类似的，但火山岩型铀铍矿床作为一种新的矿床类型，在写作过程中总感觉有许多不太满意的地方。初稿完成后，矿床学界的前辈提出了许多宝贵的建议和意见，尤其是翟明国老师对书名的建议，使笔者有一种拨云见日、豁然开朗的感觉。当笔者请他和毛景文老师为本书作序时，两位矿床学界泰斗欣然同意，并给予后辈极大的鼓励和支持。

　　多年前，笔者首次赴新疆白杨河开展野外地质考察工作，与核工业二一六大队地质同事同吃、同住、同工作。时至今日，野外考察的场景历历在目；一起观察典型地质剖面、共同分享难得的矿石标本，以及偶遇野狼与其对视的场景，幕幕犹如就在昨天。

　　新疆白杨河铀铍矿床是全球为数不多的、具有重要经济价值的火山岩型铀铍矿床，其成矿过程相对比较复杂，笔者深感本书有关内容有待进一步完善和提升。相信随着全球火山岩型铀铍矿床研究和勘查工作的不断深入，火山岩型铀铍矿床必将为世人所瞩目。